"新工科建设"教学成果
教育部大学计算机课程改革项目成果
大学计算机规划教材

数据与计算

(第4版)

陆汉权 编著

電子工業出版社
Publishing House of Electronics Industry
北京·BEIJING

内 容 简 介

本书以计算为主线，以数据及其表示为独特的视角，充分展示了计算机科学的全貌，包括其历史发展、技术特点、科学基础和未来前景。本书包括 9 章，主要内容为：计算系统，二进制和数字逻辑，数据表示，算法，编程语言和程序，数据库，网络与网络计算，大数据，先进计算。通俗的表达、生动的示例和大量的图表有助于读者对计算和数据相关抽象知识的理解。

本书可以作为高等院校大学计算机及相关课程的教材，也可以作为计算机和相关专业的计算机入门课程的教材。

图书在版编目（CIP）数据

数据与计算/陆汉权编著. —4 版. —北京：电子工业出版社，2019.9

ISBN 978-7-121-36701-4

Ⅰ. ① 数… Ⅱ. ① 陆… Ⅲ. ① 计算机科学－高等学校－教材 Ⅳ. ① TP3

中国版本图书馆 CIP 数据核字（2019）第 106666 号

责任编辑：章海涛
印　　刷：三河市华成印务有限公司
装　　订：三河市华成印务有限公司
出版发行：电子工业出版社
　　　　　北京市海淀区万寿路 173 信箱　　邮编：100036
开　　本：787×1 092　1/16　印张：14.5　字数：371 千字
版　　次：2011 年 8 月第 1 版
　　　　　2019 年 9 月第 4 版
印　　次：2023 年 6 月第 8 次印刷
定　　价：45.00 元

凡所购买电子工业出版社图书有缺损问题，请向购买书店调换。若书店售缺，请与本社发行部联系，联系及邮购电话：（010）88254888，88258888。

质量投诉请发邮件至 zlts@phei.com.cn，盗版侵权举报请发邮件至 dbqq@phei.com.cn。

本书咨询联系方式：192910558（QQ 群）。

前　言

超级计算机在新闻报道中常常被简称为“超算”。根据 TOP500 榜单定期发布的世界最快的超级计算机排行榜，我国的天河系列（2009 年）和神威（Sunway，2016 年）超级计算机曾经先后占据世界第一的位置累计 5 年之久，而目前最新的排行榜中位列第一的是美国 IBM 的 Summit。神威是世界上第一台运算速度超过 10 亿亿次的超级计算机，Summit 则是第一台运算速度超过 20 亿亿次的超算机器。中美两国都在研发 100 亿亿次的超算机器。神威和 Summit 这类运算速度极快的机器，能够解决过去被认为不可能计算的复杂任务，也能够模拟自然环境、探知未来世界和宇宙空间等。中美在网络技术发展方面也在逐力，华为公司被美国列入“实体名单”，很大原因在于华为是第 5 代移动数据网络技术的领先者。不可否认，数据网络原创地是美国，但中国作为后来者已经在应用方面成了事实上的领先者。不仅如此，人工智能将是接下来角逐的领域之一。

上述现实也充分说明了人类社会发展到数字时代，国家之间的竞争已经进入了非传统领域。无论主观意愿如何，我们都将融入数字世界。显而易见，仅仅会使用计算机和手机是远远不够的。要能够从容应对这个被计算机主导的技术化社会，就需要有相关的、宽泛的知识背景，而不是简单地会上网和使用流行的应用软件。

本书前后有多个版本，书名从最初的《计算机导论》到今天的《数据与计算》，也蕴含着计算技术的发展从计算机器到深层次的应用，如大数据、智能计算等。另一方面，本书的主要读者是大学新生，他们都是计算机和互联网的“原住民”。他们诞生之时，互联网已经开始快速发展，而计算机特别是个人计算机早就是最流行的消费类电子产品了。从这个意义上说，他们更应该去理解信息社会特征，掌握计算机科学的基础知识。即使单纯将计算机视为工具的读者，也肯定明白这个道理：用好工具的前提是了解工具的原理。

本书力求具有较好的可读性，尤其考虑到很多读者是非计算机专业的学生，他们今后的专业学习也将与计算机密切相关。毫不夸张地说，无论哪个专业，计算机都是不可或缺的学习、研究的重要工具，也是工作和生活的重要帮手。

本书从 2015 年开始以“数据与计算”为名，就是突出其数据组织和表达的抽象特点，介绍建立在数据之上的各种计算过程、方法，以帮助“原住民”们更好地理解计算机这个机器的计算能力。

本书安排的主题是从计算机器开始。其实这并不是新概念，恰恰是“旧观念”：计算机的重要贡献者冯•诺依曼就是以“数字计算机器”描述计算机的。第 1 章介绍的是具体的计算机。在计算机科学中，计算机这个硬件装置可能是唯一能够被触摸的实体。从实体机器到抽象的数据概念，这样有利于理解计算，有利于理解数据的抽象表达。因此第 2 章就自然过渡到计算需要的数，引出了二进制和相关的二值逻辑表达，介绍逻辑关系实现了算术计算。二进制和数字逻辑是计算机科学的最重要的基础内容。计算机中的所有数据都是二进制的，如何使用二进制数表示各种不同的对象，如文本、文档和多媒体数据，即为第 3 章所介绍的内容。

任何一种数据表示都需要有相关的算法，第 4 章会介绍算法的基本知识。算法的概念很重要，社会学家把人分为“数据提供者”和“算法设计者”，其中的内涵不言而喻。算法有趣、有用，也深刻地揭示了计算机的本质就是按照人类预先设定好的步骤去完成任务。算法源于数学，已经成为计算机科学的基石。如果把编程语言和算法集合起来，就是今天成千上万的应用程序。第5章介绍了编程语言和程序，这里充分展示出计算抽象的另一面：形式化表达。尽管算法和程序的逻辑关系很简单，但由简单到复杂的算法和程序的设计过程，也充分展示出人类聪明才智的巅峰：大型程序的复杂性堪比人类已知的复杂工程。

本书后续几章都是围绕应用展开的：第 6 章的数据库、第 7 章的网络与网络计算、第 8 章的大数据、第 9 章的先进计算。超算、人工智能和计算理论、计算复杂性等作为本书的内容，也留下了很多待解的疑问。未来有很多是不确定的，在计算领域也是如此。

相关计算机安全、虚拟化世界等问题，本书在第 7 章中进行了介绍。尤其是计算机与网络安全、隐私、数据保护等相关技术和社会问题，这些都是“原住民”们应该知道其技术背景和进一步思考其深远影响的大问题。

最后是写给本书的主要读者——大学新生的。

首先，你们需要学习的东西远远超过书本上提供的。你们已经熟悉如何从网络中获取知识，但需要了解这些“知识”的来源及其正确性、真伪性。

其次，理解知识比了解知识更重要，理解计算机、理解信息、理解数据，不仅仅是概念，重要的是它们对你的影响。设想，你是否可以一整天不使用手机、不使用计算机？

再次，学习很重要，你们需要学会学习。书中的很多名词、术语真的难记，不要紧，理解即可。知识需要积累，只有积累了足够的知识，才能重构你的思维，才能从已有的知识中发现解决问题的新方法。本书提出了很多问题，有些有意没给出解答，有的解答也可能是含糊的，也许这些问题是没有答案的。希望你们能够认真地低头看书，然后抬头思考。有很多问题值得追问“为什么”。

感谢您阅读或使用本书，希望本书没有让您失望。也希望读者能够发现和纠正书中的各种错误，无论是观点错误，还是概念错误，包括错别字，作者都真诚地欢迎并接受，并将在今后的重印或修订中予以纠正。

感谢电子工业出版社长期以来对本书的鼎力相助。

感谢作者所任教的浙江大学计算机学院的很多老师。有他们对本书的指导和鼓励，作者才有写作本书的动力。

陆汉权

2019年6月于浙江大学

目 录

第 1 章　计算系统

计算系统包括两部分：计算机和数据。这个概念是由冯·诺依曼（John von Neumann，1903—1957）于 1945 年提出的。冯·诺依曼在计算机和博弈论方面都有杰出的贡献。计算系统是一个极其复杂的系统，其复杂性被飞速发展的技术所隐藏，使得计算机得以普遍应用。本书的目的是解释这个复杂系统。本章从介绍计算机开始，通过计算机模型、计算机硬件、操作系统、数据与信息、网络等基本概念和重要术语的介绍，以期读者对计算系统有一个初步的、整体的认识。

1.1　计算机系统

如果问"计算机是什么"，可能每个人都有自己的答案。如果问"计算机能做什么"，可能的回答是无所不能。当然，真实的情况并非如此。还有一个问题，"计算机里有什么"。回答这个问题就有点难度了。只要不是计算机专业人员，哪怕是对计算机（智能手机）熟悉的很多人，他们频繁使用很多应用，如网络购物、外卖、打车、订票、发微信、地图定位、视频通话等，但不一定了解计算机究竟是如何运作，不一定了解计算机的基本知识。

不知道计算机原理，并不影响人们使用它。但接受良好的教育包括学习计算机的基本知识，了解计算机技术如何影响着社会，如何影响着人类的生活，网络如何改变着世界。同时，理解计算机处理问题的方法和过程也是一种科学素质，有助于个人能力的提升。

计算机的核心技术领域有硬件、软件和网络通信。就计算机这个机器而言，它是一个系统，由硬件和软件组成，如表 1-1 所示。

表 1-1　计算机系统的组成

计算机	硬件	处理器（主机）
		存储器
		输入/输出设备
	软件	系统软件
		应用软件（App）

本节介绍计算机系统的基本知识。有关计算机的组成部件在 1.4 节中进一步介绍。

许多文献中使用"计算机"作为其正式名称，但广为人知的名称是"电脑"。本书对这两个名词不加区别地使用。

1.1.1　硬件

实际上，计算机（computer）的原意是"从事计算的人"。计算机的重要贡献者冯·诺依曼最初将计算机称为"自动计算系统"，后来以"电子通用数字计算机"命名。在本书中，"计算机"或"计算机系统"多与机器相关，而计算系统指计算机和数据。

计算机硬件（hardware）是指物理装置的机器。图 1-1 所示的是不同种类的计算机，从左到右分别是服务器（server）、台式一体机（desktop，主机和显示器被制造在一起）、笔记本电脑（notebook/laptop）、平板电脑（pad）和智能手机（smartphone）。服务器多为企业或机构使用，其余是个人计算机。还有更大体积的计算机——超级计算机，图 1-2 是无锡国家超级计算机中心的神威太湖之光（Sunway Taihulight），由 40 个机柜（体积如同较大的双门冰箱）和 8 个网络机柜组成。神威太湖之光从 2016 年 6 月开始占据世界最快计算机的位置达两年多（最快计算机排行榜：www.top500.org）。2018 年 11 月，排名首位的是美国 IBM 公司的机器。无论大小，这些计算机都被称为计算机系统（computer system）。

图 1-1　不同种类的计算机

图 1-2　神威太湖之光超级计算机

计算机分类没有标准，最简单的方法是按计算机的规模及售价划分：① 数千万美元的超级计算机（supercomputer），如神威太湖之光。这类机器体积庞大，价格昂贵，通常用于极为复杂的、海量的数据处理领域，如地震模拟、核武器试验、气象分析、生物信息处理等。② 数百万美元的大型计算机（mainframe computer），多用于跨国企业的信息系统，如银行、航空公司等。③ 数万至数十万美元的小型计算机（small computer），一般用作企业、政府、学校等机构的网络服务器，或用于研究机构、较大型的工程设计领域。④ 价格便宜的微机（microcomputer），用户最多。更为人熟知的微机的另一个名字是 PC（Personal Computer，个人计算机），是美国 IBM（International Business Machines）公司 1981 年生产的微机的商标。此后，PC 就成为了微机的代名词。笔记本电脑（notebook computer）早期的名字是膝上机（laptop），是一种便携式的微机。

比微机更小的是嵌入式计算机。今天的大多数实验室仪器、医疗设备、工业设备都带有数据处理能力，这种处理能力依赖于嵌入其中的计算机芯片。家用电器，如电视机、电冰箱等，也内嵌计算机芯片，以实现更高级的功能。交通工具，如飞机、轮船和汽车，不但使用计算机进行设计、制作，而且其内部嵌入了大量的计算机芯片实现自动检测、控制和导航等功能。

另一类是移动设备，如平板电脑、智能手机等，有时也将笔记本电脑归类为移动设备。智能手机（smartphone）就是附加了电话功能的掌上机，具有个人计算机的大部分功能。当然，这里的智能只是指“计算机功能”，还没有真正意义上的智能。一直在研究之中的可穿戴式计算机，虽然没有形成真正意义上的产品，但某些带有处理、通信的类似玩具的智能手环、智能眼镜等也开始问世，并被热捧。

1.1.2　软件

计算机的硬件是看得见的物理部分，而计算机的软件（software）是看不见的。软件是控制计算机硬件运行的程序。硬件与软件的关系有一个很好的比喻：如果计算机硬件是躯体，那么软件就是灵魂。实际上，计算机硬件之外的所有东西，包括文档、程序、语言等，都被归类为软件。因此，软件也是一个极其复杂的系统。

软件分为系统软件和应用软件两类。服务于计算机本身的那些软件称为“系统软件”（system software），其主要任务是确保计算机能够有效地完成用户的任务。系统软件包括操作系统（operating system），如 Windows、MacOS/iOS、Android（安卓）等，也包括计算机编程语言，以及硬件检测和管理的一些工具软件。

软件的另一类是应用软件（application software），或者称为应用程序，现在常以“App”（读[æp]）代之。尽管从专业术语上对程序（program）和软件的定义是不同的，但很多人将 App 视为程序、软件的代名词。

应用软件是解决特定应用问题的软件。例如，字处理软件、电子表格、演示软件、电子邮件等是通用型的应用软件。很多计算机应用都需要专门的软件，如学校的教务系统就是为了进行学生选课、课程安排、成绩记载、学籍管理等工作的应用软件。

从数据的角度看，程序对数据进行处理是完成计算功能。这里的计算泛指处理过程，如文字处理、事务处理等。被冠以计算的很多术语，如智能计算、云计算、边缘计算，就是因为它们是基于计算机的，当然需要相应的程序。从计算系统的角度看，程序本身也是数据。

1.2　计算机简史

在 20 世纪 40 年代的第二次世界大战期间，为破译通信密码和解决新型火炮弹道的复杂计算，美国开始研制计算机。相比于数学、物理、化学等学科，计算机学科的历史很短，但对人类社会的影响确实无与伦比：计算机颠覆性地改变了人类的生活、工作、学习方式，改变了商业模式和生产制造过程。

人类使用计算工具的历史可以追溯到数百年前，如我国的算盘就是一个古老的计算工具。一般说来，20 世纪 40 年代前的各种计算工具，如算盘、手摇计算机、机械式计算机等，都不被认为是计算机，因为这些装置不能实现“自动计算”。人们把 1946 年的 ENIAC（Electronic Numerical Integrator And Computer，电子数字积分计算机）称为第一台（自动）计算机。下面从硬件和软件两方面简单介绍计算机的历史。有兴趣的读者可访问计算机历史博物馆网站：https://www.computerhistory.org/，其中介绍得很详细。

1.2.1　硬件史

计算机问世的初期，计算机就是指计算机的硬件。由于硬件是计算机的物理体现，因此在计算机发展史中，主要依据其硬件的技术特征作为标志，并没有严格的时间划定。

ENIAC 是第一代计算机（1945—1954）的典型代表，采用电子管作为主要器件。这个阶段后期，开始使用磁芯、磁鼓等设备作为计算机的存储器。这个时期的计算机主要承担的是科学计算任务。

第二代计算机（1955—1960）使用晶体管。晶体管体积小、功耗低、速度快、可靠性高、成本低廉，适合大批量生产。晶体管是 1947 年发明的，但直到 1955 年才开始使用到计算机上。这个时期，计算机发展提速，开始用于科学计算之外的事务处理，同时开始使用电话线进行计算机的数据传输，这就是计算机网络的萌芽阶段。

20 世纪 60 年代开始使用集成电路（Integrated Circuits，IC）制造计算机，进入了第三代计算机时代（1663—1975）。集成电路是将大量的电子元器件，如电阻、电容、晶体管等制作在一个面积很小（以 cm^2 计）的半导体芯片上，以完成特定的电子线路功能。相对晶体管，集成电路在体积、重量、能耗等方面具有绝对的技术优势。在这个时期，另一个与计算机相关的重大事件是发射了同步通信卫星，由此实现了地面与空间的数据通信。

到了 70 年代，计算机核心的处理和控制电路可以被集成在单个芯片上，即计算机的 CPU（Central Processing Unit，中央处理器），计算机进入了大规模集成电路的第四代（1975 年至今）。这个时期，最具影响力的是个人计算机的发展，也正是因为大规模集成电路的广泛应用而得以迅猛发展，使计算机走出科学家的实验室，摆到办公桌上，装入口袋里。

1965 年，戈登·摩尔（Gordon Moore）曾预言，集成电路的集成度（单位面积的元器件数量）每 18 个月提高 1 倍，价格下降一半。后来摩尔把时间修正到 2 年。这个预言被称为摩尔定律，此后的 40 多年的发展都验证了这个定律。

1.2.2 软件史

第一代计算机使用二进制代码编程，代码是计算机直接执行的指令代码。这个时期还没有软件的概念，只有编程（programming）。程序员需要非常熟悉机器指令代码，这个时期的程序员多为数学家和计算机专业工程师。机器代码编程极易出错，进而使用英文缩写表示机器代码，这就是汇编语言。汇编语言编写的程序最初要经过人工翻译成机器代码，后来翻译工作可以也通过程序来实现。

第二代计算机时期，计算机的硬件功能得到提升，对程序的要求自然随之提高。这个时期类似英文表达的高级编程语言被设计、开发出来。当时典型的高级编程语言有两个——FORTRAN 和 COBOL，前者主要用于科学计算，后者用于商业应用。这个时期，设计高级语言的是系统程序员，开发应用程序的人被称为应用程序员。这个时期另一个重要的变化是计算机界的巨头 IBM 公司放弃了软件随硬件捆绑的政策，第三方软件公司可以为用户提供编程服务，软件开发快速发展，有更多的软件公司进入计算机市场，形成了软件产业。

第三代计算机时期，有了操作系统（1.5 节将详细介绍）。这个时期出现了更多的高级编程语言和专门求解某一类问题的软件包，如统计软件 SPSS（Statistical Package for the Social Sciences，社会科学统计程序包）。同时，这个时期使用计算机的人也不再必须是计算机专业人员，因此计算机用户（user）这个重要的角色出现了。

第四代计算机时期，有了程序设计范式。结构化编程语言如 BASIC、C 语言等的出现，加快了软件开发速度，操作系统也开始朝着标准化的方向发展，各种应用软件（如文档处理、电子表格、数据库系统等）大量出现，极大地推动着计算机应用的发展。尤其是 PC 的快速普及，带来的最明显变化是非专业人员成为计算机的主要用户。

20 世纪 90 年代出现了以图形界面为特征的操作系统，用户再也不需要记忆复杂的操作指令，通过鼠标对屏幕上的图形指针（pointer）点击操作就可以容易地使用计算机。计算机硬件的性能不断提升而价格越来越便宜（摩尔定律），软件的功能越来越强，计算机已经“无所不能”。21 世纪初，软件产业已经超过了硬件的规模，同时出现了一个新的行业：服务。这个商业模式也是 IBM 首创的。

1.3 计算机模型

模型（model）是一种最常用的科学描述方法。模型是一种抽象表达，隐藏了复杂的细节，只展示其功能性部分。理解计算机系统的最好方法也是通过模型。广义的“计算机模型”是把计算机看成数据处理机。现代计算机模型定义了计算机的 5 个组成部分和程序存储原理。

1.3.1 数据处理机模型

计算机与 70 多年前相比有惊人的变化：今天的计算机不但体积更小，而且速度更快，价格也更便宜，但在逻辑上仍然很相似。因此，最早描述计算机功能的数据处理机模型到今天仍然是解释计算机原理最好的方法。数据处理机模型有多种，典型的是黑盒（black box）模型和具有程序能力的数据处理机模型。

1. 黑盒模型

黑盒模型是用于许多学科的经典模型，计算机也用黑盒模型解释其基本原理。如图 1-3 所示，计算机就是一个黑盒子，它是数据处理的机器。

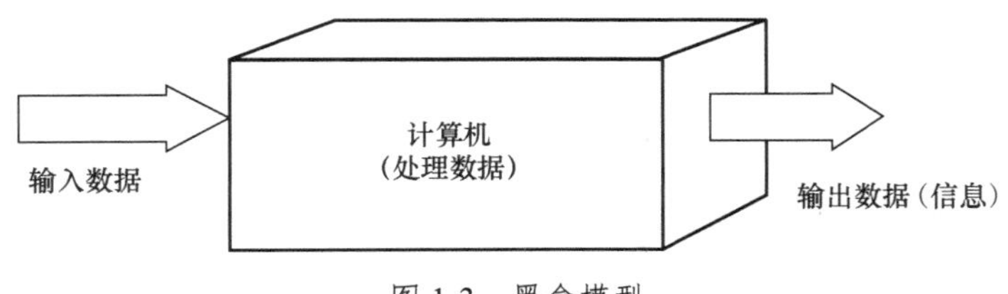

图 1-3　黑盒模型

计算机黑盒模型指出：数据输入到计算机中后，经过处理，输出结果。如果输入的数据相同，计算机的输出数据将能够重现；如果输入不同的数据，计算机的输出数据也随之改变。黑盒模型清晰地定义了计算机的功能：计算机是数据处理机。黑盒模型的缺点也很明显，它不能体现计算机的灵活性。

2. 具有程序能力的数据处理机

具有程序能力的数据处理机如图 1-4 所示，它在黑盒模型的黑盒子上增加了一个程序（program）部分。程序在计算机中起到极为重要的作用，也是本书反复提及并从不同角度进行介绍的概念。程序种类繁多，有些程序的复杂度堪比目前已知的人类工程或系统，但可以简单地被理解为“按照预定的步骤进行工作”。

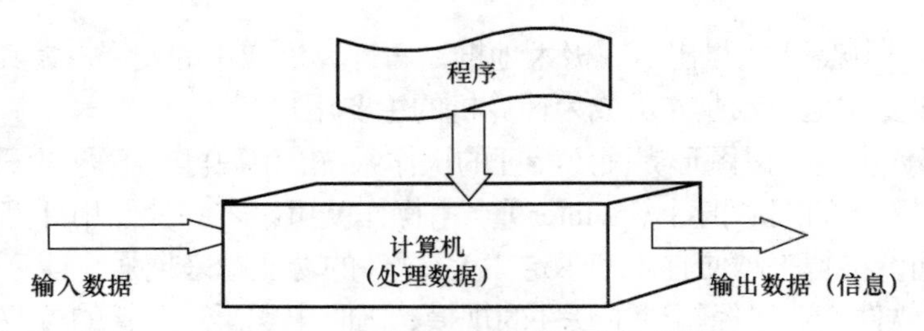

图 1-4　具有程序能力的计算机模型

在这个模型中，数据处理的结果取决于程序。因此，在同一个程序的控制下，相同的输入数据能够得到相同的输出数据。反之，如果程序不同，相同的输入数据也可能得到不同的输出数据。例如，程序控制计算机对一组数据分别进行累加和排序，那么得到的结果是完全不同的。进一步，不同的数据采用了不同的程序也可能产生相同的输出结果。

程序赋予了计算机的灵活性。计算机的强大处理能力体现为能够通过程序，让计算机完成不同的数据处理任务，得到期望的处理结果。

1.3.2　现代计算机模型

数据处理机模型有助于我们理解计算机的基本原理，能够进一步表述现代计算机模型，如图 1-5 所示。

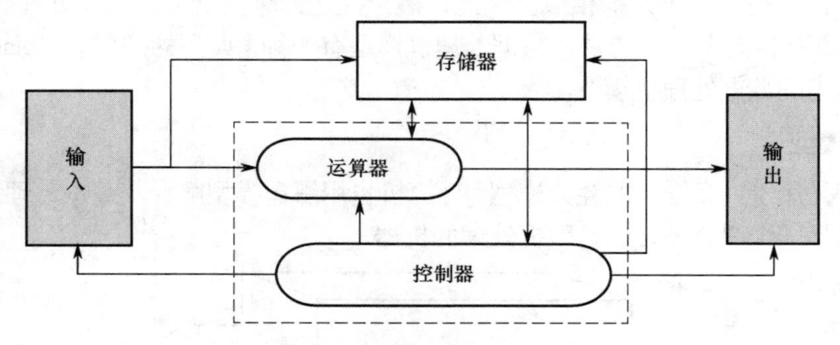

图 1-5　现代计算机模型

这个模型一直被称为冯·诺依曼模型，现在一些文献和教材还是沿用了“冯·诺依曼计算机”这一说法。有意思的是，大多数教科书中将其称为“计算机模型”（本书也是如此），但在冯·诺依曼的论文中，这个模型是“计算系统”。

计算机的诞生和发展得益于无数科学家们的才智，但回望它的历程，既有耀眼夺目的明星科学家们的卓越贡献，也有难以理清的争议。现代计算机究竟谁是第一贡献者①，就是其中的争议之一。

1. 计算机的 5 个组成部分

现代计算机模型或冯·诺依曼模型定义了计算机的功能，还定义了计算机内部的结构。

---

① 在业界曾认为现代计算机模型的提出者是冯·诺依曼，但现在已经认定计算机的发明权属于阿塔纳索夫（John Atanasoff）和贝里（K · Berry），即 ABC 计算机（Atanasoff Berry Computer）的发明人。也曾一直认为“程序存储”的发明者是冯·诺依曼，但现在已经知道，最早提出这个概念的是宾西法尼亚大学 Moore 电子工程学院的 J · P · Eckert（第一台电子计算机 ENIAC 的发明者之一），而冯·诺依曼是首先于 1946 年公开发表了这个概念。

如图 1-5 所示，计算机由输入、运算器、存储器、控制器和输出 5 部分组成。

运算器（Arithmetic Logic Unit，ALU）是计算机中执行各种算术、逻辑计算的部件。控制器（controller）协调各部分协同工作，图 1-5 中的控制器与其他几部分的连线标记了控制信息流的方向。虚线标记的运算器和控制器已经被集成在一个芯片上，即 CPU，也称为处理器（processor），负责计算机的运算和控制。

计算机的输入和输出（Input and Output，I/O）现在被视为一个整体。输入的程序和数据可存入存储器，或直接被运算器处理，运算器也可从存储器中获取数据。运算结果可以直接输出，或者存入存储器。

最早提出类似如图 1-5 所示模型的是 19 世纪初的英国数学家查尔斯·巴贝奇（Charles Babbage，1792—1871），他设计的计算机称为差分机，其工作原理为 IPOS（Input，Processing，Output and Storage）。现代计算机的原理源于 IPOS。

另一种计算机模型被称为“哈佛结构”（Harvard architecture），其组成也可以用图 1-5 表示。哈佛结构与冯·诺依曼结构不同的是存储器，冯·诺依曼模型将程序和数据存放到一个存储器中，而哈佛结构将数据和程序分开存放。在今天的计算机中，这两种结构都在使用，不过哈佛结构多用于某些专用处理器系统和通用 CPU 芯片的内部，以提升 CPU 的处理效率。

还有多种计算机模型用于不同类型、不同规模的计算机，如多处理器的流水线结构、并行结构等，其基本原理是类似的。在许多文献中，为了区别，前者被称为“传统计算机模型”，后者被称为“非传统计算机模型”。

2. 程序存储原理

“如果向机器下达的指令可以简化为数字编码，机器能够分辨数字和指令，那么记忆元件就可以用于存储数字和指令”。这段话是冯·诺依曼在 1946 年与他人合作的论文中所说的，这就是著名的程序存储原理，也是计算机自动运行的理论基础。这里的记忆元件（memory）就是计算机的存储器。

指令就是计算机执行操作的代码，程序是一组指令序列（见图 5-2）。根据冯·诺依曼的解释，指令和数据采用同样的存储格式，由计算机分辨哪一个是数字，哪一个是指令。因此，广义上的数据也包括了程序代码，也是冯·诺依曼最早在其论文中提出用二进制编写计算机代码。

程序存储原理还要求程序和数据应该在计算机执行之前就存放在存储器中，还要求程序的长度必须是有限的。计算机执行程序时，只要给出程序所在的存储器位置，程序将自动运行，直到程序的任务完成。

现在看来，程序存储是一个简单、易懂的原理。然而在计算机的初期，这一直是困扰计算机科学家们的难题，即如何使计算机自动执行程序。早期的计算机是在启动后，通过面板上的开关组合成操作指令，一个指令执行后，再拨动开关组成下一个操作指令。可以想象，当时使用计算机是一件多么枯燥且容易出错的事情。

使用程序存储的另一个重要的理由是程序的“重用”。许多计算任务往往只是改变输入的原始数据，而计算过程（程序）是相同的。如果每个计算任务都需要重新编写程序，那么计算机的使用和程序编写本身都将是很难的事。

1.4 计算机组成

计算机的 5 个组成部分可以分为 CPU、存储器、输入/输出三个子系统，通过总线互连，如图 1-6 所示。总线（bus）就是一组导线，是计算机的数据和控制信息的传输通道。公交车具有公共属性，运送乘客（信息）从一站到另一站，计算机的总线将信息从一个部件传送到另一个部件。高性能计算机通过部件间的直接互连实现更快的传输和运算速度。今天的计算机将 CPU、存储器等电路部件放置在一个主板（mainboard）上，称为主机，通过电缆与输入/输出设备（统称外部设备，简称外设）连接。

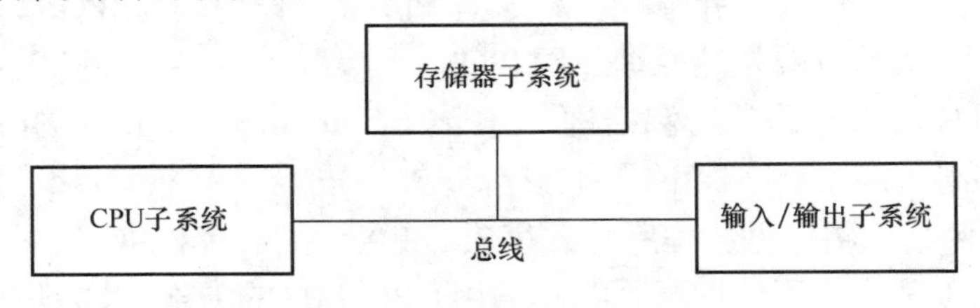

图 1-6　计算机的子系统互连

1.4.1 CPU

计算机的性能参数有多个，但毫无疑问，CPU 性能是重要的。因为 CPU 是负责运算和控制的部件，也有人将 CPU 称为计算机的大脑，这虽然不是很确切，但能够表达它的核心地位和作用。CPU 主要为单个芯片，也有多个芯片组成的 CPU 阵列。芯片（chip）是利用半导体硅制成的片状材料，把电子器件和线路通过光刻技术刻制在上面并封装起来，因此芯片就成了集成电路的代名词。一个 CPU 芯片的表面积如同大拇指指甲般大小。

CPU 有多种，是超大规模集成电路产品（进一步的介绍参见 2.6.4 节），如图 1-7 所示的是分别用于计算机的 Intel 公司的 CPU 和用于手机的 Qualcomm 公司的 CPU。Intel 公司的 CPU 采用的是 CISC（Complex Instruction Set Computer）技术，优点是程序设计比较容易，因为它的指令系统很完备。手机 CPU 采用的是 RISC（Reduce Introduction Set Computer）技术，其指令系统很简单，芯片结构简单，功耗小，是适配手机的设计。RISC 源于指令系统的二八原理：只需 20%的指令就可以完成程序 80%的任务，所以适当减少指令数量，可以提高 CPU 的运行速度，减少能耗。某些专用机器，如网络服务器，也采用 RISC 芯片。

图 1-7　Intel 公司的 CPU（左）、Qualcomm 公司的 CPU（右）

我国自主设计、制造的 CPU 芯片已经取得了很大的成功，如神威超级计算机使用的处理器 SW1600 的内核（core）达 16 个。华为公司的海思麒麟系列 CPU 的性能与 Qualcomm 芯片的相当。

现在的 CPU 都是多核的。其实不必太介意“核（core）”的含义，把它理解成处理单元就可以了。如果 CPU 是多核的，也就是说，这个 CPU 由多个处理单元组合而成。CPU 的性能也不是核的数量的简单叠加，因为多核 CPU 在核之间的协调也是一种开销。多核芯片可以在同等性能情况下，以较低的频率工作，使功耗大大减少：功耗最终转化的是热能，笔记本电脑、手机的散热一直是个大问题。

除了核的数量，CPU 的参数主要是字长和主频。字长（word）是 CPU 一次操作的最大数据长度，单位是二进制位。当前 CPU 多为 64 位或 32 位。主频提供 CPU 运算的“节奏”，CPU 完成一次运算需要多个工作周期（周期是频率的倒数）。主频是 CPU 性能的一个相对指标，如主频为 1 GHz 的 64 位 CPU 肯定优于主频为 2 GHz 的 32 位 CPU。

1.4.2 存储器

存储器是计算机存放程序代码和数据的重要部件，由于存储元件的材料和特性不同，因此存储器是计算机中一个复杂的子系统。存储器有两个重要的特点：

① 字节模式。字节（Byte，B）为 8 位二进制，是存储器的单元。CPU 按字节存取数据，存储器的容量也以字节为单位。

② 内外存结构。内存（internal memory）是半导体器件，外存（external memory）是磁介质硬盘（hard disk）或固态硬盘（Solid State Disk，SSD）。

内存、外存具有很好的互补性，如表 1-2 所示。计算机存储器系统是一个天才的设计：权衡速度和容量，获得高性价比，使计算机成为了大众消费品。

表 1-2 内存、外存的互补性

内　存		外　存	
功　能	特　点	功　能	特　点
运行程序（易失性）	速度很快	存储程序和数据（持久性）	速度很慢
	容量小		容量大
	价格贵		价格便宜
	体积小		体积大/较大

存储器工作过程是：CPU 从外存中调入程序代码到内存中执行，执行结束，然后将程序和结果保存到外存中。

1. 内存

内存直接与 CPU 连接，可随时为 CPU 提供数据。内存使用半导体 RAM（Random Access Memory，随机存取存储器）存储芯片，有时也称内存为 RAM。因为 RAM 是程序运行时主要使用的存储器，所以也称为主存。内存有易失性：RAM 要一直通电来保持其中的数据，如果掉电或者关机，RAM 中的信息就会丢失。

在字节模式下，内存每个字节单元都有唯一的存储地址。存储地址也用二进制位标识。CPU 有一组操作存储地址的信号线，存储容量由 CPU 地址线的数目决定。例如，CPU 地址线有 10 根，则可以标识 2^{10} 即 1024 个存储单元。表 1-3 是 1024 字节的存储单元和对应的二进制位地址。可以将存储器简单地类比为一个大楼，这个大楼中所有的房间（单元）都可以住 8 人（字节）。大楼管理需要给每个房间进行编号（地址），并根据房间号安排住客。房间总数（单元数量）就是这个大楼（存储器）的容量。

表 1-3　存储器地址和单元

十进制地址	二进制单元地址	单元内容
0	0000000000	0 1 0 1 0 1 0 1
1	0000000001	1 1 0 0 1 1 0 0
2	0000000010	1 0 1 1 0 1 0 0
	⋮	
1021	1111111101	0 0 1 1 0 0 1 1
1022	1111111110	1 0 0 1 0 0 1 1
1023	1111111111	0 1 1 0 0 0 1 0

早期计算机的内存只有几千个单元，现在计算机的内存容量都非常大，因此也用量词简化表示。常用的存储单位量词如表 1-4 所示。这里，存储器的千、兆等量词并非是存储器的实际大小，只是一种较为直观的量级表示。例如，计算机 CPU 地址线有 32 根，则内存最大为 4 GB，即近似地表示为 40 亿字节，实际为 4 294 967 296（2^{32}）字节。

表 1-4　存储单位量词

量词缩写	量词描述	实际字节数	近似表示
KB（Kilo Byte）	千字节	2^{10}=1024	10^3
MB（Mebi Byte）	兆（百万）字节	2^{20}=1 048 576	10^6
GB（Mega Byte）	吉（十亿）字节（千兆）	2^{30}=1 073 741 824	10^9
TB（Tera Byte）	太拉（万亿）字节（兆兆）	2^{40}=1 099 511 627 776	10^{12}

还有更大的量词用来表示海量数据，如 PB（Peta Byte，1024TB）、EB（Exa Byte，1024PB）、ZB（Zetta Byte，1024EB）和 YB（Yotta Byte，1024ZB）。

只读存储器（Read Only Memory，ROM）是另一种内存，其中的数据被“固化了（solidify）”，只能读取，不能改写，所存放的数据不会因断电或关机而丢失。因此，它被用来存放不变的程序代码和固定数据。例如，计算机的开机程序 BIOS（Basic Input Output System，基本输入/输出系统）和机器参数就被保存在 ROM 中：计算机每次开机都是执行相同的操作，而且机器参数也不会变化。

2. 外存

外存的原意是位于主机外部的存储器，现在的移动设备采用的外存也放在机器内部。外存的主要作用是保存程序和数据，存储器的体量和容量都比较大。传统的外存是磁盘。20 多年前使用的软磁盘（floppy disc）早已被淘汰，现在使用较多的是合金盘片的硬磁盘（hard disk），容量多为 TB 级，盘片、转动装置和电路被密封在一个金属盒子里，使用电缆线与主机连接。

磁盘用涂敷在圆盘表面的磁性材料的极化状态表示二进制数据，这种极化状态不会受到断电的影响，数据保存有持久性。磁盘的工作原理如图 1-8 所示。

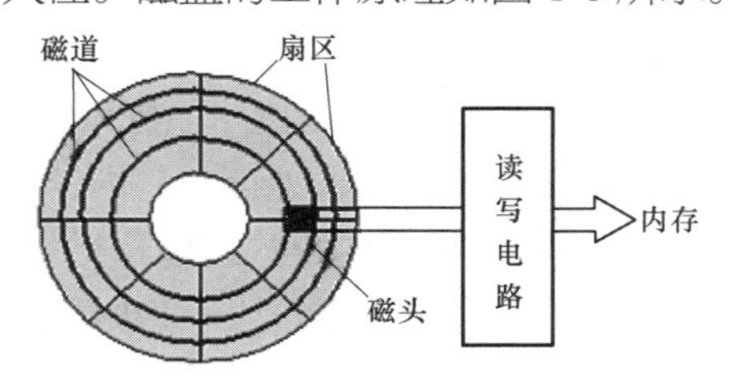

图 1-8　磁盘的工作原理

读写电路控制磁头沿着盘片表面做直线移动，同时盘片高速旋转。磁头和盘片的相对运动提供了数据的寻找和读取。读写电路也负责内存与磁盘之间进行数据交换。磁盘因为有旋转盘片的机械装置，所以速度慢。

磁道是同心圆结构，数据存储在磁道上。盘片又被划分为若干扇形区域，按扇区进行数据存取。设想一下，一张能够写数亿字的纸（硬盘），只有裁成书页（扇区）的大小，写字和阅读才比较方便。通常，磁盘扇区容量为 KB 级。

30 多年前被发明的一种也是半导体的、没有易失性的闪存（Flash Memory），可通过特殊技术擦除原有内容、重新写入数据。闪存技术近年来发展迅速，性价比越来越高。以闪存技术生产的固态存储器 SSD（Solid-State Drive）没有机械部件，速度比硬盘快了数十倍。目前，SSD 在计算机的外存中占据了很大的比例，便携式、手持式设备基本上采用 SSD 作为外存。

SSD 数据存储也采用与磁盘相同的格式，主要是为了操作系统和程序不需要改变外存的操作方式，计算机对存储器的接口设计可以很好地兼容。因此，习惯上将包括 SSD 在内的外存统称为磁盘。

实际上，存放机器启动程序 BIOS 的 ROM 已经被闪存替代了：如果计算机增加或减少了部件，系统也能检测到并修改参数重新保存在闪存中。

另一种常用于移动存储的外存是 U 盘，其存储介质也是闪存。以前作为 PC 标准配置的光盘也已经被淘汰了。

3. 缓存

计算机使用了大量的集成电路芯片。就芯片复杂性而言，CPU 肯定是第一。CPU 运算速度飞快，但内存慢很多，外存更慢，这种速度差距会导致 CPU 的大多数时间都处于等待状态。在存储器中，磁盘的速度最慢，是毫秒级，虽然固态硬盘 SSD 要远远快于磁盘，但还是比内存慢得多。这种系统性的速度鸿沟影响了计算机的整体性能。

计算机科学家们发现了一个有意思的现象：如果 CPU 访问某存储器单元，可能很快再次访问这个单元，也可能很快访问它的附近单元，这个现象被称为“时空局限性”。为此，设计者们在 CPU 与存储器之间、在内存与磁盘之间设置了一个缓冲存储器，简称缓存（cache 或 buffer），如图 1-9 所示。

图 1-9　存储器系统

缓存能够大大提升系统的数据传输性能，实现不同部件之间的“速度匹配”，已经在计算机领域中被广泛应用。缓存容量小，但速度和与它连接的快速部件相当，存放的是正在或将要使用的数据。在图 1-9 所示的存储器系统中，CPU 内部也有极高速度的缓存，直接与高速的运算器交换数据，高性能 CPU 内部设计有三级缓存。与内存连接的高速缓存以高于内存的速度运行，而在内存、外存之间的缓存以接近内存的速度运行。

依据时空局限性设计的调度技术，把要用到的代码和数据批量输入缓存中。CPU 如果在内部极高速的缓存中没有找到需要的数据，就到外部高速缓存中寻找，如果都没有找到，才到内存 RAM 中去取。同样，内存、外存也是通过缓存交换数据。缓存机制有效地实现了速度匹配：CPU 减少了内存访问次数，内外存也不再连续不断地交换数据，计算机能够以接近设计的理想速度运转。

数据传输一直是计算机性能的瓶颈，缓存技术几乎填平了速度鸿沟，在计算机数据传输中被广泛使用：有硬件缓存，也有软件模拟的缓存。CPU 内的多级超高速缓存占据了芯片的大部分空间，同时内存芯片的速度越来越快，外存硬盘也开始“混合”，使用数百兆字节的缓存提升硬盘的输出传输效率，而速度较快的 SSD 也使用高速的缓存提升速度。缓存以较小的成本获得了计算机性能很大提升的收益，因此缓存被称为计算机中的“伟大技术”。

1.4.3 输入和输出

计算机的输入、输出系统也称为人机交互系统（Human and Computer Interface，HCI）。输入、输出操作都是在主机的控制下由外设完成的。这里简单介绍输入、输出的基本知识。

1. 端口

计算机的机箱背后、笔记本电脑的侧面或后面都有一些端口（port），用于连接打印机、投影仪或者其他设备。端口是电路连接，也是一个接口（interface）：在慢速的外设与高速的主机之间建立一个速度匹配的缓冲，有的接口也使用缓存。

端口是一种技术，也是一种标准：只要符合这个标准的设备都可以直接插入端口实现与计算机的连接，这就是即插即用（Plug and Play，PnP）。现在的计算机外设几乎都是 PnP 设备。最典型的是 USB 端口，也称为 USB 接口。

2. USB 接口

USB（Universal Serial Bus，通用串行总线）可以称得上是计算机的另一个“伟大技术”，是输入、输出接口的突破性技术进步：几乎统一了外设与主机的连接标准。早期的外设不但种类繁多，而且标准各不相同，现在的计算机除了显示器端口，几乎只有 USB 端口和网络端口。实际上，很多显示器、投影仪和网络端口也使用 USB 或者无线连接。

USB 也是一种接口技术，是 Intel 公司发起并主导制定的通用串行总线标准，用于计算机和数码产品的各类设备。只要设备采用 USB 接口，插上计算机就可以被识别和使用。

USB 设备自身可以没有电源（不包括耗电设备，如显示器、打印机），外设可通过 USB 接口直接使用主机提供的电源。现在 USB 接口主要有三种规格：A 型、B 型和 C 型，如图 1-10 所示。其中，A 型接口也称为“公共口”，用于连接计算机或大容量硬盘、打印机等；B 型接口也称为 Mini B 型口，用于小功耗数码产品，是非对称的，因此不用担心插错；C 型接口也称为 Type-C，是对称型，没有方向性，适用性极好，类似 Apple 公司的 Lightning 接口。

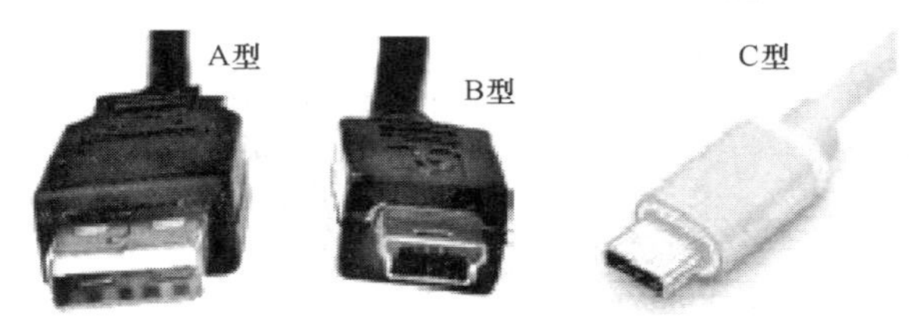

图 1-10　USB 接口

USB 已经成为计算机通用外设标准接口。最常用的 U 盘就是因为使用了 USB 接口而得名。现在 USB 的标准主要为 2.0 版和 3.0 版，USB 2.0 版的最大数据传输速率为 60 MB/s，而 USB 3.0 版的理论速率可达 500 MB/s。

3. 外部设备

外部设备是输入、输出设备的简称。最常用的输入设备是键盘和鼠标。键盘的布局有两种，一种称为标准键盘（qwerty），也称为 IBM 键盘。另一种称为微软键盘，比 qwerty 多了 Windows 启动（键盘上有微软徽标）和类似鼠标右键功能的快捷键，通常位于空格键的两侧。鼠标是一个极为聪明的发明：通过鼠标指针在屏幕上的移动获取定位信息，可以操作计算机。鼠标指针形状有其独特的含义，打开 Windows 的控制面板就可以找到有关鼠标项，可以看到鼠标不同形状指针的意义。

计算机默认的输出设备是显示器（display），目前以液晶显示器为主。另一种输出设备是打印机，有激光打印机、喷墨打印机、用于票据的针式（色带）打印机。这里不做过多介绍。

移动终端，如智能手机、平板电脑和某些笔记本电脑，其显示屏兼具输入、输出的双重功能，这种显示屏也称为“触摸屏”（touch screen），是在显示屏表面安装了一种能够感应手指或其他物体触摸的透明膜，其原理与鼠标差不多。鼠标通过移动鼠标指针定位并获取在显示器上的坐标信息，触摸屏的感应膜则捕捉手指或其他感应物在显示屏上的坐标信息。感应膜有电阻式、电容式、红外线式和表面声波式等，目前电容式触摸屏占据主流地位。

1.5　操作系统

要理解计算机究竟是如何运作的，就必须知道操作系统（Operating System，OS）。各类计算机操作系统的设计目标各不相同，大型机的操作系统注重性能和资源利用率，微机的操作系统的目标是方便用户使用计算机，手持式设备的操作系统则强调可用性，而嵌入式计算机的操作系统（如电器、汽车）被设计成不需用户干预，最多是打开或关闭某个功能的操作。而从计算机的角度来看，操作系统管理并分配资源、调度和运行程序，帮助用户使用计算机。

1.5.1　计算机的核心

20 世纪 60 年代之前，计算机每次只能运行一个程序。用户把程序交给计算机操作员，由操作员向计算机输入程序和数据、运行程序，再把结果交给用户。最初的操作系统是为了替代操作员的工作，管理程序的执行。随着硬件的发展，计算机的功能越来越强、结构越来越复杂，操作系统有必要对它们有更多的管理，最大程度地发挥计算机的作用。自此，操作系统一直是大学和业界实验室的研究重点。

1966 年，美国贝尔实验室的肯·汤普森（Ken Thompson）和丹尼斯·里奇（Dennis Ritchie）设计和开发了著名的操作系统 UNIX，这两位计算机科学家因此获得了 1983 年的计算机最高奖——图灵奖。今天，除了微软的操作系统 Windows，其他操作系统都是 UNIX 的衍生品，而 Windows 的设计也源于 UNIX 的思想。

操作系统处于计算机的核心位置，如图 1-11 所示。计算机的其他软件都在操作系统支持下才能运行，因此操作系统成为了一个计算平台或者计算环境。注意，一个操作系统支持的软件不能在另一个操作系统上直接运行，即软件的非兼容性。因此，应用软件如果需要跨平台，就需要不同平台的版本。

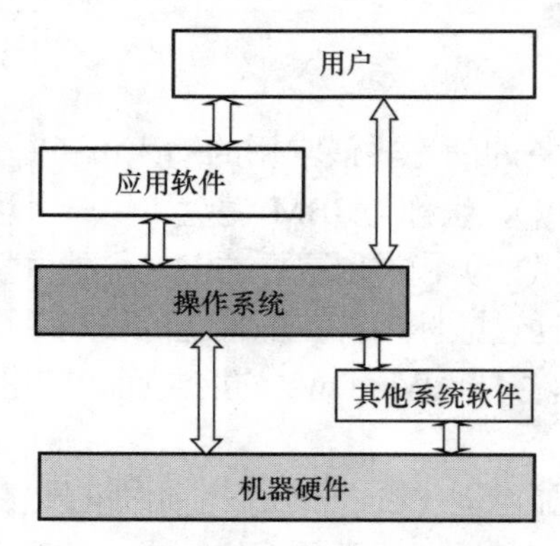

图 1-11　操作系统在计算机中的位置

由于操作系统的特殊地位，几乎可以决定计算机的发展。微软的 Windows 占据 PC 市场的 90%，与 PC 的 CPU 的垄断者 Intel 公司结成了 Win-Tel 联盟，长期以来主导了 PC 的发展。同样在移动领域，Google 的操作系统 Android 成了事实上的垄断者。

大型计算机用 UNIX 比较多，也有免费的 UNIX 版，如 BSD/UNIX（Berkeley Software Distribution，一个自由软件组织，可知与伯克利大学有关）提供大量的免费软件。另一个可以替代 UNIX 的也是开源的 Linux，由芬兰赫尔辛基大学的学生 Linus Torvalds 在 1991 年开发。Linux 源代码在 Internet 上公开后，由世界各地的编程爱好者自发完善和维护。Linux 与 UNIX 高度兼容，Android 的内核就是 Linux，Apple 公司的操作系统 MacOS 也是 UNIX 的变体。

在操作系统的设计概念上，与用户交互的那部分被称为外壳（shell），负责接收用户的操作并显示操作结果。被外壳包围的那部分被称为内核（kernel），直接操作硬件。

操作系统有很多定义，有的表现操作系统的外部特性，有的从程序执行的角度，有的从管理和控制的角度。本书采用的操作系统的定义是：操作系统调度计算机资源，为用户使用计算机提供服务。

1.5.2　资源调度

操作系统本身是一个程序，被定义为计算机系统软件。计算机开机后，它就一直运行，负责计算机资源的调度。

计算机有很多资源。硬件方面，包括 1.4 节介绍的 CPU、内存、外存、外设、接口、缓存等。软件方面，已经无法统计其数量和类型了，仅以我国的移动 App 为例，已超过了 450 万个。如果需要有一个操作系统管理那么多资源，那么操作系统的复杂性可想而知。UNIX 是 C 语言编写的，1975 年版的 UNIX 大约有 9000 行代码，如今已经超过 1000 万行代码。据估计，Windows 10 有 5000 万行代码。

操作系统虽然很复杂，但归结起来就是对各种应用程序使用 CPU、存储器和外设进行调度。这里的调度包括了资源的分配和管理。调度是操作系统的方法，有很多实现调度的算法，其目的都是为了系统资源的有效使用。

1. 调度 CPU

调度 CPU，也称为 CPU 管理、进程（processing）管理。CPU 是计算机最重要的资源，是执行程序的部件。操作系统监控当前正在使用 CPU 的程序，随时准备将 CPU 的控制权交给另一个等待运行的程序。被列入操作系统调度的所有的程序都会被挂起，处于等待状态。操作系统为每个程序分配一个时间片，轮流将 CPU 控制权交给它们，得到控制权的程序只能在分配的时间内运行。如果程序不能及时交出 CPU 的控制权，操作系统会强行中断它的运行。

由于 CPU 运行速度极快，操作系统运行多个程序看上去像多个程序“同时运行”。这种多程序的调度就是今天所有操作系统都具备的“多任务”功能。为了与外存磁盘上的程序区别，操作系统将正在内存运行的程序称为进程（processing），因此 CPU 管理也被称为进程管理。

以 PC 为例，Windows 通常要管理数十个进程，即使用户并没有运行那么多程序，有很多进程是操作系统本身为了调度和管理使用的，这是用户不必看到的系统任务。MacOS 的 Activity Monitor、Windows 的任务管理器 Taskmgr 都可以查看计算机当前正在运行的进程。如图 1-12 所示的 Windows 有 75 个进程，但只占用了 5%的 CPU 时间。

图 1-12　Windows 任务管理器

今天的操作系统的复杂性不但在于多应用程序，而且还要调度 CPU 的多核，要尽可能发挥 CPU 的效率。如果它是一个分布式系统，还需要管理多个 CPU。有些计算机任务只能由硬件完成，因此操作系统也需要与计算机硬件协调工作。

2. 内存调度

内存调度也叫内存管理。程序只是在需要运行时才被装载到内存中。如果要运行多个程序，那么操作系统需要给各个程序分配内存空间，同时跟踪每个程序驻留在内存的具体位置和它所用到的内存单元数量。由于调入内存的程序数量是动态的，因此操作系统需要采用合适的内存分配策略，确保给程序分配够用的内存，有些调度策略可以根据程序运行的需要增减内存空间。

内存空间是有限的。如果内存容纳不下那么多程序，就需要在磁盘与内存之间进行交换：把等待的程序存到磁盘中，给内存运行的程序留下足够的空间。读写磁盘耗费的时间长，所以操作系统也使用缓存技术：在磁盘上开辟缓冲区，将等待的程序按照代码在内存中的映射存放，提高了重新调入内存的速度。在 Windows 控制面板的系统管理中有磁盘缓冲区的设置。显然，提升程序运行速度的办法是尽可能增加内存芯片，不过内存的空间是有限的。

为了程序运行顺畅和利于操作系统调度，也为了安全起见，计算机有严格的内存保护机制。例如，不让正在运行的程序使用等待中的程序的内存，即使这个等待的程序已经被挂起或被暂存到了磁盘中；也不允许应用程序使用操作系统的内存工作区，因为操作系统不能保证没有恶意程序在内存中到处乱窜。如果使用 Windows 系统遇到过“蓝屏”，就是内存保护没到位的结果。

操作系统有很多种内存调度技术，对于多核、多 CPU 的计算机，内存如果是共享的，其内存调度就更加复杂，这里不再赘述。

3. 设备管理

计算机有很多种类的外部设备，不同外设的操作要求也是不同的。例如，显示器是标准的输出设备，操作系统要为每个程序提供显示窗口，确保各窗口的显示内容不会被覆盖：当前活动窗口只是隐藏了其他程序的窗口，一旦其他程序被激活，当前窗口的内容必须随之变化，准确地恢复到被隐藏前的状态。

键盘、鼠标是标准的输入设备。操作系统负责接收来自键盘和鼠标的输入，转换为相应的数据和操作命令并传递给应用程序。这种把对外设的公共操作进行统一管理的机制简化了应用程序员处理输入、输出设备的编程工作量，使应用程序在操作系统平台上的运行更流畅。

有意思的是，操作系统对硬盘的管理是归类到外设的，对磁盘中存储的程序和数据归类到文件管理中（见 1.5.3 节）。

操作系统设备管理的另一种方法是，通过“驱动程序（driver）”，让设备完成自己的操作。操作系统对同一类设备发出的命令是标准化的，由设备驱动程序接收并执行命令。例如，操作系统向打印机发出“打印这个文档”的命令，并将文档数据存入打印机的缓冲区，打印机的驱动程序会按照操作系统的打印要求完成打印任务。当然，安装了设备驱动程序后，操作系统允许用户配置设备操作要求，并将这些要求作为命令发给设备。

操作系统已经配置了大量的标准设备驱动程序，或者提供了设备驱动程序的列表供用户选择。设备生产商也会提供设备驱动程序，都有自己的网站，供用户下载或更新版本。

4. 多系统和虚拟机

用户可以为计算机安装自己喜欢的操作系统。例如，PC 可以安装 Windows，也可以安装 Linux。也可以在计算机上安装多个操作系统，苹果计算机可以通过 Boot Camp 选择运行 MacOS 还是 Windows。虽然也可以在 PC 上安装 MacOS，不过兼容性比较差。

进一步，一个操作系统可以控制另一个操作系统来使用计算机资源，即虚拟机技术，如图 1-13 所示。例如，VMware、VirtualBox 和 Xen（开源的）等虚拟机软件支持在 MacOS 上运行 Windows 或者 Linux。

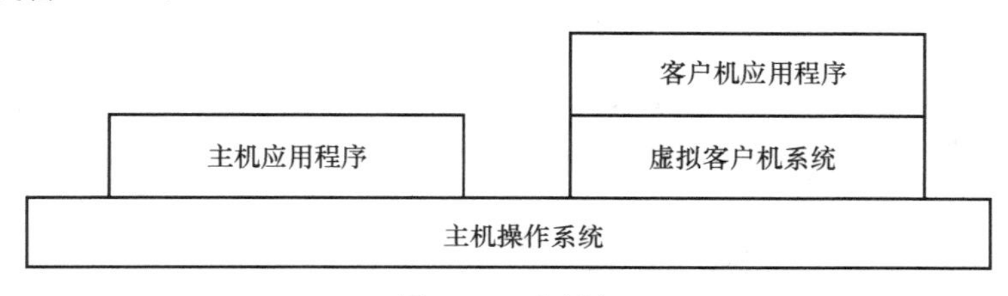

图 1-13　虚拟机

操作系统有时被称为“怪物”，其原因之一就是它要跨越自身的局限，去管理其他操作系统的“虚拟资源”——支持和管理虚拟机。通常把原操作系统称为主机操作系统，虚拟的操作系统称为客户机操作系统。主机操作系统会拦截客户机操作系统的要求，代替客户机执行操作，再将结果返回给客户机。

实际上，虚拟机不是操作系统的组成部分，应该是操作系统支持了虚拟机功能。有些操作系统（如 Linux）有虚拟文件的概念，但与虚拟机完全不同。虚拟文件是操作系统本身进行管理的，而虚拟机是在主机操作系统上的一个模拟硬件的程序，建立了一个虚拟镜像的客户机系统，进入虚拟机后，应用程序就像在那个虚拟的操作系统环境中运行一样。

目前，作为数据服务的“云计算”很大程度上就是通过虚拟机实现多系统的支持的。

1.5.3　文件系统

对普通用户而言，操作系统最重要的部分就是文件系统。文件（file）也是 UNIX 最早提出的概念。此后，文件一直是所有操作系统进行数据组织和表示的最主要方法。

计算机的程序和数据有逻辑组织和物理存储两部分。不同于硬件，用户无法感受程序和数据的存在，因此需要以一种抽象的、易于理解的数据组织形式，使得用户能够“看见”程序和数据。这个形式就是文件。

在 MacOS 和 Windows 中分别有 Finder 和 Explorer，都是资源管理工具。它们可以列出从计算机顶层开始的文件系统的层次结构：文件夹可以包含子文件夹和文件。UNIX 系统不使用文件夹而用“目录”这个词，2000 年前的微软 DOS 操作系统也使用目录，到了 Windows 才使用文件夹。文件夹是一个组织结构，程序和数据是文件的形式存储并放置在文件夹中。这种结构方便用户管理、检索和使用文件。

文件系统实现操作系统对所有文件夹和文件的管理。MacOS、Windows、移动设备的操作系统都通过图形界面（Graphics User Interface，GUI）给用户呈现计算机的各种资源，也用列表形式展示文件夹和文件，其中包括文件的大小、存储位置和创建时间等信息。早期操作系统的文本界面只能用文本列表。现在，文本界面还有专业人员在使用。

计算机文件是存放在外存上的，外存是磁盘，SSD 也使用磁盘数据格式，因此文件也被称为磁盘文件。

磁盘文件的优越之处是将数据的物理状态进行统一组织，程序员不需关心程序和数据在磁盘上究竟是如何存储的。操作系统给用户展示的是一种组织格式，而且是用户能够理解的格式。其实，用户看不到磁盘上的数据状态，看到的是操作系统对磁盘文件的逻辑表达（6.1 节将进一步介绍文件数据）。因为磁盘数据为磁极化状态，内存为电路状态，所以用户是无法看到的。

文件系统是树状结构，根是磁盘的最顶层，如 Windows 中的 C 盘。操作系统对文件的操作是“按名存取”。不同的操作系统的文件管理有区别，但都有文件名。文件名以字母、数字和某些符号的组合唯一标识一个文件。Windows 系统的文件命名格式为：

[盘符:] 文件名[.扩展名]

格式中的“[ ]”包括的部分可以省略。“盘符”是指存放文件的磁盘的逻辑编号。PC 将 A、B 用于软磁盘，C～Z 为硬盘或光盘。由于软磁盘已经淘汰，盘符 A、B 几乎不再使用。早期微软操作系统的文件名只有 8 个字符，现在的 Windows 的文件名长度可以达到 255 个字符，中文版也允许使用中文字符。

Windows 的文件名后可带扩展名（也称为后缀），由符号“.”隔开。如果使用扩展名，应该采用规定的字符。Apple 的 MacOS 也使用扩展名，UNIX/Linux 不使用扩展名。Windows 系统通过扩展名标记文件的类型，如表 1-5 所示。

表 1-5　Windows 常用文件扩展名

扩展名	文件类型
.bat	批（处理）文件，可执行
.c	C 语言源程序文件
.com	命令（程序）文件
.doc,.docx	Microsoft Word 文档文件
.exe	可执行（程序）文件
.java	Java 语言源程序文件
.obj	目标文件
.ppt, .pptx	Microsoft PowerPoint 演示文稿文件
.sys	系统文件
.txt	文本文件
.xls, .xlsx	Microsoft Excel 工作簿文件

Windows 根据文件的类型决定采取何种操作：如果是程序文件，就执行它。如果是数据文件，就启动它的关联程序打开数据文件。Windows 注册表中有一个能被其识别的文件类型的清单。

注意：文件属性中的存储空间和文件大小两个参数通常并不一致，前者往往要大于后者。这是因为文件数据是按“扇区”（见图 1-8）存放的。即使文件只有 1 字节，也占据了整个扇区。如果超过一个扇区 1 字节，文件系统也会给它分配第二个扇区。

1.6　计算机网络

本书第 7 章将专门讨论网络，这里仅介绍网络作为计算机应用延伸的一些基本概念。简单地说，今天的“网络”（network）一词主要指计算机网络（computer network）。两台或两台以上的计算机连起来就是一个网络。唯一覆盖全世界的、也是最大的网络是互联网（Internet，也称为因特网），即使是价值数亿的超级计算机也无法与之相比。有意思的是，网络互连技术也被成功地运用于制造超级计算机。

1. 互联网

互联网连接全世界数十亿台各种类型的计算机。互联网始建于 20 世纪 60 年代末。互联网是“网络的网络”，也是计算机应用最重要的领域。互联网没有采用像计算机系统那样的中心控制结构，而是代之以主机（host）互连，入网的每台计算机统一赋予一个主机地位，这就是互联网的开放性，也是吸引无数用户的原因之一。现在的计算机和移动设备，无论其规模大小，都具备接入互联网的功能。

今天的互联网已经成为一个“虚拟社会”。当然，现实社会的各种形态在这个虚拟社会上几乎被复制。同样，各种现实社会的丑恶也在互联网上如出一辙，更有甚者。

对互联网的争议并没有影响到它以极快的速度发展。中国经济的高速发展很大程度上得益于信息化的推进。我国已经有世界上最大的互联网用户群和最多的入网机器。

2. Web

互联网提供了多种不同的服务，但 Web（World Wide Web，WWW，万维网）曾是互联网上的一种服务，现在是最主要的服务，而其他服务，如电子邮件（E-mail）、电子公告板（BBS）等，纷纷转移到 Web 上。对许多用户而言，互联网就是 Web，尽管这个说法并不准确。

1990 年，欧洲粒子物理研究所（CERN）的工程师蒂姆·伯纳斯·李（Tim Berners-Lee）使用了一种标记格式，设计了一个程序，能将分隔在不同地域、不同计算机上的文档“页面”（webpage）联系起来（link），供各地的科学家们了解各自的研究进展。有人问 Lee 这是什么，他回答是“World Wide Web”，万维网因此而得名，他也被冠以“万维网之父”。互联网的第一个网页是 http://info.cern.ch，如果现在去访问它，页面上显示：http://info.cern.ch - home of the first website，其中有浏览第一个网站（browse the first website）、Web 的诞生等有趣的信息。

Lee 用来制作 Web 程序的标记格式后来成为 Web 的设计语言——超文本标记语言（HyperText Mark Language，HTML）。Web 为用户访问互联网提供了简单的方法。对大多数互联网用户而言，上网意味着使用 Web 浏览器访问网站，以获取自己需要的信息或者进行各种交互活动。网站（website）就是承载很多 Web 页面、构成多种 Web 资源的、为互联网用户提供访问服务的计算机。这类计算机通常被称为 Web 服务器。

近年来，移动互联网发展极快。移动上网主要是通过智能手机无线上网，目前移动上网的用户远远超过传统的 PC 上网。传统的 Internet 实现了人人互连，随着移动通信的 5G 开始建设，物物互连的物联网（Internet of Things）将开启下一代的互联网。

1.7 数据和信息

“当你看久了互联网，互联网就会回看你。”这是一位计算机科学家对数据和信息的精彩评论。的确如此，用户使用计算机和手机上网的所有操作，甚至去了什么地方，见了什么人，几乎每件事都有迹可寻：网络尽一切可能收集用户的各种信息，并存放起来，也许是永久性的存放。其实，这些信息往往都是用户“奉送”给网络的。

搜索是网络最多的应用。当用户开始搜索时，收集用户数据的过程就开启了。搜索会知道你访问了哪些网站，在浏览网站时做了什么，甚至在访问的网站停留了多长时间等。这就是为什么很多网络搜索公司、社交网络公司经常被曝泄露用户隐私，严重到被政府惩罚的地步。用户访问的每个网站都会记录用户的访问行为，目的很简单，往好处想是“更好地服务用户”，浅薄一点的是可以窥视用户的爱好，投其所好地给用户发广告，往坏处想那就有点可怕了。

这类话题不是本书讨论的重点，但是我们提及这个问题是因为数据太重要了，它是信息之源，是财富之源，是虚拟社会问题之源。

信息和数据是两个重要概念，尽管它们之间存在差异，但很多情况下这两个词被混用。信息学的奠基人香农（Claude E. Shannon）给信息下的定义是：信息是用来消除随机不确定性的东西。经济学家将信息视为进行经济决策的有效依据，管理学者认为信息是为了满足用户决策的需要而经过加工处理的数据。这些观点表达了数据和信息的关系：数据是原材料，信息是对数据处理得到的结果。一般认为，信息是具有确定意义的数据。就此而论，信息也是数据。

在计算机科学中，除硬件之外的都是“数据”，包括程序代码和程序运行中需要和产生的数据，当然也有人将硬件之外的都认为是软件。这些观点都没错，只是角度不同，得到的结论不一样而已。

与信息相关的是通信。在计算机中，信息系统是最广泛的应用之一。信息系统由硬件、软件、数据、用户、过程和通信 6 个要素构成。大多数信息系统被赋予了特定的功能，如数据采集和处理功能、管理功能、决策支持等。科学实验中也需要信息系统采集、分析数据。例如，电子对撞机一秒钟产生的数据有 1 GB，一次实验产生的数据是惊人的。如此巨量的数据没有数据管理是不可想象的。

一个大型企业需要构建信息系统，应该具备采集、处理、管理功能。如前所述，操作系统是极其复杂的，大型信息系统同样复杂。现代的工业生产也是在计算机控制下进行的，且它本身也被相关信息系统管理着。

今天，数据和信息已经被认为是人类的重要资源。对信息资源的开发、运用也成为社会生活、经济活动的重要组成部分，成为衡量一个国家现代化程度的标志。有效地拥有数据、开发和运用信息资源已经上升到国力的高度。

信息处理是一个“计算过程”。计算机承担的计算任务归结起来就是数据传输、变换、分析、事务处理、控制等。从使用计算机的角度看，计算机本身也是一个信息处理系统。

本章小结

计算系统包括计算机和数据两部分。

计算机系统包括硬件和软件。计算机的物理设备叫作硬件。按计算机规模，计算机可以分为巨型机、大型机、小型机、微型计算机、嵌入式设备和移动设备、可穿戴计算机等。

软件是控制计算机硬件运行的程序。计算机除硬件之外的所有东西，包括文档、程序、语言等，都被归类为软件。软件包括系统软件和应用软件。系统软件确保计算机能够有效地完成用户的任务，如操作系统、编程语言系统、工具软件等。应用软件是解决特定的应用问题的软件。从数据的角度看，程序是完成数据处理的。从计算系统的角度看，程序本身也是数据。

第一代计算机采用电子管，第二代采用晶体管，第三代采用集成电路，第四代采用大规模集成电路。

软件从机器代码发展到高级语言编程，现在的程序都是基于图形界面的。

计算机黑盒模型定义计算机是数据处理机，具有程序能力的处理机模型则指出，数据处理的过程由程序控制。冯·诺依曼模型将计算机分为输入设备、存储器、运算器、控制器和输出设备。今天的计算机将运算器、控制器集成在一个 CPU 芯片中。

程序存储原理是要求程序和数据在执行前被存放到计算机的存储器中，且采用同样的存储格式。这是实现自动计算的基础。

CPU 的多核是指一个 CPU 芯片中集成了多个处理单元。CPU 的主要技术指标是主频和字长，现在多为 64 位和 32 位。

存储器存放程序代码和数据，采用字节模式。1 字节（Byte）有 8 个二进制位（bit）。存储器采用互补的内存、外存结构，内存运行程序，外存存储程序和数据。内存与 CPU 直接相连，也称为主存，主要采用半导体 RAM，具有易失性。外存多为磁盘或固态硬盘，能够持久保存数据。

根据时空局限性的特点，计算机在 CPU 与内存、内存与外存之间通过缓存解决了速度匹配，极大地提升了系统的数据传输效率。缓存被称为伟大的技术。

计算机的输入/输出（I/O）是在主机的控制下由外设完成的。连接外设的端口（接口）在快速的主机与慢速的外设之间建立缓冲。USB 是最常用的接口，也是一项伟大的技术，成为了外设与主机的连接标准。

操作系统是计算机软件系统的核心，操作系统调度计算机资源，为用户操作计算机提供服务。操作系统调度和管理同时运行的多个程序、分配内存、实行严格的内存保护。操作系统把对外设的公共操作进行统一管理，通过驱动程序让设备完成操作。一台计算机可以安装多种操作系统，也可以通过虚拟机技术，实现跨操作系统的资源管理。

文件是操作系统行数据组织和表示的最主要方法。操作系统采用文件夹（目录）结构管理文件，文件系统实现操作系统对所有文件夹和文件的管理，文件操作实行按名存取。Windows 的文件扩展名标记文件的类型，再根据文件的类型决定文件的操作。文件是按磁盘扇区存放的。

计算机网络是指计算机的互连。互联网（Internet）是覆盖全球的、最大的计算机网络。入网的计算机被称为主机。互联网具有开放特性，已成为一个虚拟的社会形态。互联网上有各种应用服务，其中 Web 是互联网上最广泛的、影响最大的一种服务。

数据是计算系统的组成部分。数据和信息已经被认为是人类的重要资源，数据与信息之间的关系是：数据是原材料，信息是对数据处理后得到的结果。

习 题 1

一、思考题

1．回忆你使用计算机的经历，列举使用计算机做过的事情。你是否考虑过将研究计算机作为你的职业？为什么？

2．运用你能够获取的各种资源，如报纸、杂志、书籍、互联网，进行相关资料的收集，针对以下主题写一篇 800 字左右的短文。

（1）世界上最快的计算机。

（2）计算机在艺术领域中的应用。

（3）使用计算机拍摄、制作电视和电影。

（4）计算机在金融系统中的应用。

（5）使用计算机研究生命科学。

（6）人类基因图研究与计算机。

（7）计算机通信和社交网络。

（8）计算机与工程。

（9）计算机与社会服务。

（10）计算机与科学研究。

（11）计算机与国防。

（12）计算机与“两个强国”战略。

3．我国经济高速发展部分得益于从20世纪末国家推行的“信息化与工业化的融合”。请通过网络收集这方面的信息，并思考“什么是信息化与工业化的融合”。

4．中国政府大力推行的“互联网+”要求将传统的产业、管理、服务都利用好互联网这个大平台，以提升竞争力和服务、管理的效率。请以此为主题，选择一个你今后可能从事的职业，看看“互联网+”能够做什么。

5．计算（机）模型是一种抽象表达。试从你的校园生活中寻找抽象表达，看看它隐藏哪些复杂的细节。

6．本章中并没有直接给出计算机的相关定义。请你根据教材内容归纳并回答“什么是计算机”这个问题，并解释你的答案。

7．你如何理解计算机系统与计算系统之间的差别？

8．数据是本书重点讨论的内容，你如何理解数据，又如何理解信息？

9．如果你有计算机（包括平板电脑、智能手机），请查看并记录机器的性能指标：

处理器生产商		处理器型号		处理器字长	位
处理器主频	Hz	处理器内核数		内存空间	GB
内存最大空间		外存空间	GB	外存介质	
操作系统名称		OS 版本		操作系统位数	
显示器端口		USB 版本		USB 端口数	

其中，显示器端口是指USB或视频端口，PC可以通过“我的电脑”属性查看。希望读者能够理解表中各项的实际意义。

二、填空题

1．计算系统由两部分组成，它们是计算机和______。计算机也是一个系统，它也由两部分组成：______和______。

2. 计算机硬件可划分为3个子系统：CPU、______和______。其中，CPU是计算机中负责______和______的部件。

3．第一代计算机采用的电子器件是______，第二代计算机采用的是______，第三代计算机采用的是IC，即______，第四代计算机采用的是______。

4．计算机的外部设备分为______设备和______设备。最常见的前者是______和鼠标，最常见的后者是______和打印机。

5．计算机内存又叫______或______，主要是运行程序。外存一般采用______和______，主要用来保存程序和数据。

6．计算机内存采用______存储模式。计算机内存______（Size）由 CPU 地址线数目决定。例如有 32 根地址线，最多可以有内存_____GB。

7．外存 SSD 是______，采用与磁盘同样的存储格式和存取方式，因为外存主要用于存储文件和数据，所以也把存储在外存上的文件称为______文件。

8．现代计算机模型也被称为冯•诺依曼模型，将计算机分成 5 个组成部分，分别是______、______、______、______和______。

9. 黑盒模型把计算机看作______，如果给这个模型的黑盒加上程序部分，这个模型称为______。

10．程序的灵活性体现为：输入相同的数据，不同的程序得到的结果可能是______。而程序的一致性是指相同的输入数据，在同一个程序的控制下，其结果是______的。

11．程序存储原理要求______和______以相同的格式存储，且______在执行之前就已经被存放到存储器中。

12．CPU 的主要技术指标为_____和_____，多核 CPU 的核是指在一个芯片上有多个______。

13．内存直接与______连接，也称为主存或者______。存储器是______模式，1 字节有_____位。存储单位量词 KB 的实际存储字节数是______，MB 是______KB，TB 是______MB。

14．外存主要包括______和 SSD。SSD 的中文名字为______。外存的叫法原因是______。磁盘按______存取文件或者数据。内存会因断电丢失信息，这个特性称为______，而外存具有数据存储的持久性。内存相对容量小、______，外存容量大而______。

15．解决 CPU 与内存、内存与外存之间的存取速度鸿沟的技术是______，这是依据了存储器的时空局限性。

16．计算机的输入、输出端口（port）用于连接外部设备，同时在高速的主机和慢速的外设之间建立一个缓冲，因此它也是一个______电路。最常见的端口是______，几乎可以连接各种类型的外设。

17．计算机的输入、输出端口（port）端口是一种技术，也是一种标准：只要符合这个标准的设备都可以直接插入端口实现与计算机的连接，这就是______（PnP）。

18. 操作系统被称为环境或平台，是因为用户和______都需要在操作系统的支持下使用计算机。不同操作系统之间的软件是不能直接运行的，这个特性称为______。

19．操作系统的 CPU 调度给每个运行的程序分配 CPU 运行时间片，看上去像多个程序同时在运行，这称为______功能。为了区别于存储在磁盘上的程序，操作系统将在内存中运行的程序称为______，所以 CPU 调度也称为______调度或管理。

20．操作系统为正在运行的程序分配内存空间，同时严格监控内存使用情况，不允许正在执行的程序使用分配给挂起程序的内存，这个机制叫作_____。

21．操作系统可以通过______技术控制另一个操作系统使用计算机资源。

22．文件是计算机中______和数据的一种抽象表示。______就是所有文件的集合以及操作系统对文件的管理。

23．操作系统对文件的操作是______，即根据文件名对其进行操作。Windows 文件的_____是文件的类型，操作系统根据文件的类型决定采取何种操作。

24．Internet 的中文名字是______，是“网络的网络”。Internet 的特性是______。WWW 简称为______、______，它的中文名字是______，是互联网上最大的应用，它使用了一种叫作 HTML 即______的语言，能够将发布在不同地域的计算机上的文档进行链接而实现跳转访问。

25．信息是数据所具有的确定意义。虽然在很多情况下，这两个词被视为同义词，但从计算机数据角度看，信息是对数据进行______得到的结果。

三、选择题

1．计算系统包括计算机和______。

A．数据　　B．信息　　C．程序　　D．软件

2．程序存储是计算机的重要原理，是指程序在执行之前被存放到______中，且要求程序和数据采用相同的格式。

A．存储器　　B．控制器　　C．磁盘　　D．SSD

3．黑盒模型描述计算机基本功能，如果输入黑盒的数据是相同的，则黑盒输出的结果______。

A．也是相同的　　B．不同的

C．不同的机器有不同的结果　　D．取决于数据处理方法

4．在程序的控制下，计算机的输出结果取决于______。

A．输入的数据　　B．处理的程序

C．处理机类型　　D．处理机规模

5．输入的数据是相同的，在不同的程序控制下，计算机运行的结果______。

A．不同　　B．相同　　C．可能相同　　D．可能不同

6．依据程序存储原理，程序和数据在存储器中以______的格式存储。

A．相同　　B．不同　　C．机器要求　　D．程序要求

7．计算机系统是指计算机的所有组成部分，包括硬件和______。

A．输入　　B．软件　　C．输出　　D．程序

8．目前使用的计算机被认为是第四代，它所使用的电子器件是______。

A．电子管　　B．晶体管　　C．集成电路　　D．大规模集成电路

9．在冯·诺依曼结构中，数据和程序存放在一个存储器中，如果将程序和数据分开存放，这个结构叫作______结构。

A．斯坦福　　B 哈佛　　C．耶鲁　　D．牛津

10．通常，我们使用的桌面台式机、笔记本电脑等这类计算机被称为______。

A．小型机　　B．微型机　　C．膝上机　　D．掌上机

11．计算机内存也叫作 RAM，是因为______。

A．内存的材料　　B．内存的性质　　C．内存的随机性　　D．内存的固定性

12．操作系统如 Windows、MacOS、Android，它们都是软件，按照分类，它们是______。

A．App　　B．编程语言　　C．OS　　D．软件工具

13．计算机存储器采用字节模式，1 字节由______组成。

A．1 位二进制位　　B．4 位二进制位　　C．8 位二进制位　　D．10 位二进制位

14．缓存（cache）是在存储器之间进行速度匹配的技术，也用在主机与______的连接上。

A．内存　　B．外存　　C．CPU　　D．外设

15. 输入、输出端口是一种技术，也是一种标准。符合端口标准的设备都可以被直接插入端口与计算机实现连接，这种技术叫作______。

A. 接口　　B. 即插即用　　C. USB　　D. 交换

16. Windows 的文件扩展名也叫作后缀，它代表的是文件的______。

A. 类型　　B. 大小　　C. 存储位置　　D. 建立时间

17. 互联网的开放结构使联网的机器，无论大小，统一被赋于一个______地位。

A. 终端　　B. 主机　　C. 网络　　D. 系统

18. 互联网是一个庞大的计算机互连形成的网络，构建互联网的主要目的是______。

A. 各种通信　　B. 查资料　　C. 资源共享　　D. 电子邮件

19. 互联网的 Web 服务使用一种叫作______（HTML）的语言设计一种程序，将不同地域、不同计算机上的页面文档链接起来。

A. 链接标记　　B. 连接标记　　C. 文本标记　　D. 纯文本标记

四、判断题

1. 计算系统和计算机系统是同一个概念。

2. 严格意义上说，计算机软件就是计算机程序。

3. 计算机系统主要是指计算机硬件系统，包括处理器、存储器和输入、输出设备。

4. 软件系统是指操作系统，也包括程序设计和一些工具软件。

5. 计算机上的程序全部是应用程序，都是可以被执行的。

6. 数据就是指计算机中运行的数，它们可以被用来进行求值和输入、输出。

7. 现在的计算机都使用集成电路，包括外存也都是半导体集成电路。

8. 计算机的黑盒模型给出了计算机的功能就是运算。

9. 程序具有一致性，也具有灵活性，相同的数据经过不同的程序处理得到的结果也是相同的。

10. 并不是所有的程序运行都需要操作系统的支持。

11. 程序和程序运行所需要的数据并不一定要以相同的存储格式保存。

12. 计算机中的内存也叫作主存，主要是用来运行程序的。

13. 内存主要是 RAM，它有速度快的特点，也有易失性。

14. 作为外存的器件都具有持久保存数据的能力。

15. USB 叫作通用串行总线，是计算机连接外设的端口，也是在高速主机与慢速外设之间的缓冲，因此它也是一种接口。

16. PC 的操作系统能帮助用户使用计算机。

17. 操作系统的 shell 的主要功能是为用户使用计算机提供帮助。

18. Windows 文件系统中的文件扩展名指示文件的类型。

19. 计算机互连就可以被认为是网络。Internet 是世界上最大的网络。

20. 数据与信息的关系可以被比喻为：数据是原材料，信息是制成品。

第 2 章　二进制和数字逻辑

计算机最初的设计目的是实现自动计算，而计算就需要数。早期的机械式计算机使用过十进制(decimal),现代计算机则使用二进制(binary)。计算机是一个数字系统(digital system),它的基本电路是数字逻辑（ logic ）电路。计算机科学家们在二进制和数字逻辑之间建立了一种独特的联系，使它们成为了计算机的计算基础。

2.1　数据的表示

计算机中的数的表示是一个基础性的问题。数学是研究数的科学，将数看成一个计数、标记和度量的抽象概念，遵循其运算法则。在计算机中，数既是计算对象，也是一种标记，因此就有了数据的概念。

在计算机中，数据以数字形式表示，形式上它们是数，本质上是模拟现实世界的各种形态。计算机科学家要将数据表示成不同的物理状态，进而通过特定的技术使之能够实现运算和处理。

人类日常使用的十进制的数码和运算符号多，其运算规则对于计算机而言过于复杂。在计算机诞生的那个年代，电子技术才开始起步，能够使用的电子器件只有外形如同白炽灯灯泡的电子管，没有足够的技术条件实现复杂的计算。因此，只有两个数码的二进制就成了自然的选择。二进制容易使用物理器件表示，如开关的开、合，电压的高、低，磁极化的有、无等。二进制是所有计数系统中最简单的，它的数位有一个专业的名字：比特（ bit ）。“比特”一词有时候成了虚拟状态的代名词。

二进制起源于中国。德国数学家莱布尼茨于 1679 年首次发表了关于二进制的论文。他在研究《易经》后说：“伏羲氏在其推演的八卦中使用了二进制算术。”冯・诺依曼则将二进制定义为“计算机中的数学方式”，奠定了二进制在计算机的基础性地位。

逻辑（ logic ）一词是外来语。逻辑学是探索、阐述和确立有效推理原则的学科，起源于 2000 多年前的古希腊哲学家亚里士多德。在 17 世纪就有人提出过利用计算的方法代替人们思维中的逻辑推理过程，著名的数学家、哲学家莱布尼茨曾设想创造一种“通用的科学语言”，可以把推理过程像数学那样利用公式来计算，从而得到正确的结果。1847 年，英国数学家布尔（ George Boole ）发表了《逻辑的数学分析》，首次运用数学方法描述逻辑问题，阐述了逻辑学公理，建立了数理逻辑。布尔通过代数语言表述逻辑关系，因此也称之为逻辑代数或布尔代数。此后有多位科学家在布尔的基础上引入并完善了符号系统，现代数理逻辑的基本理论体系逐步形成。1938 年，香农首次将布尔逻辑与开关电路联系到一起，证明了它们的同等性。香农也是第一位将二进制的位用比特（ bit ）表示的科学家。

计算机发展历史已经证明了选用二进制不但是正确的，而且契合了逻辑的两种状态：真、假，使得计算机真的成为“电脑”：不仅实现了数的计算，还能进行逻辑运算。逻辑判断被认为是人类能力的一部分，计算机的另一个俗称是“电脑”，某种意义上就有指其具有类似人类大脑的某些功能。

在计算机中，不管数据表示的是什么，其功能之一是进行数字计算（arithmetic），另一个功能是进行逻辑运算。因此，二进制和数字逻辑是计算机科学的重要基础。

2.2 数制

数制（number system）也被称为“计数体制”，是指多位数中每一位的构成方法和实现从低位到高位的进位规则，也称为进制。数学家研究数制的规则和规律，在计算机科学中要实现数制的规则和规律，并通过数字电路实现计算功能。本节介绍二进制、八进制、十六进制以及它们与十进制之间的相互转换。

数制的多项式表示也称为权系数表示法，表示如下：

$$N = \pm \sum_{i=-m}^{n-1} A_i \times R^i$$

其中，R 为进制的基数，如十进制的 R 为 10；数码为 A，i 表示数位，$-m$ 为小数部分，整数部分为 0～$n-1$，即 N 是一个 m 位小数、n 位整数的数。当然，任何数都有正负之分。

数的每个数码都有其权系数，任意进制的数 N 可以由其多项式的各位数码与其权系数乘积之和组成。R 进制有 R 个数码，即 A_i 为 $0 \sim R-1$。构成数的每位数码表示的值是该数码和该位的权系数的乘积。R^i 为权系数，也称为幂次或权重（power weight）。R 进制的进位规则为“逢 R 进 1”。

人类常用的是十进制，计算机使用的是二进制。与计算机相关的还有八进制和十六进制。

1. 十进制（decimal system）

如果 R 为 10，即是十进制，有 0～9 共 10 个数码符号。十进制的计数规则为“逢 10 进 1”。对任何一个十进制数，我们可以使用每一位数码与其幂次的多项式之和的形式表示。例如，381.25 的多项式（3 位整数，2 位小数）表示为：

$$381.52=3\times10^2+8\times10^1+1\times10^0+5\times10^{-1}+2\times10^{-2}$$

我们对十进制的特点非常熟悉，不再赘述。

2. 二进制（binary system）

计算机采用二进制，二进制的位（bit，比特）是计算机处理的最小单位。二进制的计数规则为“逢 2 进 1”。当二进制某一位计数满 2 时就向高位进 1。同样，我们可以使用多项式表示二进制数：

$$10101101_2= 1\times2^7+0\times2^6+1\times2^5+0\times2^4+1\times2^3+1\times2^2+0\times2^1+1\times2^0$$

将二进制展开为多项式表示后，其计算结果就是十进制数。关于二进制数，我们将在后续进一步讨论它在计算机中的表示和运算。

注意，为区分不同进制的数，我们用下标 10、2、16、8 分别表示十进制数、二进制数、十六进制数和八进制数。

3. 八进制（octal system）

八进制的基数为 8，有 8 个数码符号：0～7，计数规则为“逢 8 进 1”。八进制数与二进制数有规律性的对应关系：1 位八进制数对应 3 位二进制数（$8 = 2^3$）。所以，八进制数在计算机中是作为过渡使用的。

4. 十六进制（hexadecimal system）

中国传统的计数进制就是十六进制，近代引入了西方科学，才改用十进制。十六进制使用 16 个数码表示，使用 0～9 和 A、B、C、D、E、F（对应十进制的 10～15）代表 16 个数码。计算机中一般不区分这 6 个字母数码的大小写。

同样，由于 2^4=16，因此 4 位二进制数与 1 位十六进制数直接对应。使用十六进制数的另一个理由是，4 位是字节的一半长度，使用 2 个十六进制数正好表示 1 字节。

常用的进制数码如表 2-1 所示。

表 2-1　常用的进制数码

十进制	二进制	八进制	十六进制	十进制	二进制	八进制	十六进制
0	0	0	0	9	1001	11	9
1	1	1	1	10	1010	12	A
2	10	2	2	11	1011	13	B
3	11	3	3	12	1100	14	C
4	100	4	4	13	1101	15	D
5	101	5	5	14	1110	16	E
6	110	6	6	15	1111	17	F
7	111	7	7	16	10000	20	10
8	1000	10	8	17	10001	21	11

以上介绍的是“有权进制”，即数的每位都有对应的权系数。例如，n 位 R 进制正整数的权系数从低到高分别为 $R^0, R^1, R^2, \cdots, R^{n-1}$。计算机中也使用无权进制，即数码所在的位是没有权系数的。

计算机的计算结果要以人们习惯的十进制表示，为此需要进行数制转换。二进制数与八进制数、十六进制数之间存在对应关系，转换简单，十进制数与八、十六进制数之间可以借助二进制数进行：将十进制数转换为二进制数后，再将二进制数转换为八进制数、十六进制数。本章习题中有部分练习题，读者可自行练习。这里主要介绍十进制数与二进制数的转换。

5. 二进制数转换为十进制数

任何进制的数，按本节开始所示的多项式展开后相加的结果就是十进制数。二进制数就是按照二进制多项式展开的。例如，转换 10100110_2 为十进制数的展开求和如下：

$$1\times2^7+0\times2^6+1\times2^5+0\times2^4+0\times2^3+1\times2^2+1\times2^1+0\times2^0 = \mathit{128+32+4+2}=166_{10}$$

更简单的是直接将二进制数为 1 的那些位的权系数直接求和，如上式的斜体部分所示。如果是二进制小数，其权系数是 2 的负整数次幂，可同样展开求和。

6. 十进制数转换为二进制数

十进制整数部分用 2 整除，余数按顺序组合即得对应的二进制整数。例如，将 45 转换为二进制数，结果是余数从高到最后按序得到 101101，如图 2-1 所示。

2	45	余数1（低位）
2	22	0
2	11	1
2	5	1
	2	0
	1	1（高位）

图 2-1　整除 2 转换十进制数为二进制

同样，十进制小数部分乘以 2，将进位按序组合。例如，十进制数 0.625 转换为二进制数，转换过程如下：

0.625 × 2	积为 1.25	进位位为 1（高位）	小数部分积 0.25
0.25　× 2	积为 0.5	进位位为 0	小数部分积 0.5
0.5　× 2	积为 1.0	进位位为 1（低位）	小数部分积 0

将进位为从高到低排列的结果是 0.101，就是十进制数 0.625 对应的二进制数。

有时部分积是一个无限循环或不循环的小数，这时只需考虑转换前后的精度相当即可。例如，一个 3 位十进制小数的精度是 10^{-3}，如果转换为二进制数，那么转换后的精度相当于 10 位二进制数，因为 2^{-10} 的精度与 10^{-3} 相当。

注意：为了简化有带小数的数，计算机通常会将一个数先作为全部整数或者全部小数加以处理，处理后再移动小数点，得到正确的运算结果。

尽管上述进制转换看上去简单，但对于较大的数，这种计算是烦琐的。幸运的是这种转换只在初学计算机时需要了解，而计算机程序实现进制转换很方便，如 Windows 7 之后的系统中的“计算器”就有在二进制数、十进制数、十六进制数和八进制数之间转换的功能。

2.3　二进制数

前面介绍的是数学上的二进制。一个数制不仅有数码，还有正负号、小数点和运算符。计算机使用两个状态的电子器件表示二进制的 0、1，如果表示其他符号，在不增加器件状态的情况下，只能采用约定的方法。二进制被计算机采用，其表示方法与数学有所不同。以下所述“二进制”即指计算机的二进制。

1. 正负号

计算机表示正负的方法是约定二进制数的最高位为符号位，0 表示正数，1 表示负数。如一个 8 位二进制数，最高位是符号位，后 7 位是数值。例如，01010101 表示+1010101，即十进制数的 85；11010101 表示−1010101，即十进制数的−85。

计算机将带符号位的二进制数称为机器数（machine number）。计算机的存储器虽然很大，但仍是一个有限空间，因此计算机中数的长度都是固定的，一般为字节的数倍。如 CPU 字长 64 位，长度是 8 字节，也指计算机一次处理的二进制位最长为 64 位。

2. 定点数

计算机的定点数（fixed point）是指采用固定小数点位置（定点）：约定小数点在二进制数的某个特定位置，而实际上并没有小数点这个符号。定点有两种方法：小数点约定在符号位后，或在数的最后。

（1）定点纯小数格式

把小数点约定在符号位后面、数值前的位置，数值为小数，这是定点纯小数格式：

定点纯小数的绝对值小于 1。表示大于 1 的数，用一个“比例因子”，将数值按比例因子缩小，运算结果再按比例因子扩大。

（2）定点纯整数格式

定点纯整数把小数点固定在数值部分最低位的右边。

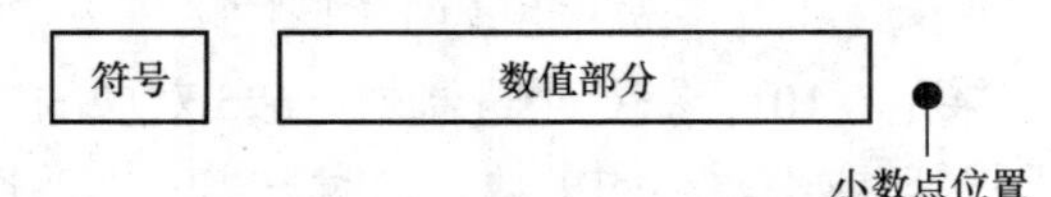

同理，对数的小数部分也采取“比例因子”进行相应的处理。

定点只是约定，并没有实际的状态位。采用定点数的一个原因是，整数和小数的运算规则不完全相同，定点数的硬件比较简单，但它的表示范围受到存储长度的限制，因此就有了浮点数表示。

3. 浮点数

数学中的科学计数法是指用指数表示数的范围。计算机参照科学计数法，用浮点数（float point）表示数值较大或者精度较高的数。浮点数分为阶码和尾数两部分，阶码类似于数学中的数的指数部分，也是一个带符号的整数。尾数表示数的有效数值，一般采用纯整数或纯小数形式。例如，32 位二进制浮点格式如下：

数的符号	阶码符号	阶码值	尾数
1 bit	1 bit	7 bit	23 bit

如果一个浮点数为 0 1 0010101 10101000000000000000000，它的最高位为 0 表示为正数，阶码的符号位为 1，表示指数是负的，阶码值 0010101 是十进制数 21，尾数有 23 位，是一个纯小数，其值为 0.65625，用指数表示它就是$+0.65625\times2^{-21}$。

为提高浮点数精度，规定其尾数的最高位必须是非零的有效位，称为浮点数的规格化形式。浮点数的表示范围取决于阶码值，精度取决于尾数。

计算机使用的浮点数标准是 IEEE（Institute of Electrical and Electronic Engineers，国际电气电子工程师协会）所定义的。

由于浮点运算比较复杂，CPU 中都有处理浮点运算的专门部件。浮点运算能力已经成为衡量计算机性能的主要指标。如我国超级计算机神威太湖之光的计算速度为 93 PetaFLOPS（$Peta=10^{15}$，FLOPS 即 FLoating-point Operations per Second，每秒浮点运算次数）。

2.4 二进制运算

各种进制数的运算规则也是相同的。二进制的运算规则比十进制要简单，但为了能够在计算机中便于实现，计算机科学家更注重各种运算之间的关系。例如，在四则运算中，计算机的运算器以加法为主。本节介绍计算机二进制数的算术运算。

1. 二进制加法

二进制的加法比较简单，1 位二进制加法如下：

$$0+0=0 \qquad 0+1=1 \qquad 1+0=1 \qquad 1+1=10$$

注意，1+1=10，等号右边 10 中的 1 是进位（cray）位，和数（sum）是 0。多位二进制相加的方法与十进制类似，要考虑进位，这里不再赘述。

2. 二进制补数减法

先看 1 位二进制减法：

$$0-0=0 \qquad 0-1=-1 \qquad 1-0=1 \qquad 1-1=0$$

多位二进制数相减要考虑借位。计算机使用 1 表示负号，因此上述 0−1=−1 应该表示为 0−1=11。实际情况并非如此简单，因为计算机采用等长数据，约定符号位在最高位。

数学中，减去一个数，等于加上这个数的负数。运用这个规则，计算机将减法运算变换为加法：减去一个数，等于加上这个数的补数。

补数（complement）也称为补码，是我们熟悉并经常使用的概念。例如，时钟是 12 进制，如果现在时间是下午 3 点，但时针停在 8 点的位置，需要校准，应该怎么做？当然这很简单，可以顺时针方向向前拨 7 个小时，或者逆时针方向后拨 5 小时，结果都是使时间指向 3 点。顺时针方法，相当于 8+7=15。按照 12 进制的进位规则，15 相当于 12+3，所以时钟调整到了 3 点。逆时针方法，8−5=3，这很好理解。因此就有了 12 进制的 8−5 ≡ 8+7（模 12），即 12 进制的 5 和 7 是互为补数（5+7=12），模（modulo）是取余数运算。

归纳一下，对 R 进制，如果两个数之和等于 R，这两个数就是互为补数。例如，十进制的 1 和 9、2 和 8 等互为补数。

计算机只对二进制负数求补。求补运算规则为：保留符号位 1，其余各位 0 变 1，1 变 0，最低位加上 1。例如，十进制数−66 对应的二进制数为 11000010，其补数为 10111101+1 = 10111110。

补数可以将二进制减法转化为加法：连同符号位和被减数的补数相加，丢掉进位，如果和数的符号位为 0，运算结果就是差；如果和数的符号位为 1，则将和数再次取补数得到差。

例如，十进制数 58−66 用 8 位二进制数计算，有

$58_{10}=00111010_2$，被减数$-66_{10}=11000010_2$

十进制数−66 对应的补数为 10111110：

	0011 1010	58_{10}，被加数
+	1011 1110	-66_{10} 的补数
和数	1111 1000	最高位为 1

得到的和数最高位为 1，对和数再求补，得到的10001000（符号位不变）就是相减的差，对应的十进制数是−8。这是补数的一个重要特性；补数的补数是还原为原机器数。

二进制补数简化了减法的复杂性，同时方便 CPU 运算器的设计（见 2.6.2 节）。

3. 二进制乘法

乘法也是二进制的基本运算。二进制数 0、1 的乘法规则为：

$$0 \times 0 = 0 \qquad 0 \times 1 = 0 \qquad 1 \times 0 = 0 \qquad 1 \times 1 = 1$$

多位二进制数相乘，也与十进制数的类似。例如，计算 1101×110：

				1	1	0	1	被除数
			×		1	1	0	乘数
				0	0	0	0	
			1	1	0	1		部分积
	+	1	1	0	1			部分积
乘	1	0	0	1	1	1	0	部分积求和

计算结果为 1001110，相当于十进制数 $13 \times 6 = 78$。

直接相乘的运算过程比较复杂，计算机采用移位相加实现乘法：如果乘数第 i 位为 1，则被乘数左移 i 位，部分积最低位与第 i 位对齐，低位补上 0。将所有移位后的数相加即得到乘积。

在上述计算中，乘数 110 有两个为 1 的位，分别是第 2 位和第 1 位，最低位为 0，因此将被乘数 1101 左移 2 位得到 110100（被乘数为 1101，左移 2 位后低位填 0），左移 1 位得到 11010，两次移位后相加的结果即为 1001110。注意，如果乘数的最低位是 1，则不需要移位。

如果是带小数的乘法，连同小数部分先作为整数计算，再考虑乘积的小数位数，这与数学中的计算过程类似。

由于计算机的数是定长的，如果运算结果超出其表示的最大值范围，则会产生溢出（overflow）。为了计算更大的数，计算机需要通过分解运算数，并累加计算得到结果。

4. 二进制除法

二进制除法比加法、乘法复杂，也有多种实现方法。一种方法是通过减法实现，被除数减去除数，如果余数小于除数，则相减次数就是商。另一种方法是通过移位、比较、相减（加补数）的方法，本章习题中给了一个例子，请读者自行练习和分析。

5. 二进制数 0

数字 0 很特殊，也很重要。数学中的 0 有两个：+0 和−0。在数学中这不是问题，它们是相等的，或者忽略符号就行了。但在计算机中不能忽略，两个 0 会导致运算混乱。

计算机用的是定长数，为简单起见，我们以 8 位二进制数为例。用一个数轴表示 8 位二进制数（为便于理解，仍以十进制数标记数轴），如图 2-2 所示。

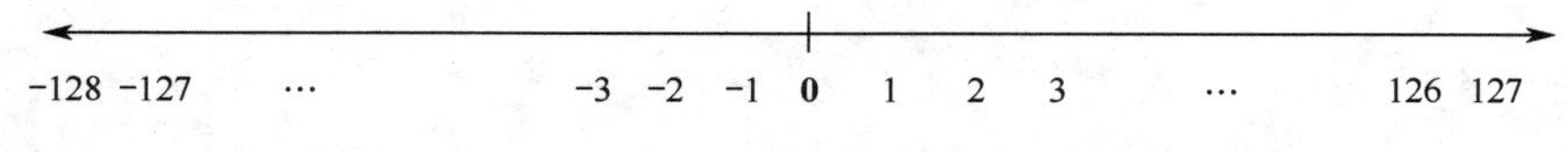

图 2-2 表示 8 位二进制数的数轴

把数轴上标记的十进制数转换为二进制数，正数部分从 0 开始：0000 0000，0000 0001，0000 0010，…，0111 1110，0111 1111，最后一个数是 127。数轴的负数部分从−1 开始，它们是补数：1111 1111，1111 1110，1111 1100，…，1000 0001，1000 0000。读者不妨自己试着用二进制进行如下运算（连同符号位一起，如果溢出就丢弃进位）：0−1，127+1，−1+1，−128−1，−128+1，126+2，−127−2，−(127+2)。你发现了什么呢？有意思的是，如果没有二进制的−0，那么 1000 0000 又该是多少呢？

2.5 数字逻辑

计算机是电子设备，构成它的主要电路是逻辑电路。二进制及其二进制表示的数据就是逻辑电路所产生信号的抽象表示，所以逻辑电路也称为数字电路。计算机使用二进制数实现各种运算，有算术运算，也有逻辑运算。CPU 的运算器就是承担计算机算术运算和逻辑运算的电路（ALU）。本节介绍数字逻辑的基本知识。

2.5.1 基本逻辑关系

逻辑属于哲学领域。数学家布尔创建的逻辑代数用符号表示逻辑关系，并给出了其运算规则，所以逻辑代数也称为布尔代数。克劳德 • 香农将逻辑值的真（True，T）、假（False，F）用二进制的 1 和 0 表示，可以将逻辑运算转换为二进制运算，这就是计算机逻辑运算的科学基础。

计算机运用逻辑进行判断，判断依据给定的条件进行。逻辑可以被简单地解释为因果关系，其证明和推理是“由因及果”的。“因”是逻辑判断的条件，“果”是逻辑判断的结果。逻辑代数用基本逻辑关系对多个条件进行组合运算。逻辑运算赋予了计算机判断能力。

计算机科学中使用逻辑代数作为设计计算机的工具。描述逻辑关系有多种方法，如布尔表达式、真值表、逻辑图和文氏图等。

逻辑函数，如 Y=f(A，B，C)，其中 A、B、C 等被称为逻辑变量，类似数学中的说法，Y 是 A、B、C 的函数。因为逻辑值只有 0、1，所以可以用表格的形式将函数和变量的逻辑值列举出来，这个表就称为真值表。数学函数取值范围太大，很少用列表形式。不过简单的算术运算也有列表形式，如“九九乘法表”。

用电路实现逻辑函数，这类电路被称为逻辑电路。逻辑函数 Y=f(A, B, C)，其中 A、B、C 就是电路的输入，Y 就是电路的输出。ISO 制定了逻辑电路标准，每种逻辑电路（器件）都有其专用符号。使用逻辑电路图形符号表示逻辑函数也是一种抽象方法：设计者不需知道电路的实现细节，只需要知道电路的输入、输出之间的逻辑关系。

文氏图（Venn）也称为维恩图，也用在数学的集合论中，是一种用图形表示逻辑关系的方法，也有助于理解逻辑关系。

计算机是复杂系统，需要大量复杂的逻辑电路。复杂电路也是根据基本逻辑电路组合而成的。而基本逻辑电路对应的是基本逻辑关系，它们是“与”（AND）、“或”（OR）、“非”（NOT）。

1. “与”关系

只有决定“结果”的条件全部满足，结果才成立，这种关系称为逻辑与。逻辑与用运算符“•”表示。假设有两个逻辑条件 A、B，那么与关系的表达式为 Y = A • B。与关系的文氏图的表示如图 2-3 所示，Y 是 A、B 重叠的区域。表 2-2 给出了与关系的真值表。

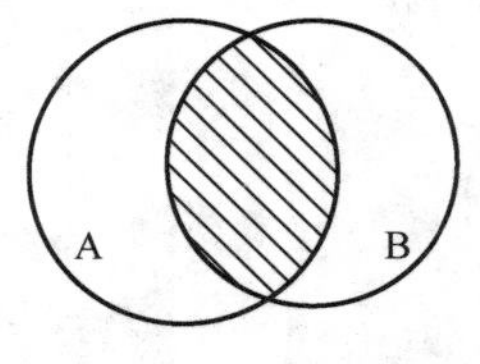

图 2-3　与关系文氏图

表 2-2　与关系真值表

A	B	Y
0	0	0
0	1	0
1	0	0
1	1	1

从与关系真值表可以看出：只有 A、B 都为 1，Y 才为 1；A、B 中只要有一个为 0，Y 就是 0。与运算与数学中的乘法特别像，因此也把逻辑与称为逻辑乘。A・B 也可以简化为 AB（如果逻辑变量都是单字母的话）。

2. "或"关系

决定结果的条件中只要任何一个满足，结果就成立，这种关系被称为逻辑或。逻辑代数中，"或"的运算符号为"+"，那么"或"关系的表达式可以表示为 Y=A+B。或关系的文氏图和真值表如图 2-4 和表 2-3 所示。

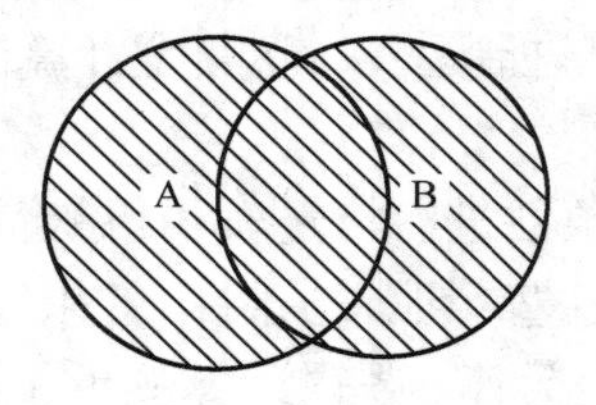

图 2-4　或关系文氏图

表 2-3　或关系真值表

A	B	Y
0	0	0
0	1	1
1	0	1
1	1	1

从或关系真值表中可以看出，只要 A、B 有一个为 1，Y 就是 1。但注意，在逻辑值运算中，1+1 的结果等于 1，这与二进制加法中的 1+1=10 是不同的。

3. "非"关系

逻辑非最简单的描述就是结果对条件的"否定"，因此也称逻辑非为逻辑反。"非"的表达式为 $\vec{A}$ 或 $\overline{A}$。图 2-5 和表 2-4 分别给出了非关系的文氏图和真值表。逻辑值 0 表示假，其非就是真（1），反之亦然。

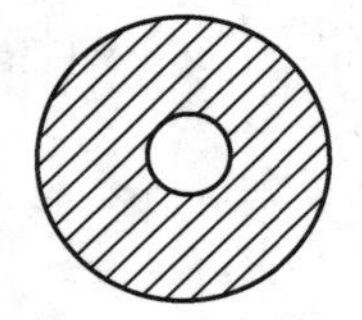

图 2-5　非关系文氏图

表 2-4　非关系真值表

A	$\overline{A}$
0	1
1	0

与、或、非是基本逻辑关系。在布尔体系中，由这三种基本关系和定义并推导出来的各种表达式及其运算规则和定理、公式就是逻辑代数。

2.5.2　逻辑代数

用基本逻辑关系与、或、非的运算符连接逻辑常量、变量得到的就是逻辑表达式，如 A + A・B 或 A + AB。

命题逻辑中的许多定律可使用代数方法表示，这些逻辑代数学中的基本定律，主要作为逻辑设计和分析的工具。表 2-5 给出了这些基本定律的表达式，也称为逻辑代数的基本公式，或者称为“布尔恒等式”。

表 2-5 逻辑代数的基本公式

序 号	公 式	说 明
1	$\overline{0}=1$	0 和 1 的非运算
2	$\overline{1}=0$	
3	$0\cdot A=0$	常量运算
4	$1\cdot A=A$	
5	$0+A=A$	
6	$1+A=1$	
7	$A\cdot A=A$	重叠律（可以省略乘号·）
8	$A+A=A$	
9	$A\overline{A}=0$	互补律
10	$A+\overline{A}=1$	
11	$\overline{\overline{A}}=A$	还原律
12	$A\cdot B=B\cdot A$	交换律
13	$A+B=B+A$	
14	$A\cdot(B\cdot C)=(A\cdot B)C$	结合律
15	$A+(B+C)=(A+B)+C$	
16	$A\cdot(B+C)=A\cdot B+A\cdot C$	分配律
17	$A+B\cdot C=(A+B)\cdot(A+C)$	
18	$\overline{A\cdot B}=\overline{A}+\overline{B}$	反演律（德·摩根定律）
19	$\overline{A+B}=\overline{A}\cdot\overline{B}$	

这些公式部分是从原理或定义推论得到的。例如，0 和 1 的非运算以及常量运算都可以直接根据逻辑定义得到，其他公式可以通过真值表加以证明：所有变量取值都是 0 或 1，把它们的取值全部列表，得到公式两边表达式的真值表完全一样，也就证明了公式的成立。这种方法也称为枚举、穷举。

分配律是在与、或之间进行转换的。分配律的第一个式子与代数中的类似，第二个式子 $A+B\cdot C=(A+B)\cdot(A+C)$ 则是逻辑代数所特有的。当然，它们可以通过相关证明得到（通过真值表，或者从等号右侧展开）。这里试着从左侧开始，证明如下：

原式左式	$=A+B\cdot C$	
	$=A\cdot 1+B\cdot C$	常量运算 $A\cdot 1=A$
	$=A\cdot(1+B+C)+B\cdot C$	常量运算 $1+B+C=1$
	$=A\cdot A+A\cdot B+A\cdot C+B\cdot C$	展开括号，且有 $A\cdot 1=A$，$A=A\cdot A$
	$=A\cdot(A+C)+B\cdot(A+C)$	分配律第一个式子
	$=(A+B)\cdot(A+C)$	代数中的提取公共项
	=右式	

布尔代码的另一种重要公式是反演律，也称为德·摩根（19 世纪英国著名数学家）定律，

可以表述为“与之非等价于非之或”或者“或之非等价于非之与”，揭示了与、或、非三者之间的转换关系。

由上述定义、定理演变的逻辑恒等式有很多，本章习题中给出了几个，它们在计算机的逻辑设计时都很有用，读者不妨试着证明之。

进一步逻辑设计的讨论超过了本书的范畴，有想了解这方面知识的读者可以参看数字逻辑方面的资料和教材。

2.6 逻辑电路

逻辑电路是一种电子线路，是制造计算机硬件的基础电路。逻辑电路实现数字逻辑运算，因此逻辑电路也被称为数字电路，用逻辑电路构成的系统也被称为数字系统。另一种电子线路处理模拟信号，被称为模拟电路。例如，收音机、电视机是典型的模拟电子装置。模拟信号和数字信号的概念将在第 3 章中介绍。本节介绍实现基本逻辑运算的门电路和加法器、存储器电路。

2.6.1 门电路

逻辑电路中的单元电路称为“门”（gate）电路。门电路，顾名思义，有开、关操作，与逻辑状态的真（1）、假（0）相对应。基本的门电路有与门、或门、非门、组合门等。逻辑电路不考虑电路的电压、电流的具体数值，仅仅关注其两个状态，用电信号的高、低表示逻辑状态的 1、0。进一步介绍逻辑电路需要更多的电子学知识，超出了本书的范围。

1. 基本门电路

与基本逻辑关系相对应，基本门电路为“与门”“或门”“非门”。图 2-6 是三种基本门电路的逻辑图和对应的逻辑表达式。本书中使用的是 ISO 标准逻辑电路符号。

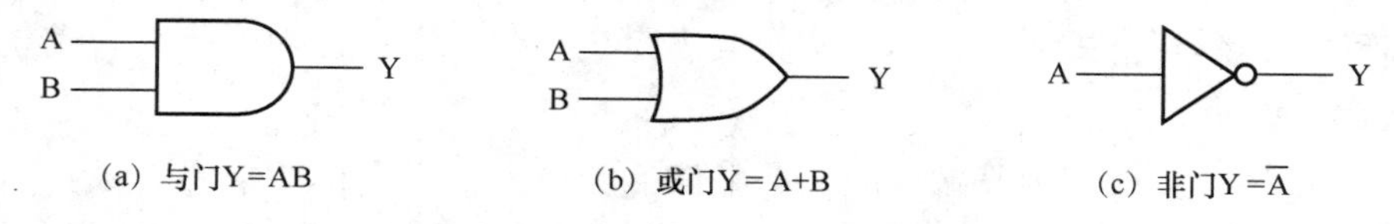

(a) 与门$Y=AB$　　(b) 或门$Y=A+B$　　(c) 非门$Y=\overline{A}$

图 2-6　三种基本门电路的逻辑电路符号

多种逻辑关系可以组合为复杂的逻辑函数，使用基本门电路同样可以组成各种复杂的逻辑功能电路。例如，将与门和非门组合，就成为了与非门，逻辑表达式为：$\overline{A \cdot B}$，其电路符号如图 2-7(a)所示。或门和非门的组合就成为或非门，表达式为$\overline{A+B}$，其电路符号如图 2-7(b)所示。

2. 异或门

异或关系是计算机中很重要、很有意思的组合逻辑关系，对应的逻辑电路是异或门，如图 2-7(c)所示。它的逻辑表达式为：$Y = A \oplus B$。

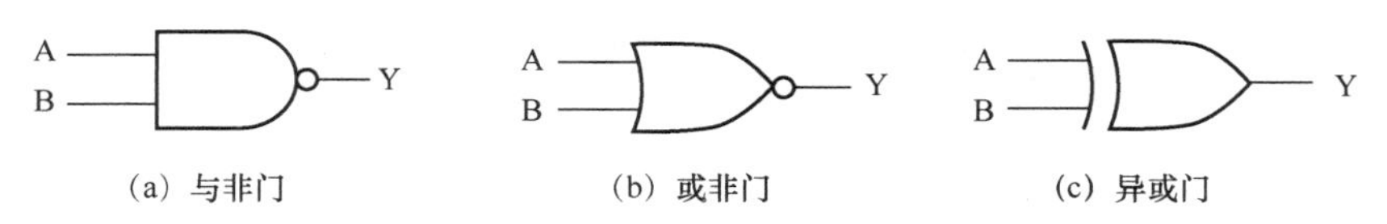

(a) 与非门　　(b) 或非门　　(c) 异或门

图 2-7　几种组合门电路

实际上，异或门是由基本门电路组合而成的，如图 2-8 所示，表达式为 $Y = A \cdot \overline{B} + \overline{A} \cdot B$，在功能上与图 2-7(c)的电路是完全相同的，即 $A \oplus B = A \cdot \overline{B} + \overline{A} \cdot B$。也可以使用其他结构形式实现异或关系，图 2-8 是与或结构，也可以使用或与门构成。异或门真值表如表 2-6 所示。

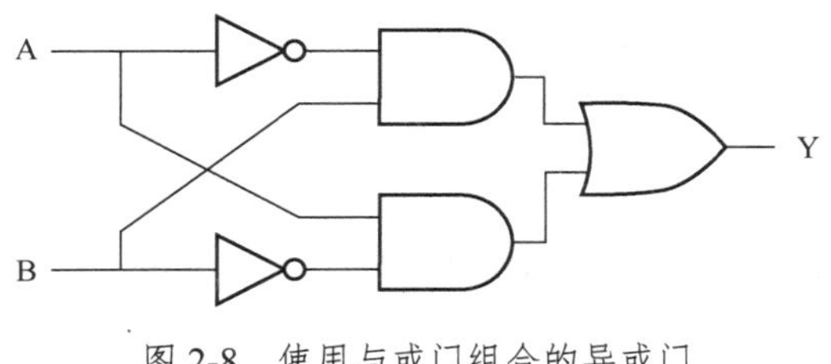

图 2-8　使用与或门组合的异或门

表 2-6　异或关系真值表

A	B	Y
0	0	0
0	1	1
1	0	1
1	1	0

在表 2-6 中，Y 为 1，对应的 A、B 取值不同（相异），而 Y 为 0，对应的 A、B 是相同的，因此可以归纳为“输入相同为 0，相异为 1”（鱼和熊掌不可兼得）。A、B 相异的两项，任何一个为 1 都使 Y 为 1，这两项也是或关系，所以这个逻辑关系被命名为“异或”（eXclusive OR，XOR）。异或在计算机设计中有重要作用，是设计加法电路的主要器件。

如果将异或的输出取反，则得到“相同为 1，相异为 0”，此时该逻辑关系为“同或”（Not XOR，XNOR，也称为异或非）。

门电路是逻辑电路的单元电路，实现了基本逻辑关系。逻辑函数是逻辑电路设计的“抽象表达”，逻辑电路的设计就是逻辑函数设计，包括一系列的组合、化简，得到期望的逻辑电路。由不同类型、不同数量的门电路组成的逻辑电路有多个产品系列、成千上万类型，它们实现了从简单的逻辑关系到非常复杂的逻辑电路，包括计算机的各种处理器和存储器。

2.6.2　加法器

由于处理器是由逻辑电路组成的，因此我们容易理解计算机逻辑运算。2.3 节介绍了二进制加法在二进制算术运算中的重要作用，用逻辑电路实现加法的电路称为加法器（adder），也是 ALU 中的重要组成部分。这也是极为神奇的：逻辑器件实现了算术运算！

1. 半加器

根据二进制加法规则，设 A、B 分别为一位二进制数，S 为 A、B 之和，C 为 A 加 B 产生的进位，加法的真值表如表 2-7 所示。

如果把 S 和 C 看成变量 A、B 的函数，则根据真值表可以得到一位二进制加法的逻辑表达式：

$S = \overline{A} \cdot B + A \cdot \overline{B}$　　　　和数表达式

$C = A \cdot B$　　　　进位表达式

显然，和数 S 的表达式就是异或门，进位 C 的实现器件是与门。因此，使用一个与门和一个异或门就组成了 1 位二进制加法器，如图 2-9 所示。该加法器只考虑了加数和被加数之间的加法运算，并产生了向高位的进位，但没有考虑可能来自低位的进位，它并没有完成 1 位二进制加法的全部运算，所以这个电路被称为半加器（half-adder），意思是它只完成了一半的加法运算。

表 2-7　加法真值表

A	B	S	C
0	0	0	0
0	1	1	0
1	0	1	0
1	1	0	1

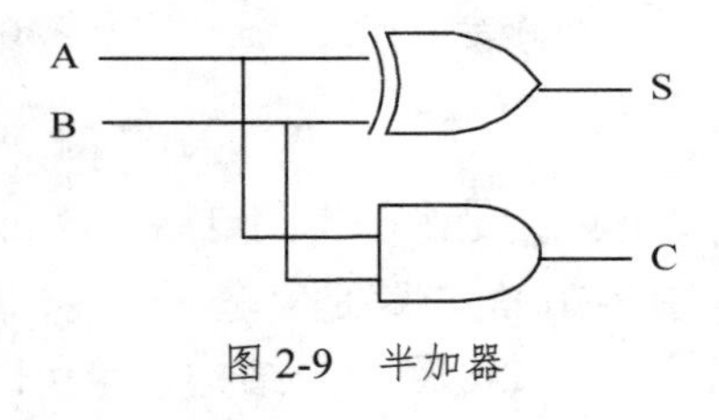

图 2-9　半加器

2. 全加器

加法运算不仅要考虑本位产生的进位，还要考虑来自低位的进位，这就是全加器（full adder）。同样可以依据 3 个二进制位（加数、被加数、来自低位的进位）相加的真值表，再构造其和数及向高位进位的表达式。为简化起见，全加器的逻辑功能如图 2-10 所示。一般加法进位从低到高进行，因此多个 1 位全加器的串联就可以构成加法器，图 2-11 所示的是 4 位二进制加法器。

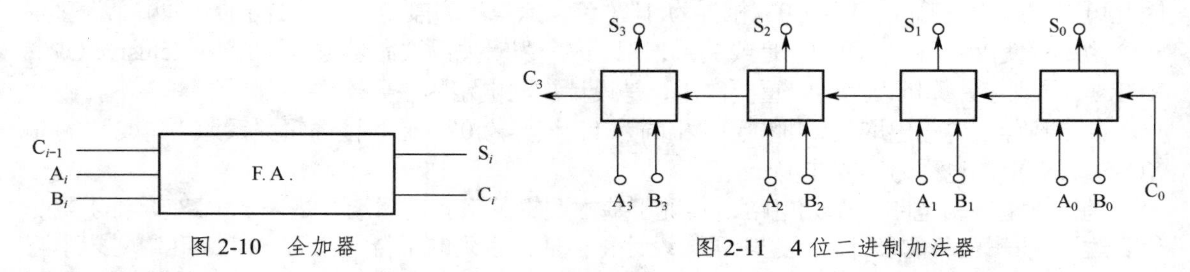

图 2-10　全加器

图 2-11　4 位二进制加法器

显然，完成图 2-11 所示的 4 位二进制加法需要进行 4 次全加运算的时间。这个串行进位的加法器的运算速度相对较慢，如果一个 64 位加法运算需要花费的时间开销会更多，有很多种改进的加法器电路的方法，如超前进位、并行进位等。不管是哪种方法，得到的运算结果是相同的，差别在于运算速度，本书不再进一步介绍。

如本章 2.4 节所述的用补数减法，在加法器中只需将加数 B_0～B_3 按位取反（输入端前加上非门），最低位 C_0 为 1，就得到了 B 的补数，再通过加法器就实现了减法运算。注意，C_0 位就成为了加、减法的控制信号：C_0 为 0 时，完成加法操作，B 输入到加法器即可；C_0 为 1 同时控制 B 取反，加法器就完成了减法操作。

加法器作为运算器的重要部件，辅以外围电路，就可以实现更多的算术运算。

2.6.3　存储单元电路

计算机的存储器是由存储单元电路组成的，而存储单元电路也是逻辑电路，通常也将存储电路称为“记忆元件”。现在计算机中的存储器容量很大，有多种实现方法，如 CPU 内部用门电路构成高速存储器，用电荷存储原理实现大容量存储器等，但就其原理而言，本质上是相同的：电路可以维持 0 或 1 的状态保持不变，直到重新改变其状态。

图 2-12 中是门电路存储单元的原理示意，实际存储单元和存储器的控制线路要复杂得多。

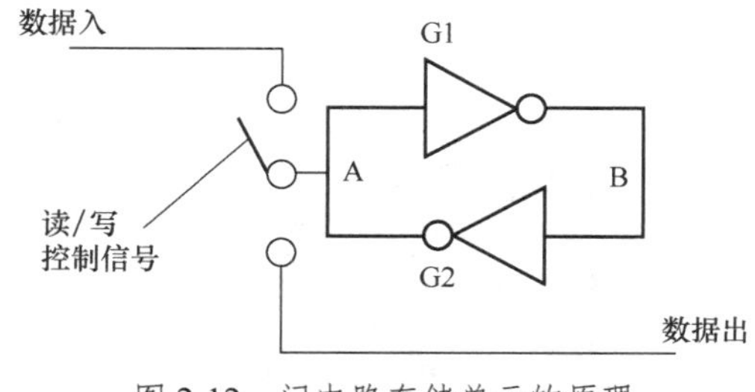

图 2-12　门电路存储单元的原理

图中的非门互为反馈，因此电路的状态总是稳定的。如果 A 点状态为 1，经过 G1 非门到达 B 点状态为 0，再经过 G2 非门使得 A 点保持为 1；同样 A 点为 0，B 点为 1，维持 A 点的 0 状态不变。这可以看作数据是被“存储”在 G1、G2 两个门组成的单元电路内维持不变——存储了 0 或者 1，直到新状态被建立。

与 A 点连接的是一个“读/写控制信号”的双向电子开关（也叫双向缓冲器），如果这个开关连接上端，可以向存储单元写数据。开关向下闭合，则将 A 点的状态输出。这类结构的电路能够存储信息，在逻辑电路中被称为锁存器（latch）和触发器（flip-flop），是构成存储器的单元电路，也是计算机控制器电路的单元电路。实际锁存器和触发器的内部逻辑结构与图 2-12 的示意电路有所不同，但其本质是一样的。

这种存储原理的存储器是计算机内存的主要电路。因为电路信号稳定不变，所以只有在重新写入信号时才会改变，而读取操作并不会改变存储状态，这是**计算机中数据的最重要特性之一：数据的可复制性**，即从计算机存储器中复制数据，并不会改变原存储数据。数据的可复制性也是数字版权和数据安全的重要议题。

2.6.4　集成电路

计算机电路主要是集成的逻辑电路。设计人员在构建计算机电路时，都是先设计单元电路，然后使用单元电路构建更为复杂的电路。因此计算机电路的设计是层次结构，每个上层的电路总是由下一层的电路组合而成，而底层的电路是门电路。在进行计算机系统设计时则正好相反：先给出系统的性能指标，再选择合适的电路实现。前者的设计方法称为自底向上（bottom-up），后者则称为自顶向下（top-down），有意思的是，这两种设计方法也用在软件设计上。

集成电路（Integrated Circuits，IC）又称为芯片（chip），是在片状硅材料上通过光刻技术将大量的电子元器件刻制成功能电路，并用塑料或者陶瓷封装起来，通过引脚焊接在电路板上，或插入对应的插座。早期的集成电路规模较小，20 世纪 80 年代初的微机使用的 Intel 8080 处理器芯片（如图 2-13 所示）的引脚是双列直插，图 2-13 的左侧是其封装外形，右侧是封装在内部的硅片。

集成电路的一个重要指标是“集成度”，是指单块芯片上所容纳的元件数目，通常认为一个门电路的集成度是 10，而现在的集成电路集成度最高的是处理器，其集成度已经超过 10 亿。通常，数字集成电路规模是按电路内的门电路数目来划分的。小规模集成电路（Small Scale IC，SSIC）有 10 个门电路左右，如果超过 100 个门电路就称为中规模集成电路（Middle Scale IC，MSIC）。大规模集成电路（Large Scale IC，LSIC）中的门电路要超过 1000 个。现在计算机中使用的许多集成电路如 CPU、存储器、输入、输出控制芯片等都是大规模集成电路或超大规模集成电路（Very Large Scale IC，VLSIC）。

图 2-13 所示的处理器芯片就是大规模集成电路，其内部的硅片如同一个指甲大小（如

图 2-14 所示），而较小规模的集成电路使用的硅片要小得多。

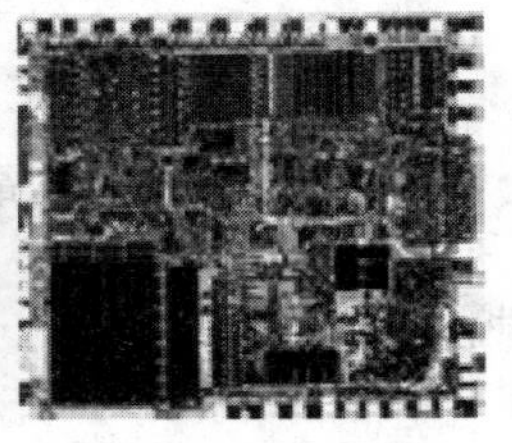

图 2-13　Intel 8088 处理器芯片

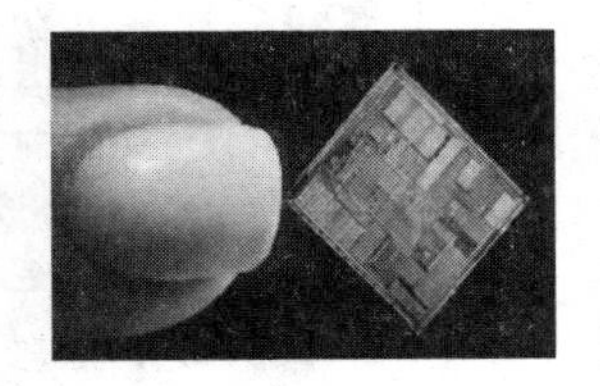

图 2-14　集成电路芯片

集成电路不仅是计算机硬件的基础，也是电子产业的核心。我国是世界上最大的贸易进口国，在我国进口的大宗货物中又以集成电路为最：2012 年以来，我国集成电路进口一直超过 2000 亿美元，2018 年超过了 3000 亿美元。国家已经从战略高度布局集成电路的研发，近 10 年来实施了集成电路专项计划，已有数万项国内、国际发明专利，提升了我国集成电路技术的自主创新能力。

本章小结

二进制和计算机逻辑是计算机科学的重要基础。计算机采用的是统一的数据表示方法，使用二进制表示数据。二进制易于使用物理器件表示，其数码 1 和 0 对应逻辑值的真、假。

数制被称为计数体制，是指数位的构成方法和低位向高位进位的规则，也叫进制。常用的进制有二进制、十进制、八进制、十六进制。二进制的数码为 0 和 1，十进制有 0～9 共 10 个数码。任何进制的数，展开其多项式并求和，即可以得到十进制。

机器数（computer number）是带符号的二进制数，最高位为符号位，0 表示正，1 表示负，符号后的数为尾数。计算机使用定点数和浮点数两类格式化数据。计算机用补数实现减法运算。

计算机中的数据都是定长的，数据溢出是计算机中经常会遇到的问题。

逻辑电路也称为数字电路，逻辑可以被解释为因果关系，其证明和推理是“由因及果”的。逻辑运算如同代数一样具有一定的形式，满足一定的逻辑规律。基本逻辑关系为与、或、非。逻辑代数也称为布尔代数，可以使用逻辑表达式、逻辑图、真值表和文氏图表示逻辑关系。

基本逻辑关系与、或、非的运算符连接逻辑变量得到的就是逻辑表达式。逻辑电路是实现逻辑关系的电路。逻辑单元电路称为门，基本门电路与基本逻辑关系对应，有与门、或门和非门。异或门是组合门，也是实现加法器的主要器件。

加法器是使用逻辑电路实现加法运算的电路，分为半加器和全加器。加法器作为运算器的重要部件，辅以外围电路，就可以实现更多的算术运算。

计算机的存储器是由存储单元电路组成的。存储的信号通过反馈保持稳定不变。存储器中的数据具有可复制性。

计算机使用集成电路制造。集成电路的一个重要指标是“集成度”。计算机中的处理器、存储器和控制电路等都是大规模集成电路。

习 题 2

一、综合题

1．为什么计算机使用二进制？

2．什么是进制？试着归纳权系数表示法有哪 3 个特点？

3．任意进制之间转换的规则是什么？

4．将下列十进制数转换为二进制数：

6，12，286，1024，0.25，7.125，2.625

5．将下列各数用多项式表示，按权系数展开：

$(567.123)_{10}$，$(321.7)_8$，$(1100.0101)_2$，$(100111.0001)_2$

6．将下列二进制数转换为十进制数：

1010，110111，10011101，0.101，0.0101，0.1101，10.01，1010.001

7．将下列二进制数转换为八进制数和十六进制数：

10011011.0011011，1010101010.0011001

8．将下列八进制数或十六进制数转换为二进制数：

$(75.612)_8$，$(64A.C3F)_{16}$

9．给出下列各二进制数的补数：

0.11001，−0.11001，0.11111，−0.11111

10．在计算机中如何表示小数点？什么是定点表示法和浮点表示法？

11．设有二进制数 A=11000，B=110，A 整除 B 的运算过程如下：

	A	B	R	Q	Comment
Step1	11000	101	0	0	
Step2	1000	101	1	0	
Step3	000	101	11	00	
Step4	00	101	110 1	001	R≥B:Q+1, R=R−B
Step5	0	101	10	0010	
Step6	Null	101	100	00100	The End

其中，R 是余数（Remainder），Q 是商数（Quotient）。请试着总结，它是如何通过移位和减法操作完成除法的；试着用上述过程计算 1010001 除以 1001。

12．若将一个无符号的二进制数向左或向右移动 n 位，则所得到的数与原数之间是什么关系？

13．二进制乘法可以通过左移和加法实现。例如，1101×110 的计算可以写成：

			1	1	0	1	被乘数
		×		1	1	0	乘数
			0	0	0	0	
		1	1	0	1	0	部分积
+	1	1	0	1	0	0	
1	0	0	1	1	1	0	乘积

请根据上述计算过程总结其运算规则。

14．什么是逻辑运算？基本逻辑运算有哪几种？

15．给出与非门、与或门的真值表。

16．试分析如下所示异或电路的特点。

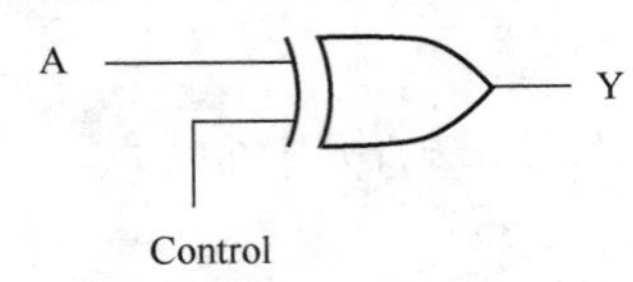

（1）当 Control 输入为 0 时，Y 和 A 是什么关系？

（2）当 Control 输入为 1 时，Y 和 A 是什么关系？

17．给出 AB+BC+AC 和(A+B)(B+C)(A+C)的真值表，这两个表达式是等价的吗？如果是，试着通过表 2-6 给出的布尔基本公式给出其证明。

18．根据反演律（德·摩根定律），可以容易得到一个函数的反函数（反演表达式）：0 换成 1，1 换成 0，逻辑加换成逻辑乘，逻辑乘换成逻辑加，且原变量（A）变为反变量（$\overline{A}$），非变量（$\overline{A}$）变为原变量 A。设：

$$Y = AB + BC + AC$$

请给出 $\overline{Y}$ 的表达式。

19．如下每小题有两个逻辑表达等式，它们是对偶结构：变量不变，0 换成 1，1 换成 0，逻辑加换成逻辑乘，逻辑乘换成逻辑加。试证明每小题的等式，是否可以得到结论：如果一个恒等逻辑表达式成立，它的对偶式也成立。

（1）$A+1 = 1$　　　　$A \cdot 0 = 0$

（2）$A \cdot 1 = A$　　　　$A+0 = A$

（3）$A+\overline{A}B=A+B$　　　　$A(\overline{A}+B) = AB$

（4）$A + BC+\overline{A}BC=(A+B)(A+C)$　　　　$A(B+C)(\overline{A}+B+C)=AB+AC$

20．试比较反演表达式和对偶式的异同。

21．根据 2.6.1 节中有关同或门（XNOR）的定义，给出同或门的逻辑表达式和真值表，并用基本逻辑门电路画出其逻辑图。

二．选择题

1．二进制数 10110111 转换为十进制数等于_______。

A．185　　B．183　　C．187　　D．以上都不是

2．十六进制数 F260 转换为十进制数等于_______。

A．62040　　B．62408　　C．62048　　D．以上都不是

3．二进制数 111.101 转换为十进制数等于_______。

A．5.625　　B．7.625　　C．7.5　　D．以上都不是

4．十进制数 1321.25 转换为二进制数等于_______。

A．10100101001.01　　B．11000101001.01

C．11100101001.01　　D．以上都不是

5．二进制数 100100.11011 转换为十六进制数等于_______。

A．24.D8　　B．24.D1　　C．90.D8　　D．以上都不是

6．二进制数的机器数为 101011，它的补数是______。

A．101011　　B．-01011　　C．110101　　D．-10100

7．二进制数的补数为 101011，它的原机器数是______。

A．101011　　B．101010　　C．110101　　D．110100

8．计算机能进行算术运算，也能进行______运算。完成这些运算的部件是运算器。

A．代数　　B．定点　　C．逻辑　　D．数学

9．基本的逻辑运算有与、______、非。

A．或非　　B．或　　C．异或　　D．同或

10．在布尔代数中，将逻辑值 T 和 F 分别使用______表示。

A．True 和 False　　B．二进制的 0 和 1

C．二进制的 1 和 0　　D．高电平和低电平

11．逻辑函数由逻辑变量及其逻辑运算符组合而成，它的取值只有 0 或者 1，所以也将逻辑函数称为______。

A．二元函数　　B．二值函数　　C．二次函数　　D．二变量函数

12．如有 A 和 B 都是 1 位二进制数，A⊕B 的输出等于 0，意味着______。

A．B 大于 A　　B．A 大于 B　　C．A 等于 B　　D．A 不等于 B

13．如有 A 和 B 都是 1 位二进制数，A⊕B 的输出等于 1，意味着______。

A．B 大于 A　　B．A 大于 B　　C．A 等于 B　　D．A 不等于 B

14．加法器是运算器的重要部件。完成 1 位二进制相加并产生向高位的进位的逻辑电路称为______。

A．全加器　　B．带进制加法器　　C．半加器　　D．加法电路

15．加法器的最低位进位为 1，再将加数的每一位______操作后和被加数相加，就完成了减法运算。

A．取反　　B．取补　　C．取 0　　D．取 1

16．目前，计算机使用的处理器和存储器芯片主要是______电路。

A．SSL　　B．MSL　　C．LSI　　D．SSD

三．填空题

1．数制也称为______，是指多位数中每位的构成方法以及实现从低位到高位的______规则，因此也称为______。

2．二进制可使用多项式表示，展开多项式求和的结果是______进制。除了十进制和二进制，计算机常用的进制还有______、______。

3．计算机使用定点数和______，其中定点数分为定点纯______数和定点纯______数。

4．计算机能够完成算术运算和逻辑运算。基本的逻辑运算有逻辑与、______、______和______。它们有对应的实现电路，这类电路称为______。

5．逻辑关系表现的是因果关系。所有条件都满足结果才成立的逻辑关系称为______；而只要其中一个或一个以上条件满足结果就成立的逻辑关系称为______；条件与结果完全相反的逻辑关系称为______。

6．使用代数方法表现逻辑关系称为逻辑代数，也称为布尔代数。使用逻辑表达式随着变量的值变化的逻辑关系称为______，因为它与逻辑变量的取值都是数字 1 或 0，所以也称其为______函数。

7．门电路是数字系统中的单元电路，使用一个相对较高的电压表示逻辑值______，相对较低的电压表示逻辑值______。

8．把______作为逻辑电路输入，______作为逻辑电路输出，则电路的输入、输出之间就可以表示为逻辑函数。

9．通过基本逻辑门组合各种功能的电路，与门和非门组成的是______，或门和非门组成的是______。如果在两输入的或门输入端加上非门，其逻辑表达式是______。

10．如果输入相同输出为 0，输入不同输出为 1，则对应的逻辑关系是______。如果输入相同输出为 1，输入不同输出为 0，则逻辑关系是______。

11．逻辑输入为 A、B、C，若 A、B、C 中 1 的个数是奇数，则输出 Y 为 1，那么 $Y=A\overline{B}\overline{C}+\overline{A}\overline{B}C+\overline{A}B\overline{C}+$______。

12．根据真值表写出表达式：将输出为 1 的项对应输入变量的值，如果变量值是 1，则使用原变量，如果是 0，则取非变量，并将输入进行组合。真值表如下：

A	B	F1	F2	F3	F4
0	0	1	0	0	0
0	1	0	1	0	0
1	0	0	0	1	0
1	1	0	0	0	1

其中，$F1=\overline{A}\overline{B}$，$F2=\overline{A}B$，那么 F3 =______，F4=______。如果将输入的 A、B 的值视为一个编码（0，1，2，3），那么 F1～F4 是对应编码的输出，该电路称为译码器（decoder）。

13．与译码器相反的是编码器，如有代表 4 个灯泡（L1、L2、L3、L4）的输入状态，0 表示灯灭，1 表示灯亮，输出 A1 和 A0 表示是哪一个灯亮着。真值表如下：

L1	L2	L3	L4	A1	A 0
1	0	0	0	0	0
0	1	0	0	0	1
0	0	1	0	1	0
0	0	0	1	1	1

根据真值表，A1=L3+L4，那么 A0 =______。

14．如下逻辑图的输出 G=______。

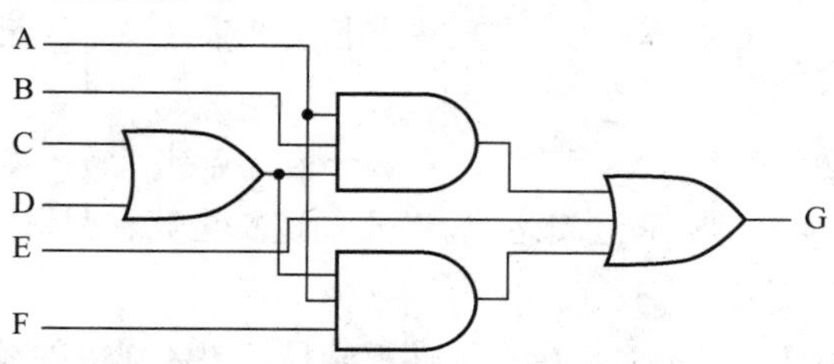

15．全加器不但考虑本位产生的进位，而且考虑来自______的进位。只考虑本位产生进位的加法器称为______。

16．全加器的进位 C_{out} 由加数 A、被加数 B 和来自低位的进位 C_{in} 经过逻辑运算得到的，如下图所示：

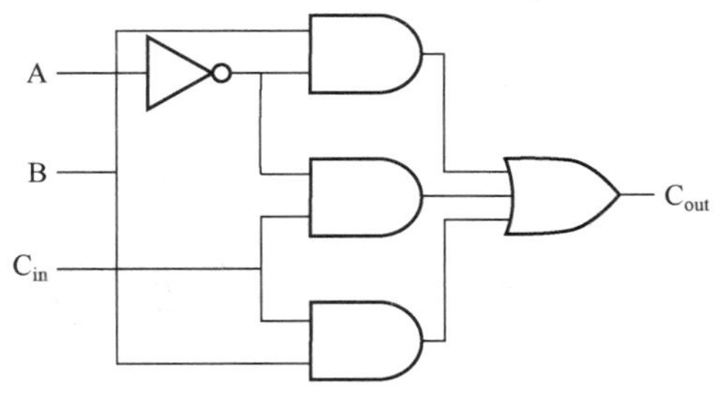

那么，根据逻辑图，C_{out} =______。

17．如果加法器的最低位 C_0 为 1，对加数按位______，加法器输出的是______结果。

18．能够存储信息并维持不变的逻辑电路称为锁存器或______。

第 3 章 数据表示

数据（data）是一个抽象的、概念性的词语，它的含义远比数字、数、数值广泛。计算机底层的状态是 0 和 1，但它们可以组合为各种序列，表示多种对象而成为数据。数据科学（data science）就是以数据为研究内容的科学。数据是计算的对象，也是由计算得来的，是计算系统的组成部分。本章介绍数据的各种表示。

3.1 数据概述

本书的前两章中多次提及“数据”一词，但没有给数据下过定义。事实上，它有很多定义，这个现象在计算机中很普遍，某些定义需要看它的应用场合而定。计算机能够帮助人类做很多事，但它使用的是最简单的二进制，最简单的数码 0 和 1，被组合成能够表示现实世界的各种状态。因此，我们将数据定义为：在计算机中存储、运算、交换和管理的所有的 0 和 1。

如果有人告诉你，世界上的数据有 90%是最近两年产生的，你相信吗？专家们估计，计算机和网络每天产生的 0 和 1 的数量是 EB（ExaByte，1EB≈10 亿 GB）数量级的。有数据科学家推算，近两年产生的数据量是过去五年的总和。以此推之，数据的存量大，增量更大，今后的世界将淹没在数据之中。有研究报告表示，2018 年全球数据量为 33 ZB，预计 2025 年数据量将达到 175 ZB（ZettaByte，1 ZB ≈ 10^{21}B）。

第 2 章介绍的二进制数是计算机内部的状态表示，可以是数，也可以是逻辑状态。数值是数据，逻辑值也是数据，它们是数据中的基础表示。计算机使用二进制序列表示了很多数据形式。如果对这些数据形式分类，最简单的是分为两类：数和码。

一般情况下，数是表示量的，可以进行各种算术运算。数还可以作为码（code）。例如，我国的公民身份证就是使用了 18 位数字的身份证号码；每个学生入学后都会有一个由数字和字母组成的学号，用于处理学生在校期间的学籍、成绩、课程等事务。

编码的目的是对特定的对象进行唯一标识，以便检索、交换和处理。编码需要参照一定的规则，这些规则被称为“码制（code system）”。本章将介绍几种计算机编码，如 ASCII、Unicode、汉字编码和音频、视频数据编码等，它们在计算机内部仍然是二进制形式的。需要特别指出的是，计算机中每一种形式的数据都需要相应的程序进行编码和解析，由应用程序将其解释为特定的表示对象。

通过各种传感器，现代电子技术能够将现实世界的物理信号转换为计算机可以接受和存储的数据。因此，声音、图像、图形、视频等都可以以数据的形式被计算机处理。在数据科学中，将数值、文本、语音、图形、图像、视频、动画数据称为多媒体（multi-media）数据。计算机有丰富的数据类型，如图 3-1 所示。现在有各种媒体数据的名词，除了多媒体，还有

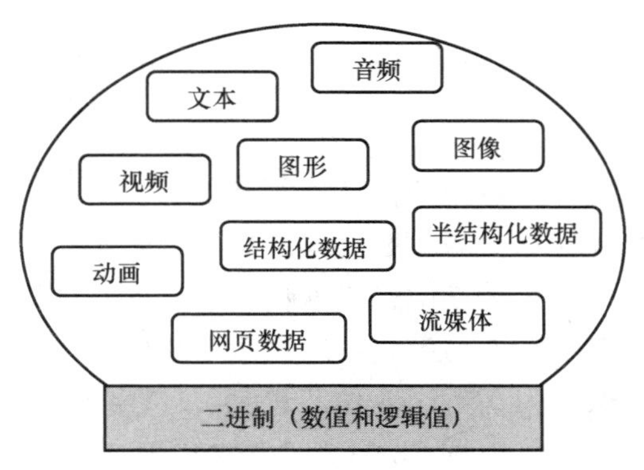

图 3-1　数据类型

"富媒体""流媒体""超媒体""数字媒体"等，这些都是基于多媒体基础之上的包括数据和对数据处理或传输的方法，而这些方法本身也是数据。

计算机中的"多媒体"一词不是多种媒体数据名词的罗列，而是一种处理技术：在各种数据之间建立了一种紧密的、逻辑上的关联，使之实现自动、平滑的链接，从一种媒体转换成另一种，中间不会出现卡顿。例如，微软的 Office 支持多媒体，在 Word 文档、PPT 文稿中可以嵌入图形、图像、音乐和视频，而 PPT 本身也可以实现放映的动画效果。

多媒体数据也是计算机中的 0 和 1 的组合，但这些组合被赋予了不同的含义，或代表一个字符，或代表一种颜色，或代表一种音量。如果把 0 和 1 的组合看作数字，它就可以被计算，如果将一种组合看作一个符号或者特定的标记，就可以对其变换、加工、存储、传输等。因此，数据处理就是根据数据所表示的不同对象而进行不同的"计算"，这个过程是通过计算机程序实现的。

综上所述，数据在计算机内部就是 0、1 序列，它们被应用程序抽象为表示特定的对象，如文本、图形、图像等。抽象是计算机数据表示的重要方法。

3.2　文本和文档

文本（text）由字符组成。文本中的每一个字符，如字母、汉字、符号，都对应一个一定长度的二进制代码，因此文本数据就是一个字符编码的二进制序列。文本中使用的字符是属于字符集的。字符集是包含所有可用字符及其对应的二进制代码的集合，通常我们看到的是它们的十进制或十六进制形式。

早期，不同的计算机厂商的相似功能的产品都使用各自的数据格式，导致数据不同、程序不兼容。另外，由于硬件厂商采用的处理器不同，程序处理的数据也不同，如文本数据就出现过很多种字符集，IBM 早期的同一台机器中就有近 10 种字符编码。

1967 年，ASCII（American Standard Code for Information Interchange，美国标准信息交换码）作为计算机数据交换的标准代码而出现。只要应用程序采用了 ASCII，那么在不同类型的计算机、不同的处理程序之间的数据交换就变得简单、容易了。

文档（document）是基于文本的另一种形式。文本和文档使用等长编码，需要由相应的应用程序创建和打开，如用微软的记事本程序创建文本文件，用 Word 创建文档文件。文本和文档中的字符编码主要有 ASCII、Unicode 和汉字编码等。

3.2.1 ASCII

ASCII 由美国国家标准局（ANSI）制定，后被确定为国际标准 ISO/IEC 646。ASCII 也称为 ASCII 字符集，有两种形式：7 位码和 8 位码（参见附录 A）。

ASCII 最初公布的是字符长度为 7 位的二进制编码，定义了基本的文本字符数据，主要是英文字母和常用的符号。ASCII 的 7 位编码可以表示 128（2^7）个字符。它实际使用的是单字节字符方案，即一个字符长度是 1 字节（8 位二进制），该字节的最高位用作校验位，以提升数据传输的正确性。图 3-2 展示了单词 China 的 7 位 ASCII 编码。

单词	C	h	i	n	a
ASCII	1000011	1101000	1101001	1101110	1100001
十进制	67	104	105	110	97

图 3-2　ASCII 表示单词 China

ASCII 编码含有数字 0～9、英文字母 A～Z、a～z 和一些符号，如算术运算符等，这些被称为可显示字符。而控制符有 LF（换行）、CR（回车）、FF（换页）、DEL（删除）、BEL（振铃）等，以及几个通信控制符，大多数不能被输出到屏幕或者打印出来。控制字符需要程序去读取并解释或完成指定的操作。

计算机键盘上的符号大多数都可以在 ASCII 中找到对应的编码。事实上，键盘按键后，输入到计算机中的那个数据就是该键对应的 ASCII 编码。

其后的 ASCII 编码改用 8 位，最高位不再作为校验位。其版本的名字为“Latin-1 扩展 ASCII 字符集”，一般被称为扩展 ASCII。在扩展版中，最高位为 0，对应原来的 7 位 ASCII 编码，增加了最高位为 1 的 128 个编码，用于附加的 128 个特殊字符、外来语字母和图形符号，如本书附录 A 所示。

ASCII 是等长编码。ASCII 编码中的数字、字母都有自己的顺序，如同一个字母的小写与大写的编码的值相差 32，因此大、小写转换只要进行加或减 32 就可以了。另外，数字和字母按顺序排列，方便进行排序、查找等操作。

3.2.2 Unicode 编码

ASCII 及扩展 ASCII 是基础编码，只能在有限的拉丁语系中使用，不能与其他语言如汉语、阿拉伯语等之间交换数据。为解决这个问题，现在计算机普遍使用的是 Unicode 编码，它较好地解决了不同语言的用户、不同类型的计算机之间交换数据的难题，也能够在同一台计算机中使用不同的语言。

Unicode 最初是 Apple 公司制订的通用多文种字符集，后来被 Unicode 协会进行开发，成为能表示几乎世界上所有书写语言的字符编码标准，被称为“统一码”“单一码”或“万国码”。Unicode 还包含了许多专用的字符集，如数学符号。

Unicode 主要分为 Unicode16 和 Unicode32。Unicode16 用 2 字节表示一个字符，可以表示 65536 个字符。Unicode32 用 4 字节对字符编码，32 位二进制有几十亿个组合，因此 Unicode32

理论上可支持几十亿个字符的编码。

为了与ASCII保持一致，Unicode保留了前256个字符为ASCII字符集。也就是说，Unicode的前256个字符与ASCII编码完全相同，程序使用Unicode字符，也能够使用ASCII字符。例如，英文大写字母A的ASCII编码为十六进制数的41（单字节，十进制的65），而在Unicode中以十六进制数的0041（2字节）表示。目前大多数系统，包括PC、Mac等和互联网网站，都采用Unicode编码。

1992年，Unicode被确定为国际标准ISO10646，使之成为用于世界范围各种语言文字的文本形式的字符集，其中包含汉字。例如，“计算机”的Unicode16编码为“8BA17B97673A”（十六进制表示）。如果在文本中有这三个字，那么实际保存为如下二进制序列：

100010111010000101111011100101110110011100111010

事实上，编码只是字符的数据表示，用于存储和传输。显示或打印字符需要有专门的处理程序，这个处理程序将字符编码读出，经过计算得到可显示、可打印的数据格式。在屏幕上显示，或者打印出来的字符并不是字符编码，而是字符被程序当作“图像”处理的，本书3.5节将介绍相关技术。

编码技术要确定表示字符的字节顺序。例如，字符A可以用ASCII编码的1字节表示，为41（十六进制），2字节的为0041，4字节的为00000041。而2字节的A的编码也可以是4100，4字节的A的编码也可以是41000000或00004100。如果编码和解码没有按照同一种顺序，就会出现乱码。因此，就有了解决多字节编码顺序的UTF（Unicode Transformation Format）标准出现，顾名思义，它确定了Unicode字符不同字节顺序之间的转换格式。

UTF有多种格式，如UTF-8、UTF-16、UTF-32，Unicode主要使用的是UTF-8。例如，在浏览器中就有页面编码为UTF-8的设置项。有时候，程序会要求选择或者取消该设置，使得浏览器不会显示乱码。进一步解释UTF的转换原理和过程超出本书范围。

3.2.3 汉字编码

汉字除了简体、繁体，还包括日文和韩文中使用的汉字。汉字排序方法也比单字节的英语来得复杂，有拼音、部首、笔画等。因此，在带有中文处理的系统中，需要有专门的汉字处理程序，如汉字输入（法）程序。考虑到系统的兼容性和计算机原为西文产品，因此中文系统扩展了ASCII，增加了汉字的编码。

1980年发布的中国国家汉字编码标准GB2312—1980收录简化字6763个，总计7445个字符，而港澳台地区所用的繁体汉字使用BIG5编码。

1993年的GBK扩展汉字编码标准是GB2312—1980的扩展，共收录了2.1万多个汉字，支持ISO10646即Unicode中的全部中、日、韩汉字、BIG5中的所有繁体字。目前，计算机采用的多种输入方法都支持GBK标准。GBK为了兼容ASCII，将汉字编码的2字节的最高位全部设为1，因此只能提供有限的汉字数量。

2001年，我国发布了GB18030编码标准，最新的是2005版，是超大型中文编码字符集，其中收入汉字和字符7万余个。GB18030—2005版采用的是可变4字节编码，有CJK统一汉字（China、Japan、Korea）和我国少数民族文字字符（如藏、蒙古、傣、彝、朝鲜、维吾尔文）的字形等。

汉字编码与 Unicode 并不完全是兼容的，因此需要转换和处理。事实上，它们还不是一回事：GB 汉字编码标准给出的是编码要求，即字符被保存的格式，而 Unicode 给出了字符的编号，没有规定这个字符如何表示（保存）。因此需要通过程序在不同编码标准之间进行转换，如前述 UTF。例如，Windows 就通过一种“代码页（code page）”来适应计算机所在的国家和地区的编码要求。

我国的汉字编码是强制性的国家标准，“适用于图形字符信息的处理、交换、存储、传输、显现、输入和输出”，不但指机器（计算机、各种带处理器的终端设备，如智能手机），而且指各种中文处理软件，如办公系统、财务系统等。

3.2.4 文档

在计算机中，文档（document）是文本格式的扩展。文本使用标准编码表示各种字符，而文档还含有许多特征码，如表示字体的变化、字符的大小、段落格式排版等信息。文档格式有多种，如字处理软件 Word 的数据文件就是一种常用的文档类型。金山公司的 WPS 软件也是处理文档的软件。

不同语言的文档还包括多种字体，如宋体、楷体、黑体等。实际上，目前计算机提供的各种语言都有多种字体，因此计算机中有大量的字体（font）文件，包括操作系统提供的，也包括各种程序自带的，网络上也有大量的字体文件（称为字体库）可供下载。现在使用的字体文件不是编码，而是显示或打印这种字体的计算公式（见 3.5.1 节）。文档文件需要文档处理程序，如 Office、WPS 等打开，如果使用文本程序强行打开文档，则会丢失文档中的版式，或显示为乱码。

文档的另一种含义是“资料”，是指在计算机上形成或处理的专用的数据文件。例如，程序设计需要提供需求分析文档、设计文档、测试文档、使用手册等。过去随软件销售附带的纸质说明书等已经被电子文档（或存储在官方网站上）取代。

3.3 数据压缩

文本有编码，其他类型的数据，如音频、视频都有其编码和标准。不管是哪种数据，只要有数据存储和交换的需求，就需要采用同一种编码标准。另外，在不同的程序之间、不同的计算机之间的数据交换也需要考虑数据传输的方法和效率。

前述的文本编码，如 ASCII、Unicode，是等长编码，即每个类型的字符编码的长度都是相同的。显然，这种编码中一些不常用的字符占用了与常用字符相同的存储空间。今天的计算机存储空间很大，不过早前的计算机中存储器是“稀缺的”。在数据存储中也有所谓的“二八效应”：出现概率高的数据大约占整个数据的 20%，而其他 80%的数据出现的概率则很低。这不难理解，无论是汉字还是英文，常用字只占 20%甚至更少。从数据传输的角度，常用数据（码）用较少的二进制位数，不常用的用较多的位数，整体上数据量会减少。这就是另一种类型的编码：不等长编码。不等长编码也称为“数据压缩”，则更准确地表示了这种编码技术的本质。

编码数据需要有解释其编码的程序，并以人们可以识别的形式展现。同样，压缩编码也需要解码，即按照压缩原理相反的方法解压出原始数据。解压有专门的程序，如 RAR、ZIP。数据压缩的方法不同，压缩软件的厂家不同，压缩数据格式也不同，所以有多种压缩文件类型。不过，大多数压缩/解压软件支持常用压缩算法得到的数据文件。

解压后的数据与压缩前的数据相同，这是无损压缩编码，如文本文件、文档文件、程序文件等，这些类型的文件数据必须采用无损压缩。另一种压缩编码是有损的，压缩后的数据不能完全重现压缩编码前的数据，用于冗余较多的数据类型，如音频、视频数据。

显然，多媒体数据的体量大，为了快速、有效地实现其传输，这类数据更需要数据压缩技术。从系统的角度看，压缩就是对原数据进行重新编码的方法，重新编码的过程就是计算过程，因此需要有相应的计算方法，这就是压缩编码方法。压缩编码方法有多种，各有其应用领域。这里简单介绍几种压缩编码方法。

3.3.1 霍夫曼编码

霍夫曼（David Huffman）编码是于 1952 年提出的一种编码技术，被广泛用于计算机数据压缩，也被称为“频率相关编码”（frequency-dependent encoding）。频率是指被压缩字符出现的频率，顾名思义，经常出现的字符码字较短，较少出现的字符码字较长。这样就能使得数据的总长度变小，需要的存储空间也较小，也能快速传输。因此，霍夫曼编码是一种不等长编码方案，用不同长度的码字表示出现频率不同的字符。

我们通过一个简单例子具体解释霍夫曼编码：设一个数据集中有 5 种字符，分别以 A～E 表示，其中 A 出现的次数最多，其霍夫曼码最短，以此排列，E 出现的次数最少，其霍夫曼码最长。按照字符出现次数分配的霍夫曼编码如表 3-1 所示。如果采用等长码，每个字符需要 3 位，所需总码位为 171；霍夫曼编码需要的总码位为 120，与等长编码相比，压缩比为 0.7。

表 3-1　霍夫曼编码

字　符	出现的次数	等长码的码位	霍夫曼码字	霍夫曼码码位
A	25	75	0	25
B	12	36	10	24
C	9	27	110	27
D	6	18	1111	24
E	5	15	1110	20

霍夫曼编码的原理是：首先对要压缩的所有数据进行扫描，计算数据中不同码字出现的频率（次数）；再根据不同码字出现的概率，确定最高频率的码字使用最短的霍夫曼码字，以此类推，最少出现的码字使用最长的霍夫曼码字。

霍夫曼压缩后的编码需要解码，它的一个重要特征是在解码时，对压缩码序列从左往右扫描，每当发现一个位串（二进制序列）对应表中的霍夫曼码字，那么这个位串就一定表示对应该码字的字符，也就是说，霍夫曼码是没有重码的。所以，霍夫曼编码是有序无损压缩。

霍夫曼编码应用范围很广，在文本文档、音频视频和图像编码中都有应用。另一种常用于图像压缩编码的方法叫算术编码。霍夫曼是对字符（或等长字节）编码，为有序码，而算术编码是无序码。算术编码是根据整个数据中符号的概率和它的编码间隔，经过计算，最终得到的结果区间是[0, 1]。解压时，使用该小数和模型参数即可以解码重建得到该符号序列。

常用于英文文本的另一种压缩编码是关键字编码。将英文中的常用单词用一个符号代替，如 the 用字符^、must 用字符#、these 用字符+代替等，解压时再将这些字符替换为对应的单词。英文常用词汇在典型的文档中很常见，因此有时能够有效地减少文本的长度。这在中文系统中并不常用，原因是汉字和字符一样，都是相同的存储长度，除非用字符代替中文短语，而中文短语的数量也特别大。

3.3.2 行程长度编码

在某些应用中，一个编码可能是连续出现的，如图像中某一段区域的颜色是相同的，那么这段颜色的编码是一个连续的相同序列。行程长度编码（Run Length Encoding，RLE），或称为游程编码，就是用于图像编码的。在图像中，总有连续区域具有相同的颜色，此时不需要为这个区域的每个颜色点保存数据，只需要记录一个颜色数据和这个颜色点的数目即可，这个数目就是行程长度。例如，某个图形中一段红色线的长度有 200 个点（通常计算机显示器的一行有 1000 多点），如果每个点的颜色数据是 8 位，则这段红线的数据量为 200 字节。对这段红线使用 RLE，只需要用一个控制标志（如字符#）加上颜色数据（设为 R）和数据的长度：

```
#R200
```

这个 RLE 编码的长度只有 3 字节，其中数据长度 200 占 1 字节。解码时只要读到#，就将其后的 1 字节数据作为颜色，接着的数据作为连续的颜色数据的长度。

上述例子的压缩比很高。实际情况要复杂些，主要考虑行程长度。行程长度是单字节，如果有超过 256 个点的颜色，就需要重复编码。另外，这个例子中一个 RLE 编码的长度是 3 字节，如果相同颜色的编码的长度是 3 字节或者 2 字节，就不应该使用 RLE，而是保留其原代码。考虑到少于 3 点的颜色不需要 RLE，那么可以将长度数据设为 1，代表 4 字节。例如，#R1，解码时将长度值加上 3，那么这种单字节 RLE 编码能够对 4～259 个相同编码进行压缩。

RLE 压缩要扫描源数据，找到使用最少的或者没有出现过的数（符）作为压缩的控制符号。解压时，扫描每字节的数据，如果是控制符，则解压输出，否则直接输出。有多种方法可以改进 RLE 算法，无非是考虑压缩比和解压速度。如果编码是多字节的，则需要考虑更多的细节，这里不再进一步讨论。

RLE 压缩算法较为简单，解压速度也较快，且是无损压缩，在文本、音频、图像数据中有较为广泛的应用。Windows 系统的 256 色显示模式下，RLE 是首选的压缩编码技术。

3.3.3 有损压缩

从数据的角度，任何源数据中都有大量的重复数据，即冗余数据。减少或者丢弃某些冗余数据，并不会损失数据所表示的有效信息，或者这种损失是可以接受的。严格意义上，音频、视频、图形、图像数据并不需要“完整无缺”，如果损失了少量的数据（在人的视、听范围内）能够换来更高的压缩效率，那么也是可取的。因此大量的多媒体数据，尤其是音频、视频、图像数据都是有损压缩的。例如，我们熟知的照片数据（JPEG）、视频数据（MPEG）、音频数据（MP3）等都采用了有损压缩编码。

为减少数据的冗余度，往往要在压缩前对数据源进行统计分析并建立模型，如前述霍夫曼编码和 RLE。而在有损压缩中，有时需要进行类似的工作，以保证所丢弃的冗余数据在解压后不会影响数据有效使用。不过，现在大多数音频、视频压缩采取的都是混合编码技术，即将无损编码和有损编码结合起来。例如，在音频数据压缩中，如果需要高保真的效果，可以采取无损压缩或不压缩。如果是网络播放或者传输的，一般采用有损压缩。但不管如何，音频、视频数据的有损压缩只能允许一定程度的失真，过度压缩往往使得播放效果很差。

有损压缩的相关技术比无损压缩复杂得多，进一步介绍超出了本书的范围。

因为早期的磁盘存储器较小，通过压缩能够存储更多的数据。现在，很少出于存储的原因对其进行压缩，毕竟压缩和解压缩增加了系统开销，影响了数据使用效率，特别是在不同的系统和程序之间，如果不了解原数据的压缩方法，也许就不能使用这些数据了。但是，为了提高数据的传输效率，压缩技术就能起到很好的作用。即使网络传输速率已相对较快的今天，仍然要考虑传输流量，尤其是在线视频，出现卡顿会影响用户体验，因此采用的都是压缩后的视频数据，而且以有损压缩为主。

大多数音频、视频和图像数据都是压缩的，相应的播放程序中有解压算法。通用的压缩解压程序，如 ZIP、RAR 等，它们的主要作用是在传输多个文件时，将其压缩在一个包中，看上去是一个文件，这个过程称为“打包”。接收这个压缩文件后再经过解压（称为解包）和还原，这种压缩一定是无损的。

3.4 音频数据

声音（sound）是物理信号，是由物体的振动产生的声波。声音通过各种介质（如空气、液体）传播。声音是一种低频率的波，通常能够被“听”到的声波的频率为 20～20000 Hz。声音有音调、音色、音量等指标。在计算机中，通常将由声音得到的数据称为“音频”（audio）数据，包含了语音（voice）和音乐（music）等。那么，音频数据处理的第一步就是将声音的物理信号转换为计算机采用的数字化的数据。

3.4.1 音频数据采集

声音信号虽然是物理波，但它可以通过传感器转换为电信号，再由转换电路将音频电信号转换为音频数据。这个传感器就是麦克风（microphone），即传声器（也称为话筒、微音器），是将声音信号转换为电信号的能量转换器件。经麦克风转换得到的音频信号是连续的模拟（analog）信号，而计算机的数字（digital）信号是二进制表示的离散（dispersed）信号。因此，音频信号需要经过模拟到数字的转换，得到音频数据，再由计算机存储和处理。图 3-3 给出了音频转换过程。

在图 3-3 中，虚线部分称为 ADC（Analog to Digital Converter，模拟/数字转换器），经过采样、量化和编码三个过程，将模拟的音频信号转换成计算机的音频数据。

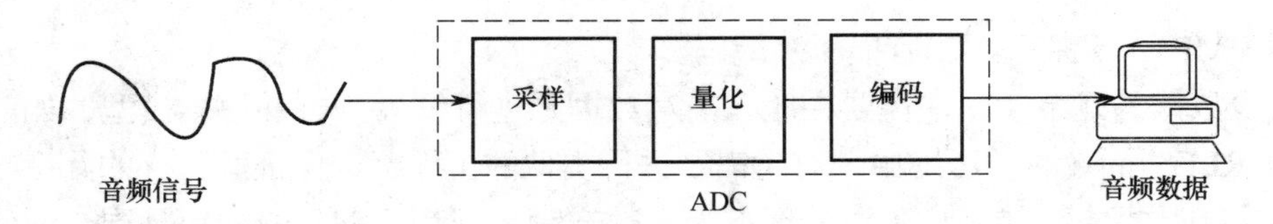

图 3-3　音频信号转换为音频数据

采样（sample）：以相同的时间间隔测量声音信号的幅值。采样时间间隔越小，那么得到的音频数据量就越大。如图 3-4 所示的曲线为模拟的声波信号，纵坐标 A 为模拟信号的幅度，横坐标 t 为采样时间，横坐标上的虚线间隔是采样时间间隔。采样时间间隔的倒数就是采样频率。22 kHz 的采样频率有调频广播的音质，更高音质使用 44.1 kHz、48 kHz 采样频率。在采样时间点上的模拟信号幅值是采样值，n 个采样点就会有 n 个采样值。图 3-4 中的 A_1 就是幅值。

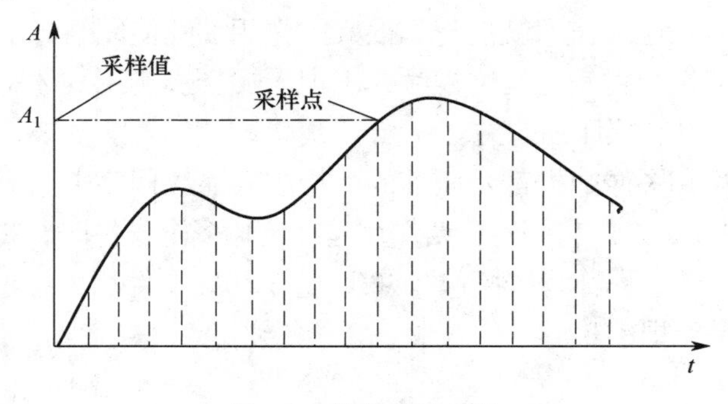

图 3-4　模拟信号采样

量化（quantify）：如果对信号的幅值确定一个取值范围，且按整数值进行分割，采样值换算成所在区间对应的值，按四舍五入取值，就称为量化。例如，最大幅值为 20V，间隔区间为 0.1V，那么 15.3V 取值就应该是 153。

编码：将量化值用合适的二进制位表示。编码数据就是 ADC 后得到的音频数据，它被存储到计算机中。量化和编码就是用多少二进制位表示音频数据，与其后的音频处理、音频重现都是密切相关的。不同的应用，其编码方法也不同。音频数据格式并不复杂，最简单的是将量化值转换为对应的二进制数，复杂的音频数据，如左右声道、多路采集，就需要进行复杂的编码。量化分配的值范围越大，就需要越多的二进制位，那么采样得到的音频数据层次感越丰富。

在音频数据中，CD 唱片音质的采样频率为 44.1 kHz，一个声道采样 16 位二进制编码，那么立体声就需要 32 位二进制。也就是说，每个采样值都需要 4 字节。因此，录制 1 分钟的立体声音乐得到的音频数据达 10 MB，而专业录音采集的数据量要大得多。

还有一个问题：采样频率是如何确定的？确定采样频率的条件是：在这个频率下采样的信号能够还原原始信号。1928 年，美国工程师奈奎斯特（H. Nyquist）提出并在 1948 年经信息科学奠基人香农论证，结论是：采样频率是信号最高频率的 2 倍或以上。音频的最高频率为 20 kHz，有效频率通常为 10 kHz，因此 CD 应该是较高品质的音频数据。

采样过程能够把任何物理信号转换为数据。图像和视频信号等在物理学上也是波，其频率比音频高得多，同样是经过模/数转换得到相应的数据。

重现音频信号，就需要将计算机的音频数据转换为模拟的声音信号，并经过扬声器播放出来，这个过程称为 DAC（Digital to Analog Converter，D/A，数字/模拟转换器）。

3.4.2 音频数据格式

20 世纪 90 年代前，计算机只是以处理文本和数值数据为主，虽然有些能够处理音频数据，但多限于专业人员使用专业设备。为了使计算机能够处理音频，早期的计算机多使用专门用于声音处理的电路（插卡结构），称为“音频适配器”（也称为声卡）。有一段时间，业界将配有声卡的计算机称为“多媒体计算机”。

1994 年，Intel 公司发布了奔腾（Pentium）处理器，这是第一款多媒体处理器，在传统的处理器中增加了音频、图像和视频处理的专用指令，称为 MMX（Multi-media eXtension Technology，多媒体扩展技术）。之后，多媒体就成为了计算机的标准配置：计算机可以发出声音了。随之而来的是计算机多媒体应用的迅速发展，就有了多种处理声音的技术，也产生了多种音频数据格式。现在的计算机，包括智能终端，都支持多媒体。

今天的计算机能够录音、发声，也能够播放歌曲、音乐、视频和电视，但它目前没有“数字音频标准”，也就是说，没有一个统一的声音数据格式。现有的音频数据格式大多出自相关公司，如与 Microsoft、Apple、Real Networks 等推出的音频软件相适应的数据格式。音频数据格式主要是对声音信号按照采样、量化和编码得到的数据格式，主要有如下几种。

① WAV 格式。这是 Microsoft 公司开发的一种音频数据格式，也叫波形声音文件，是最早的数字音频格式，是没有采用压缩处理的音频数据，在 Windows 平台及其应用程序中被广泛支持。WAV 文件采用 44.1 kHz 的采样频率，16 位量化位数。

② MIDI 格式。MIDI（Musical Instrument Digital Interface，乐器数字接口）是数字音乐/电子合成乐器的统一国际标准，用于电子键盘的音乐合成器、制作视频的声音网站的辅助音效。例如，一台晚会的作曲、配器、录音只需要一位编导和 MIDI 专业人员就可以完成全部工作。简而言之，MIDI 是对各种乐器演奏的音符及时间进行编码，这些编码控制电子乐器演奏。

③ CD 格式。传统 CD（Compact Disc，光盘音乐格式）采样频率为 44.1kHz，16 位量化位数。与磁盘存储不同，CD 数据采用了音轨的形式，记录的是波形数据，不能直接被播放，需要如 Windows Media Player 这类的软件播放。

④ QuickTime 格式。QuickTime 是苹果公司采用的音频数据格式，也支持 Apple 之外的微机系统。

⑤ RealAudio 格式。这是 Real Networks 公司的音频数据格式，主要用于网络上实时传输音频信息。

音频数据格式还有很多种，有些是不同的开发者采用了不同的技术，有些是为了支持特定的应用。例如，Audible 主要支持有声书籍；Liquid Audio 支持付费音乐下载并提供版权保护；AU 文件是 UNIX 的音频数据文件格式；AAC（Advanced Audio Coding，高级音频编码）是由多家公司合作开发的音频数据格式，能够以较小的数据量呈现更好的音质效果。有人预言，AAC 将取代 MP3 成为数字音频的主流，但现在看来得出这个结论还为时过早。

普通计算机用户并不需要担心那么多的音频数据格式，因为现有播放软件大多支持多种音频格式，且主流的音频数据格式是 MP3 格式。

高质量的音效需要大量的音频数据，另一方面，音频数据在采集中有大量的重复和无效数据，如一段空白录音或者讲话中的停顿。为了在有限的存储空间中能够存放更多的音频数据，且体量较小的数据文件能够有利于传输，音频数据往往采用数据压缩技术。

当前主流的音频文件采用的是 MP3 格式。它的流行主要原因是作为一种压缩标准，比同期的压缩技术的压缩比更高，且是公共标准和开放的技术。由于它的广泛流行，许多人将 MP3 当成了数字音乐和播放的代名词。实际上，它只是一种数据压缩的方法，最早是德国的一个研究组织发明并提出标准的，后来被国际标准化组织所属的 MPEG（Moving Picture Experts Group，运动图像专家组）制定为 MPEG-1 Audio Layer 3 标准，简称 MP3。

MP3 格式采用的压缩技术是混合编码。首先是采用有损压缩技术，通过频率分析，并与所建立的人类心理声学模型比较，根据人耳对高频声音信号不敏感的特性，将音频信号划分成多个频段，大于 8 kHz 的高频信号用大压缩比压缩，或者直接舍弃，再对余下的数据使用霍夫曼编码，因此原始采样得到音频数据能够被压缩到 1/10 或更小后存储，也更易于传输。大压缩比的是有损压缩，小压缩比的是无损、低损压缩，而整体压缩数据不会影响到声音回放的效果。

采用 MP3 格式压缩后的音频数据需要专门的解压缩后才能播放，曾经流行一时的 MP3 播放器就是内置解压程序的装置。现在的智能手机中的音乐播放器主要支持的就是 MP3，网络上可供直接播放和下载的音乐也多采用 MP3。

3.4.3 计算机语音

20 世纪 50 年代，美国贝尔实验室、普林斯顿大学等机构就开始研究计算机识别声音和发出声音。1964 年，IBM 首次展示了其声音识别的研究成果。1984 年，IBM 的 ViaVoice 语音识别可以达到 95%的准确率。1997 年，IBM 发布了汉语语言识别软件 ViaVoice 4.0 版，能够通过语音输入，直接在字处理软件中形成文档：这是由语音到文字的突破，即计算机能听懂人说话。

另一种是由文字到语音，是将文字合成为语音再由计算机发出声音。计算机说话，或者称为机器说话，今天已经司空见惯了。例如，上述 ViaVoice、苹果公司的 Siri、中文软件讯飞、百度语音，都支持语音到文字、文字到语音的功能，而朗读器是将存储在机器内部的文字合成语音的软件。

语音到文字需要机器"训练"，使机器能够听懂发声者说的话。现在，语音软件的语音识别率高达 95%以上，而且能够识别方言。较为标准的普通话，识别率可达 99%。

基于语音识别技术已经构造出很多的应用：通过声音控制游戏、语音聊天（转换为文字）、语音查询。一种被称为语音机器人的软件，能够通过网络接听服务电话并与之对话：或文字，或语音。这里的技术既有语音到文字，也有文字到语音。例如，使用百度语音搜索，说出"明天天气如何""宫保鸡丁的做法"等，就能得到结果。语音搜索让用户免去打字的烦琐，使搜索的整个过程更流畅、更便捷。

文字到语音涉及的技术很多，不但需要对文字的理解，而且需要语音合成。前者从文本中提取语音数据，后者则在语音软件的控制下发出声音。

文本中的语音数据还包含韵律信息，语音相当于音标，韵律相当于音调。这就像我们初学外语那样需要词典和语法规则。语音合成需要“发声器”，相当于人的发声系统，给发声器输入文本并驱动发声器发出声音。

机器的发声也许不如人那样有节奏和语调，每个字的发音速度基本相同，确实是“机器人”，且大多数是基于语音合成的，并不能理解文本。不过随着语音合成技术的发展，特别是人工智能的发展，也许今后机器说话会更接近人的说话，机器能够像人一样阅读，也能够像人那样去理解文字。

3.5　图形和图像

在数据表示上，图形和图像被认为是同类型的数据，许多专业软件兼顾了图形和图像的处理。图形（graphic）是以几何线条、几何符号等形式表示物体的轮廓。图像（picture，image）简单地说，就是由点（dot）排列而成。每个点就是图像的一个像素（pixel），是一种颜色。如果足够的像素按照一定的顺序排列，在人的眼里看到的就是图像。大多数图形图像处理软件，简单如微软的“画笔”（paint），复杂如 Adobe 公司的 Photoshop，它们既可以处理图形，也可以对图形着色，使之成为图像，还能够对图像进行编辑、修饰（即所谓的 P 图）。不过，图形和图像的存储和处理还是有些区别的。

3.5.1　图像的表示

图像在计算机中保存的是它的像素数据，每个像素根据图像显示要求采用不同的存储数据。例如，计算机显示器可以被设置为“真彩色”，它实际上是将每个像素用 4 字节表示，其中 3 字节分别代表红（Red）、绿（Green）和蓝（Blue）三种颜色，简称 RGB，还有 1 字节表示这个像素的亮度。这里是运用了光学的三基色原理：任何一种颜色都可以分解为 RGB 分量的组合。如果图像是黑白的，最简单的是每个像素用一位二进制表示，0 表示黑色，1 表示白色。实际上，黑白图像采用多位数据表示每个像素“灰度”，即黑白的等级。高质量的胶片图像数据则需要比彩色图像更多的数据位。

要求不高的图像采用单字节编码的颜色，称为 256 色：1 字节有 8 位二进制，取值范围为 0～255，代表 256 种颜色。另一种是 16 位的增强色，每个像素可以有 6.5 万多种颜色。

如果使用 3 字节表示 R、G、B 三色，每个像素的 R、G、B 组合起来就有 2^{24} 种颜色，再加上 1 字节的亮度的 256 种选择，颜色数量达 2^{32}，这就是所谓的“真彩色”。真彩色提供的颜色远远超过人眼能够分辨的颜色。我们知道，人的眼睛看到的物体的颜色虽然是彩色的，但并不能区分其极为细小的差别，因此真彩色的数十亿种颜色足以使人认为这个颜色就是“自然色”。为了减少图像文件的数据量，通常在特定的应用程序中只需几种颜色（如文件窗口的前景色和背景色），系统提供调色板供使用者选择，如 Windows 中的“画笔”就有调色板。

图像有静态的，也有动态的。按照某种速度，将一组图像连续呈现，人们看到的就是“视频”了。因此，静态图像是动态图像的基础。

无论是一幅画或者一张照片，要使其成为计算机图像，就需要将其转换为数据信号。图像数据采集的原理与前面所述的音频数据类似，也需要转换。例如，扫描仪就可以将照片转换为静态图像数据，数码相机也可以将相机拍摄的照片转换为图像数据。扫描仪和数码相机中都嵌入了进行模拟/数字转换的部件。

图像的主要技术参数是分辨率。分辨率与显示、打印图像的设备有关，也与图像数据存储相关。例如，640×480 的图像分辨率是早期计算机彩色显示器的标准，称为 VGA（Video Graphic Array）标准，而今天的分辨率标准为 1024×768 及以上，有的智能手机的显示屏的分辨率高达 2560×1440，而 PC 的显示分辨率高达 4096×2160。显然，高分辨率显示器可以使得显示的图像更加精细、清晰，显示更多的文本、图形信息。

图像分辨率也叫图像存储分辨率，与显示分辨率不同，是指从物理图像获取的图像数据的像素密度，扫描仪和数码相机都有分辨率参数。例如，数码相机拍摄的照片像素是 1024×768，用高质量的相机拍摄的照片像素是 4064×2704，前者像素只有 70 万，后者像素有 1100 万，而专业相机的像素高达 4000 万以上。图像像素成为图像数据，还需要考虑每个像素的数据位，因此图像的另一个参数是像素深度。

像素深度是每个像素的二进制位的数目，存储的图像数据量是像素数量乘像素深度。上面提到的显示器的真彩色使用了 24 位，增强色为 16 位，而 VGA 使用了 256 种颜色，其像素深度只有 8 位。因此，一幅图像无论其数据量大小，重现图像的质量还取决于显示设备。

图像数据体量很大，如 1000 万像素的一幅真彩色图像的数据量是 40 MB。如果查看一个图像文件的属性，就会看到尺寸和大小，前者是指像素数量，后者则与像素深度有关。不过，我们看到的图像文件的大小并不是像素数量与像素深度的乘积，因为图像数据是压缩数据。

图像有多种分类方法，按照图像数据的表示方法，主要有点位图像和矢量图像。

1. 点位图像

传统胶卷相机拍摄的照片是模拟的，而数码相机拍摄的照片是数字（二进制）的，照片的清晰度与像素相关。像素就是点位，因此，基于像素的数字图像被称为点位图像或者位图（bitmap），它们以点位图像数据保存在计算机中，如 BMP、GIF、JPEG 文件格式。

位图的专业名词称为“光栅图形格式”（raster graphics format），是指逐个像素存储图像的数据格式，也是扫描仪和数码相机等设备获取图像的格式。位图是最简单的图像数据格式，它的像素数据按照从左到右、从上到下的顺序存放。位图通常采用压缩技术，以减少图像数据的存储量。位图的显示处理程序经过解压后，得到每个像素的原始数据，并显示或打印出来。

位图也是 Windows 系统中采用的图形图像格式，其文件的后缀为.bmp。例如，Windows 系统自带的“附件”中的“画图”程序，它直接存储像素点的颜色数据，保存后的文件就是 BMP 文件。

位图根据不同像素深度、压缩方法，位图有多种数据格式，也就是保存后的图像文件的格式，主要有 JPG、GIF 和 PNG 等。

扫描仪和数码相机默认的图像格式为 JPEG（Joint Photographic Experts GROUP）或者 JPG，是国际标准化组织和国际电话电报咨询委员会为静态图像所建立的数字图像压缩标准，也是应用最广的图像压缩标准。JPEG 文件不直接存储颜色数据，而是经过公式计算将 RGB 颜色数据转换为 Y、U、V 颜色分量数据。YUV 原为欧洲电视系统采用的一种颜色编码方法。其中，Y 是亮度信号，U 和 V 为色差信号。YUV 利用了视觉原理中人眼对亮度和颜色渐变相比颜色突变更加敏感的原理，因此它保存短距离内色调的平均值数据。现在，静态图像的首选格式就是 JPEG，它的图像数据存储量较小。

2013 年发布的 HEIF（High Efficiency Image File Format，高效率图像文件格式）是 JPEG 的升级版，压缩比更高，但与 JPEG 不兼容，未能产生预期的影响。

GIF（Graphics Interchange Format，图形交换格式）是计算机和网络显示小动画的主要数据格式。它将图像的像素限制在 256 种以内，也就是说，GIF 图像最多有 256 种颜色，不同的 GIF 图像是 256 种颜色的不同集，这种技术称为“索引颜色”。GIF 图像使用了较少的颜色，因此图像数据的体量较小，适合网络传输和交换。

现在网络中大量的表情符号，如果没有动画，则是 PNG 或 JPEG 图像数据，如果有动画，则是 GIF 格式。PNG（Portable Network Graphics，可移植网络图形），顾名思义，就是为了网络设计的图像。PNG 图像的数据量更小，同时提供的颜色深度要高于 GIF。

图形图像格式还有很多种，有些是专业软件使用的。主流的就是上述介绍的这几种。

2. 矢量图像

计算机表示图形图像的另一种技术是矢量图。早前的字符显示处理使用的是位图，如图 3-5 所示的是使用 1 位二进制表示一个像素的字母 A 的图形，右侧所列的是对应行的二进制位图数据：1 表示黑色，0 表示白色。位图的缺点是图像数据量较大，且图像放大会产生失真。例如，将“A”放大，图的边缘就会出现锯齿状。

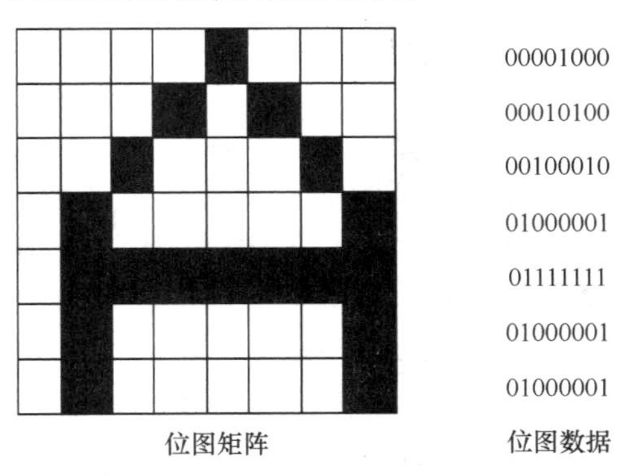

图 3-5　位图格式

现在的计算机显示字符不再使用位图，而使用矢量方法。矢量方法主要用于图形、字体等抽象性的图像，矢量图像不但图像数据少，而且所显示的图形线性好，没有失真或者失真小。例如，使用 Word 编辑文字，改变文档显示比例，或者字、图放大、缩小，都看不出有明显的失真。

矢量图的数据文件不是点颜色数据，而是存放各种图形元素，如点、线、圆、矩形等对象数据，包括颜色、形状、轮廓、大小和屏幕位置等数据。因此，矢量图形数据与图像的复杂程度有关，图像分辨率与图像大小无关，所占的存储空间较小，理论上可以实现“无级放大”。

位图存放的是像素，而矢量图是通过公式计算画出点、线和图。不同的图有不同的计算

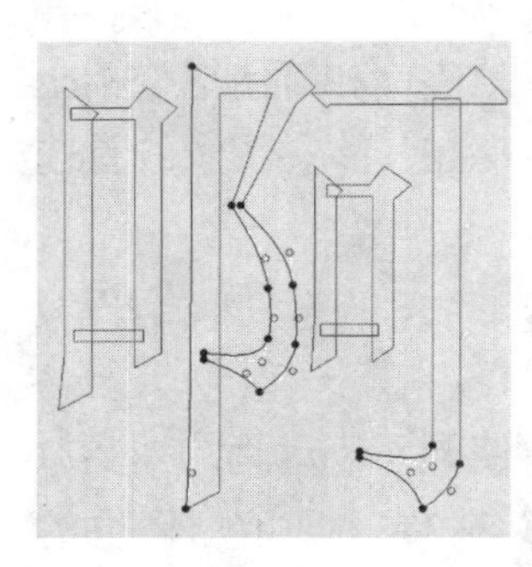

图 3-6 矢量汉字“啊”

公式，再经过程序显示出“图”，如果放慢显示速度，就能够看出画图的全过程。例如，汉字，包括艺术字，是将汉字的笔画定义为一个计算公式，如果需要显示一个字，按照其笔画顺序逐一执行对应的公式计算的程序代码，就会得到一个“矢量汉字”。图 3-6 就是中文“啊”字矢量画图的示例[①]，其中中文笔画的钩需要取点拟合。

另一类软件称为“绘图程序”（draw program），在设计领域经常使用。这类软件最有名的就是 Flash 了，另一个较为通用的是 CorelDRAW，更多的是专业应用软件。实际上，各类应用都有其专用的设计软件，如设计电路图的 EDA、三维设计软件 3ds MAX、中文排版的方正等。

矢量图通过计算可以动态改变图形，适合艺术图形/图像创作和动画制作。然而，矢量图不适合表示真实世界的图像，而位图，特别是 JPEG 文件，是真实世界图像数据处理的主要选择，因此照片都是采用 JPEG 格式。

这里需要说明的是：现在的计算机，包括智能手机，其界面都是基于这里所介绍的图形图像技术，它们的名字是 GUI（见 1.5.3 节），即“图形用户界面”。

3.5.2 3D 技术

图形图像处理是计算机科学研究的重要领域，也是计算机应用的重要领域。例如，从二维图像创建三维图像，就是 3D（三维）技术，早被运用在电影制作中了。前述提到的 3ds MAX 就是制作三维图像的软件。而显示器和打印机等设备输出的各种字体也是采用矢量图技术，以提供输出字符的灵活性。

计算机改变了许多产业的业态，如通信、邮政、商业零售，甚至改变了支付系统（如支付宝、微信支付）。传统的胶片、磁带、唱片、广播等都在数字化的发展进程中被改变。数字制作也在改变着影视业，如 MIDI、数字录制、数字播放、数字编辑（剪辑），以及运用计算机的 3D 技术制作电影和电视节目。

数码影院播放的不是电影胶片，而是数字电影，也就是经过数字拍摄并经过数字编辑处理的电影数据。这可能算不上有很大的影响：观众在电影院中看到的就是电影，无论是数字的还是胶片的。但 3D 打印技术可能给制造业带来颠覆性的改变。

在搜索引擎中搜索关键字“3D 打印”，会有超过几百万个搜索结果。这仅仅是中文搜索。有很多家企业和公司提供 3D 打印服务，或者销售 3D 打印设备。IT 界的大公司纷纷投入其中，很多传统的制造业也开始考虑 3D 打印带来的影响。本书不对其后来发展做任何预测，只是简单介绍其相关概念性知识，供读者参考。如果读者需要了解 3D 打印的更多信息，可以从网络上获取。

3D 打印可以打印出人类的器官，可以打印出生物材料，可以打印出工业零部件，甚至可以打印汽车、打印房子……简直无所不能打印。3D 打印需要打印机，需要相关的打印材料，它与普通打印机（平面的，二维的）的打印原理是相同的，只是平面打印是用墨水或墨粉，

① 此图为浙江大学计算机学院白洪欢老师编写的矢量字体演示程序的截图。

而3D打印使用的是“材料”。在计算机的控制下，打印机将打印材料一层一层地“叠加”起来形成立体的，最终将设计图打印成实物。图3-7所示的是一台简单的3D打印机。

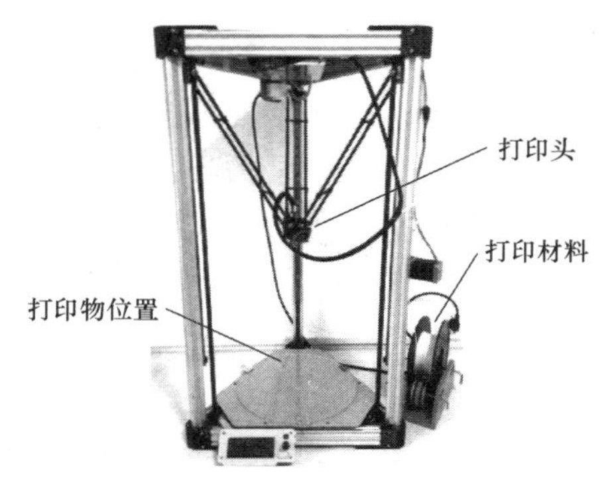

图3-7　3D打印机

从计算的角度看，3D打印需要的是设计图，也就是计算机的图像。前述的图像是二维的，而3D打印的模型是三维的。建立打印模型，需要从建立二维图像开始，创建三维图像。打印模型通过计算机建模软件进行建模，再将建成的三维模型“分区”成逐层的截面，即切片，从而驱动打印机逐层打印。现在有商业化的3D建模软件，它们的基础也是计算机图形图像技术。

描述实体表面的数据文件格式是3D Systems公司制定的STL（STereo Lithography，立体成型），用于计算机与3D打印机的接口。STL文件使用三角面，近似地模拟三维物体的表面。三角面越小，其生成的表面分辨率越高。

3.6　视频和动画

早期的多媒体技术中并没有包含视频。一个原因是，在制定多媒体技术规范的20世纪90年代初，相关技术还不成熟，相关产品的价格也比较昂贵。如今，无论是手机还是计算机，播放视频是基本功能。

数字视频是通过数字摄像拍摄并经过编辑而成的，也有将传统的胶片视频经过A/D技术转换为数字视频。动画（animation）是通过把计算机制作的图画（像），按照一定速度，一张一张播放形成的。

经过几十年的发展，计算机的性能和技术的进步，以及网络速度的提升，数字视频（digital video）制作成为主流。另一方面，大容量的传统视频数据被流媒体代替，网络播放也成为视频发布的另一种选择。高压缩比压缩后的视频数据能够以较小的数据量在网络上传输：微视频、微电影等俨然在网络上形成了一个新的产业。

3.6.1　视频数据

在众多的数据类型中，也许视频是数据量最大、结构最复杂的一种。未经压缩处理的一分钟1024P高清视频的数据量有180 MB，因此，除了视频制作，视频数据的压缩处理也是关键技术，由此产生的视频数据是纷繁复杂的。这种情况随着视频压缩标准的推进已经得到了很大的改进。

某些播放设备上采用的是视频编码器（Codec），也称为视频压缩器（compressor），是将原始的视频数据压缩为可以在网络上播放的数据量较小的视频数据，而译码器（decompressor）是将压缩的视频数据解压为可以播放的数据。不同的应用场合，Codec的压缩比从2∶1到100∶1不等，低压缩比的视频用于专业放映，而高压缩比的多用于网络播放。

由于人眼对连续播放的视频的敏感度并不高，因此视频数据采用的压缩技术是有损的，即为了提升压缩比，尽可能使得压缩后的视频文件的数据量比较小，以适合在网络上传输。高压缩比的视频数据解压后，播放效果肯定会有一定影响。

视频数据压缩的不同方法，使得它们在不同的播放系统之间并不兼容。早期这种情况比较普遍，某些视频文件只能通过指定的播放器播放。今天这种情况已经有了很大的改变。Codec的基本思路是将视频画面数据分成不同的矩形区域，不同的视频压缩处理方式不同。压缩技术不在本书介绍范围内。一般说来，它们在视频帧（画面）之间记录其变化，压缩变化数据，而不是图像数据本身。这种压缩技术称为时间压缩（temporal compression）。另一种是用于静态图像的压缩，最终记录的不是每个像素的数据，而是一组像素的位置信息和数量。

MPEG（Moving Picture Experts Group，动态图像专家组）是视频、音频压缩的国际标准，其中 MPEG-1 主要解决音频和视频的存储，3.4.1 节介绍的 MP3 就是其中的一种。MPEG-2 是数字电视标准，MPEG-4 是网络视频图像压缩标准，压缩比高。

我们已介绍过，数据压缩的主要目的是快速地在网络中传播。今天的网络无论是带宽还是设备，与制定 MPEG 标准的 20 多年前相比不可同日而语，因此有更多的、能够显示更佳播放效果的多种视频数据格式。例如，智能手机不但支持视频拍摄，而且能够直接将拍摄后的视频压缩存放，有的则是未压缩或者压缩比较低，需要再通过其他压缩软件压缩后在网络上传输。有时候，这种随处可得的“信息”改变的不仅是信息获取的方式，对社会带来的冲击也很巨大。

3.6.2 动画

确切地说，本节的标题应该是“计算机动画”。动画（animate）的历史可以追溯到古代，如中国的皮影戏。现代动画片几乎与电影同源，最著名的动画角色如米老鼠，就是 1928 年的动画片《威廉号汽艇》中的主角。今天的动画并不是指 PPT 中文字、图像的“动画”放映，那只是借用了动画的概念。计算机动画是一种视频制作，既指传统的动画制作，也包括电影、视频的制作，还包括卡通片（cartoon）。传统的动画已经被计算机动画所替代了。计算机动画是指通过计算机图形技术（Computer Graphics，CG）来生成和呈现运动的图像。计算机中保存的就是动画数据。如迪士尼公司制作的动画电影为大家熟知。

某种意义上，动画与电影的原理差不多。动画是通过快速地显示一系列图片实现的，一幅图片称为一帧，标准速度为每秒 24 帧。“帧”就是一幅静态的画面，传统的电影胶片也是这个速度，而电视的最初标准是隔行显示 25 帧。可以通过改变帧的速度达到不同的效果。

显然，通过创作者手工画画的方式制作一部 1 小时的电影，这可是一项很大的“工程”。现在借助 CG 技术，利用计算机来生成帧，那么这些动画的帧在计算机中就是动画数据。动画项目一般从故事板（story board）开始，以场景草图的方式讲述故事。项目需要考虑采用 2D 技术还是 3D 技术。

动画的传统制作方法是，设计师将故事展开，画出每一帧图，然后拍摄。现在动画制作是借助动画制作软件进行的：只要给定合理的参数，动画软件就能自动生成动画序列。制作者可以通过软件生成人群图像、战争场景或者山河、水流。好莱坞电影制作也采用了同样的技术，拍摄了某些特定的场景。例如，泰坦尼克撞上冰山后的断裂场景、地震场景等。物体在场景中移动，实际上是存储在场景图中的数据集合，这些数据记录了物体的位置和方向。

现在的动画制作发展很快，所运用技术不仅是让制作者画图并保存其序列数据，还运用了运动学原理，可以识别和模拟自然现象运动。例如，应用物理学原理，计算并得到物体运动的方向、速度、质量，再计算与其他物体的相互作用，最后计算出作用后物体的位置、形状。一个人的步伐数据，除了步伐特征，还有速度的影响，如奔跑。那么，研究人的骨骼数据并建立数据模型，通过重新定位骨骼关节位置，可以实现人物的运动变化。这种关节变化不仅可以体现为人的四肢和躯体，还可以在面部上体现。通过改变面部关节的变量，可以表现动画人物的面部表情和说话口型的变化。

有人预言，计算机将使许多职业消失。计算机图形技术的发展已经改变了动画制作的过程，改变了动画制作者这个职业，或者今后电影业的演员、布景、拍摄地是否都会被改变，也许只有时间能够回答这些问题了。当然，如果仅仅是从动画和电影制作的角度，今后的 CG 对其发展的影响将是颠覆性的。

本章小结

数据科学是以研究数据为中心的科学。数据可以被归纳为是在计算机中存储、运算、交换和管理的所有的 0 和 1。数据可以被分类为数和码。

编码的目的是对特定的对象进行唯一标识，以便检索、交换和处理。编码需要按照一定的规则，这些规则就被称为码制。编码是计算机数据的基本表示形式。

多媒体包括文本、音频、视频、图形、图像和动画等数据类型。多媒体技术在各种数据之间建立了一种紧密的逻辑关系，使之实现自动、平滑的链接。

文本由字符组成。文本中的字符为定长二进制代码，因此文本数据就是字符编码的二进制序列。例如，英文为单字节，汉字为双字节。

ASCII 是计算机数据交换的标准代码，也是基础代码，是单字节编码。Unicode 是通用多文种字符集，常用的是 Unicode16，是双字节编码。UTF 在 Unicode 和其他语言编码之间进行转换。汉字编码使用国标 GB18030，2005 版中包含了 7 万多个汉字。

文档是文本格式的扩展，除了文本字符，还包括格式控制的排版信息。

数据压缩能够减少存储的数据量，主要目的是传输。数据压缩是不等长编码。数据压缩有无损压缩和有损压缩两种。霍夫曼编码、RLE 是常用的无损压缩编码方法。

音频和视频数据采用的是无损和有损压缩结合的编码。音频等模拟物理信号，需要经过 A/D 转换为数字数据，转换过程有采样、量化和编码。D/A 是将数字信号还原为模拟信号。音频数据主要的格式为 MP3，它是压缩数据。

图形和图像被认为是同类型的。通常，图像采用位图，即保存的是像素数据。像素是每一个点的颜色，像素深度是指表示像素的二进制位数。图形多采用矢量图，通过公式计算画出图形。矢量图用于艺术创作等。位图用于表示现实世界，如照片。常用的位图数据类型有 BMP、JPEG、GIF 和 PNG。

图像的主要技术指标有显示分辨率和图像（存储）分辨率。图像分辨率是像素数目，图像分辨率乘像素深度就是图像数据量。图像数据是压缩数据。

3D 技术包括 3D 显示，是基于平面图像构造的。3D 打印机可以打印实物。

视频是图像的连续播放。视频数据采用 codec 即视频压缩的编码和译码，专业设备使用 codec 芯片，计算机采用程序实现。MPEG 是视频数据压缩标准。

动画，现在也称为计算机动画，是指运用计算机图形学制作并播放的动画技术。计算机中保存的是动画数据。

习 题 3

一、综合题

1．在你的计算机上创建一个文本文件，在文件中输入 26 个英文字母，保存并关闭文件，文件名请使用英文字母命名。查看该文件属性，看看这个文本文件的存储空间是多少，文件大小是多少，为什么存储空间不是 26 的倍数？打开文件，删除英文字母，输入 10 个汉字，保存并关闭文件。再查看文件属性和文件大小，说明原因。

2．如果一个数码相机的内存为 1 GB，拍摄照片的像素深度为 3 B，像素数目为 1024×1024，问该相机可以保存多少张照片？

3．同一台相机或者手机，拍摄照片的像素深度和图像分辨率都一样，但查看照片文件（JPG 格式）的属性时，发现它们的文件大小并不一样，为什么？

4．用计算机可以将 MP3 音乐录制为 CD 格式播放，通常一张 720 MB 的 CD 可以存放 CD 格式的音乐或歌曲 17 首左右，假设每首歌曲之间播放的时间间隔为 3～4 秒，问 CD 格式的数据信号是否被压缩过？如果压缩过，压缩比是多少？

5．Microsoft Office 系统中自带一个功能较为简单的“照片”程序，可以用来对照片进行简单的编辑和压缩功能。用一张数码相机或手机拍摄的照片（JPG 格式），在“照片”程序中查看其属性，并分别压缩为用于文档、网页和电子邮件的图片，请计算它们的压缩比。为什么 JPG 还能够压缩，甚至压缩比还大，主要压缩了什么数据？

表 3-2　霍夫曼编码

霍夫曼编码	字符
00	A
11	E
010	T
0110	C
0111	L
1000	S
1011	R
10010	O
10011	I
101000	N
101001	F
101010	H
101011	D

6．假设用表 3-2 所示的霍夫曼编码表示一些字符。

（1）写出下列二进制序列串对应的字符。

01101010101001110100000

100110101001110001010011001110100011

10001010101110011100010101011101111

1010001001010100010001110100010011

（2）给出下列字符串的霍夫曼编码。

HELLO CLEAR AND FREE EATING ICE

7．下列字符串的行程长度编码是多少？（前导符使用#）

ABABAAAABBBBBBCCCCCCCCCCCCCDDD I am here EEEEEEEEEEEOF

8．如果单字节 R 和 B 分别代表红色和黑色，C 为单字节代表换行符，下列 RLE 编码代表什么？其中的数字是否为十六进制？

#R64C#R64CRR#B60RRC…（RR#B60RRC 共重复 96 次）… #R64C#R64

9. 使用计算机制作动画，按照每秒 24 帧图计算，如果一个画面尺寸为 1024×768 真彩色的动画片播放时间为 1 小时，那么该动画的数据量是多少？

二、判断题

1. 在计算机中保存的数据都是 0 和 1 的组合序列。

2. 计算机中的数是数据，逻辑值不是数据而是状态。

3. 计算机中使用二进制表示数据，但只用来表示可计算的数。

4. 计算机存储的数据和显示的数据是相同的格式。

5. 3 位十进制数有 1000 种组合，而 1 字节二进制数有 255 种组合。

6. 在 ASCII 中，英文字母的大小写没有加以区分。

7. Unicode、GB 汉字编码与 ASCII 是不兼容的。

8. 编码是顺序码，并不需要规则。

9. 计算机是数字系统，也可以直接表示模拟信号。

10. 对模拟信号采样得到的信息幅度值就是量化后的值。

11. RLE 适合图像图形压缩，霍夫曼编码适合文本压缩。

12. 不等长编码是没有压缩的编码。

13. 文本和文档的数据格式全部是相同的，都是字符序列。

14. 有损压缩数据在解压后，数据能够恢复到原始数据。

15. 现在的 CD 唱片并不是数据格式。

16. 光栅位图，也叫像素图像或者点位图像，它们的格式是 JPG。

17. MP3 是未经压缩的音频数据格式。

18. 运动图像是不需要压缩的，因为压缩后它们的播放效果会很差。

19. 计算机动画制作是先由创作者画出一张张图画，然后输入计算机，再按照一定速度顺序播放，得到的是运动图像，也就是实现了动画效果。

三、填空题

1. 不管是哪一种类型的数据，在计算机中都是以______序列的形式保存的，因此对这些序列进行必要的编码，以表示不同的数据对象。例如，用于字符编码的有______、______和汉字编码。

2. 我国规定，数字产品，包括计算机、智能终端设备和其中运行的各种文字处理______，都必须执行汉字编码的国家标准，主要使用的是 GBK 标准。

3. 在数据科学中，将数值、______、语音、图形、______、视频、______等都称为数据，这些数据也称为多媒体数据。

4. 多媒体数据不是______媒体数据的简单组合，而是在它们之间建立一种紧密的______上的关联，使之实现自动、平滑的链接。

5. 数据处理就是根据数据所表示的不同对象而进行不同的______，而这个过程是通过计算机______实现的。

6. 8 位的 ASCII 编码有______种字符，包括控制符。Unicode 与 ASCII 兼容，其______位的编码标准最多可以对 6.5 万多个字符编码。

7. 字符编码是数据表示，用于______和传输。显示或打印字符需要有专门的处理程序，将字符编码转换为可显示、打印的数据格式。计算机是将字符当作______显示处理的。

8．UTF 解决编码的多字节顺序，以能够在______和其他编码之间进行格式______，使之能够兼容。

9．我国的汉字编码是强制性的国家标准，适用于图形字符信息的处理、交换、______、传输、显现、______和输出。

10．文档是文本格式的扩展。______使用标准编码表示各种字符，而文档含有许多______，用来表示文档的各种排版信息。文档中使用的各种字体（font）并不是字体的编码，而是显示或打印这些字体的______。

11．数据压缩也称为______，简单地说，常用的数据（码）用较少的_____位数，不常用的用较多的位数，整体上______数据量。

12．数据压缩方法从压缩后的数据是否能够完全恢复到原数据的角度看，霍夫曼编码、RLE 编码都是______压缩，JPG、MP3 等都是______压缩。

13．文本文件、文档文件和______文件等都必须采用无损压缩，而在______数据较多的数据类型中可以采用有损压缩。

14．无论哪一种压缩技术，在压缩前都需要对所有原数据进行统计分析和建立模型，得到各种数据码出现的______。数据压缩的目的除了减少数据的存储量，主要是为了能够快速地______。

15．高保真的音频数据需要采用______压缩或者不压缩，如果是网络播放或者传输的，一般采用______压缩。

16．声音是物理信号，是一种______。音频数据通常包括语音和音乐。声音信号必须经过______转换为计算机采用的______的数据。

17．模拟信号需要经过采样、______、______得到数字信号，这个过程称为模拟到数字的转换。CD 格式的采样频率是 44100 Hz，如果用每个声道采用 16 位二进制位编码，那么分钟的双声道 CD 格式的音频数据量大约是______MB。

18．采样定理是指采样频率是被采样信号最高频率的_____倍及以上。数据重现为物理信号，需要经过______。

19．音频数据在网络上传输和部分的大多数采用的是______格式，采用混合压缩编码技术，对音频数据的各频段进行分析，音频数据的______部分采用高压缩比或者直接舍弃，______部分采用无损压缩，得到较高的压缩比。这是基于人耳对某些频段的数据不敏感采取的压缩技术。

20．计算机语音处理技术包括______和______，前者是计算机说话，后者是计算机听人说话。

21．图像在计算机中保存的是像素数据。图像的每个点就是一个______，这个点的数目就是图像______，每个点采用的二进制位就是图像的______，两者的乘积就是图像的数据量。

22．______图像用来表示真实世界，如拍照片。______图像多用在画图和艺术创作等方面，也是计算机字符显示采用的主要技术。

23．图像一般都是压缩数据，常用的格式为 PNG 和______，计算机和网络显示小动画的主要数据格式是______。

24．如果图像数据不是每个点的颜色，而是通过______画出来的，则这种技术称为矢量图。现在计算机显示字符就是采用的这种技术，它是基于图形学技术的。

25．3D 技术是从______创建三维图像。3D 打印采用的是各种材料，最终打印出来的是______。

26．视频数据需要经过编译码器 Codec。其中，编码器主要是对视频数据进行______，而译码器是将______的视频数据转换为可播放的视频数据。

27．现在视频压缩主要是______格式，一种称为时间压缩的技术，是压缩其两帧图像之间的______。

28．计算机动画是指通过计算机______技术来生成和呈现运动的图像，也就是让计算机画出一幅幅图，得到动画数据。一幅图片为 1 帧，通常动画和电影的播放速度为每秒______帧。

第 4 章 算 法

计算机科学的另一个重要方面就是算法（algorithm），算法也是计算的核心。简单地说，算法就是将问题分解为计算机可以进行处理的步骤。这也是程序设计的重要内容。本章介绍算法的概念、分类、特性以及算法的表示，并介绍基本算法知识，以及有关抽象数据表达的基本知识。

4.1 算法概述

计算机图灵奖获得者高纳德（Donald E. Knuth），在斯坦福大学将"具体数学"作为计算机的科学基础课程，他也是《具体数学》一书的作者之一。用作者自己的话说，具体数学就是"运用问题求解技术对数学公式进行控制的操作"。也就是说，要通过计算手段，"发现数据中隐藏的精妙规律"。高纳德是计算机算法和程序设计的先驱者，他所著《编程的艺术》一书就是围绕各种算法的。

计算机发明之前，算法属于数学范畴，现在提到算法就是指计算机算法了。数学家和计算机科学家都在研究算法，致力于找到解决各种复杂问题的算法。

有关算法，著名的例子就是古希腊数学家欧几里得（Euclid）发现的求两个正整数 A 和 B 的最大公约数（Greatest Common Divisor，GCD）问题。

第 1 步：比较 A 和 B 这两个数，将 A 设置为较大的数，B 为较小的数。

第 2 步：A 除以 B，得到余数（Remainder）R。

第 3 步：如果 R 等于 0，则最大公约数就是 B；否则将 B 赋值给 A，R 赋值给 B，重复进行第 2 步和第 3 步。

欧几里得算法也被称为辗转相除法。在计算机中，它可以很方便地使用递归实现（见 4.4.3 节）。算法步骤需要被描述，主要是为了将算法表示为能够用计算机语言实现它的程序。前几章中介绍的各种数据表示、数据编码、压缩等，都有相应的算法。

图灵理论指出，只要能够被分解为有限步骤的问题就可以被计算机执行。因此我们可以简单地给"算法"下个定义：算法是求解问题步骤的有序集合，能够产生预期的结果并在有限时间内结束。可以推而知之：并非所有问题都有算法，但有些问题可能现在还没有算法，但不意味着就是不可计算的，因此算法的研究就是探索计算科学的未来。

1. 算法的特性

高纳德归纳了算法应具有以下特性：

① 确定性。算法中的每个步骤都应是确定的。例如，"把 m 加一个数，结果放入 sum 中"，这是不确定的，因为不知将 m 与哪个数相加。

② 有穷性。算法应该在有限的时间内完成。

③ 有效性。这个特性很好理解：算法的每个步骤都能得到一个明确的结果。

④ 必须至少有一个或多个输出。没有输出的算法是没有意义的。

⑤ 输入可有可无。输入取决于问题，输入不是必须的。

2. 算法的分类

算法涉及的对象是数据，由于数据有数和码之分，因此算法可以分为两类：数值算法和非数值算法。

数值算法是对数值进行求解，是传统意义上的计算。由于数值运算的模型比较成熟，因此对数值算法的研究是比较深入的。非数值运算包含的面很广，如图书管理、物流管理、各种信息系统等，因此它的计算涉及更多的是“处理”，包括排序、检索、变换、存储、分析和传输等。事实上，非数值运算已经是现在计算机的主要任务。

3. 大 O 表示法

算法的性能主要看其需要的存储空间和运行时间。现在计算机的存储器都很大，成本也较低，因此算法复杂度（算法性能）主要看运行时间（速度），算法研究的一个重要目标就是要找出运行时间最短的算法。算法时间复杂度用一种特殊的表示方法：大 O 表示法（big O notation）。例如，将 n 个数相加，指定执行的次数就是 $O(n)$。如果在一个无序的 n 个数中查找指定的数，要逐个检查是否是指定的那个数，它的运行时间也是 $O(n)$。

O 表示了算法的时间复杂度，不是精确的运算时间，也没有时间的计量单位，只是给出了算法在最糟糕情况下的运行时间的开销。实际运行时间除了依赖算法，还要看执行算法的计算机的速度。对设计者而言，设计算法要预测“最糟糕的情况，做尽可能好的努力”。

这里给出几种典型的大 O 时间值，它们的实际意义在本章中都有相应算法的介绍。

$O(1)$，常数时间。运算时间是一个常数，如计算函数值的算法时间。

$O(\log n)$，对数时间。如二分查找算法，准确表达应该是 $\log_2 n$。

$O(n)$，线性时间。运算时间与参与运算的数据量 n 成线性关系。

$O(n^2)$，包括选择法在内的多种排序算法需要的时间。

$O(n\times\log n)$，快速排序的开销，显然比选择法需要的时间要少得多。

$O(n!)$，通常为计算最短路径需要的时间。如果 n 比较大，算法需要太长的时间，基本上就被认为是无解了。另外，$O(2^n)$的算法也是很慢的。

设计或寻找算法，就需要对这个算法进行描述，或者称为算法表示。算法设计出来后，就需要通过编程实现算法。算法的实现也有大量的可替代方案，也就是说，不同的编程实现算法有不同的方法，这些方法被称为程序设计范式（paradigm），将在第 5 章介绍。

4.2 算法的三种结构

算法最终是通过程序实现的，因此研究算法的结构就是研究程序的结构。20 世纪 70 年代，荷兰科学家 Dijkstra 提出了结构化程序设计思想，该思想可以归纳为：一是程序由三种基本结构组成，二是程序设计自顶向下进行。

Dijkstra 提出的三种结构为：顺序、分支和循环。已经有证明，其他结构都是不必要的。因为程序是算法最终表现形式，所以程序的结构也是算法的三种结构。在算法研究和程序设计中都将三种结构视为基本形态。因为这三种结构是表示算法的逻辑过程，所以也被称为算法的逻辑结构。实现这种结构的程序设计方法注重程序的过程，因此被称为“面向过程的程序设计”或者“结构化程序设计”。

1. 顺序结构

顺序结构（sequence structure）是算法中最简单的一种结构，表示问题求解的过程按照顺序由上至下执行，如图 4-1 所示，其中 A、B 两个框代表算法的步骤，执行 A 后，再执行 B。

事实上，程序的主体结构都是顺序的：从一个入口开始，到一个出口结束。中间过程是否按照顺序则是另外一回事了。

2. 分支结构

分支结构（alteration structure）也称为条件结构、判断结构、选择结构，如图 4-2 所示，若条件成立，则执行分支 A，否则执行 B。

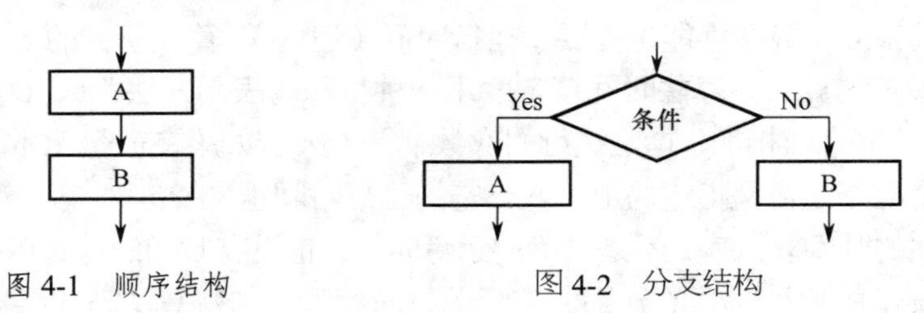

图 4-1　顺序结构　　　　图 4-2　分支结构

如果没有执行步骤 B，那么这个结果就是条件结构：满足条件就执行 A，否则不执行。如果在 A 或 B 中也有分支结构，就会构成多分支结构。

这里的菱形框中的“条件”是一个逻辑运算，因此其判断结果是逻辑值：真（Yes/True/1），假（No/False/0）。

3. 循环结构

算法（程序）中的重复操作通过循环（loop structure）结构表示。循环结构有两种：while 结构和 do-while 结构，如图 4-3 所示，其中 A 是循环体（loop body），即重复操作的部分。

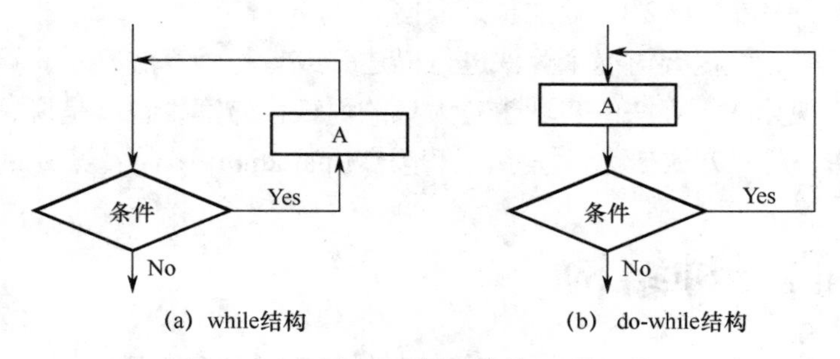

(a) while结构　　　　(b) do-while结构

图 4-3　循环结构

这两种循环结构的区别在于循环体 A 的执行顺序：对 while 结构，如果开始时循环条件就不成立，则 A 将不会被执行；对 do-while 结构，无论开始的循环条件真或假，A 至少会被执行一次。

尽管只有三种逻辑结构，但是每个结构中的算法步骤（A、B）都可以是三种结构中的任何一种。例如，顺序结构中有分支，分支中的有循环，循环中的又有分支或循环，以此类推，算法（程序）结构可以很复杂。也就是说，这种看似简单的基本逻辑结构可以用来描述各种复杂问题的解决方案（算法）。

4.3 算法的表示和发现

20 世纪 50 年代的研究结果已经证明：一个人的大脑每次只能处理大约七个细节。这个研究可以说明：算法设计需要有一种记录和重现算法步骤的方法，这就是算法的描述或称为算法的表示。当然，在表示之前必须先找到算法。

1. 算法的表示

算法的表示是指需要某种表示方法去表达算法，方法有多种，常用的有自然语言、流程图、伪代码等。4.1 节中介绍的欧几里得算法就是自然语言表达。自然语言通俗易懂，但其文字容易出现歧义性，除非简单问题，一般不用自然语言描述算法。

伪代码（pseudo-code）定义为“表示算法的符号系统”，大多数专业人员使用自己喜爱的或准备用于编程的计算机语言，加上英文描述混合而成。注意，伪代码的很多表达与编程语言类似，但它不是计算机语言，没有什么标准格式，也不能被计算机执行。

例如，欧几里得算法用伪代码表示如下。

```
Start
   input positive integer a,b
   if  a<b  then
      a ↔ b                              // a与b互换
   while (r = a module b)≠ 0             // 开始循环
       a  ←  b
       b  ← r
   end while                             // 循环结束
   output "Greatest Common Divisor is " b
End
```

其中，箭头“←”是一个赋值（assignment）操作，其意是将右侧的值赋给左边的变量，也常使用“=”表示赋值操作。其中“//”是本书对其前代码的注释，实际上不需要注释，如果伪代码不具有可读性和无歧义，就是无效的表达。

对非专业人员或者刚开始接触算法或编程的人而言，流程图（flow chart）是比较容易理解的常用方法。流程图使用几何图形表示算法开始到结束的过程，如图 4-4 所示。Raptor 是一个可以演示算法并得到结果的流程图软件（https://raptor.martincarlisle.com/），其中的图形符号与图 4-4 的差不多。感兴趣的读者可以下载并练习本书的算法举例和习题，对理解算法和学习编程有很好的帮助。

4.2 节中介绍算法基本逻辑结构时使用的就是流程图。以欧几里得算法为例，通过流程图表示该算法，如图 4-5 所示。求最大公约数的三种表示方法的算法是相同的，最接近计算机语言的表达是伪代码。

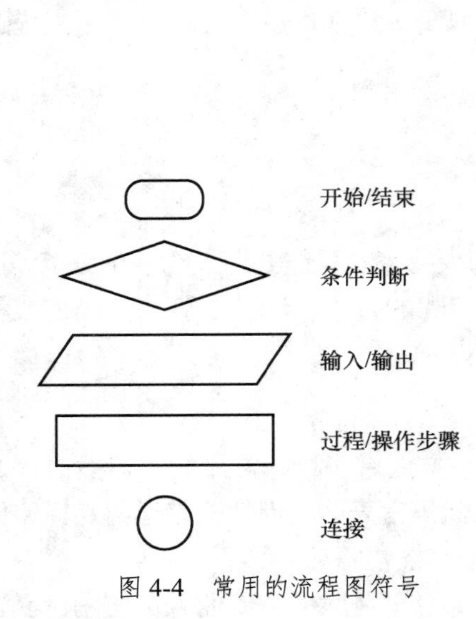

图 4-4 常用的流程图符号

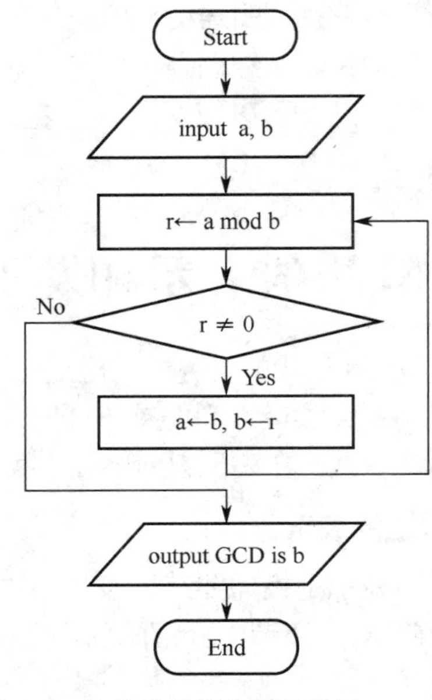

图 4-5 欧几里得算法的流程图

2. 算法的发现

发现算法，即寻找解决问题的算法。算法的研究就是致力于找到解决问题的算法，以期问题可以通过计算机加以处理。一个成功的新算法可能开辟计算机的某个新的应用领域。斯坦福大学数学家 G. Polya 于 1945 年提出了寻找算法的四个步骤，到今天还是被当作解决问题技能的基本原理。

① 理解问题（Understanding The Problem）。

② 设计一个解决问题的方案（Devising A Plan）。

③ 执行这个方案（Carrying Out The Plan）。

④ 检验这个方案（Looking Back）。

这四个步骤强调的是重视过程，不只是结果。因此，解决问题首先是理解问题，理解算法最重要的是理解问题的求解过程。

平面图测试算法是算法教科书中的经典，也被用来衡量其他算法的效率。平面图测试算法是深度优先搜索（Depth First Search）算法的一种运用和改进。这个算法有点复杂，我们不具体解释，仅以此为例解释算法的发现。

一个节点图，如果连接点之间的边互不相交，如三角形、矩形，它就是一个平面图（Planer）。1930 年，波兰数学家库托拉夫斯基（Kazimierz Kuratowski）给出了平面图的证明条件。但是，这个证明转化为算法后，n 个节点图大约需要判断的步骤是 $O(n^6)$。显然，这是一个时间开销很大的算法。

1970 年，斯坦福大学的研究生陶尔扬（Robert Tarjan）和康奈尔大学的霍普克洛夫特（John E. Hopcroft）合作，提出了一种新的平面图测试算法，其思路是将图的一系列节点化为子图，子图内的任何两个节点都存在一个路径（边），因此移走集合内的任何一个节点，它们之间仍然存在连通的路径。简单做个比喻：如果城里修路，肯定有其他道路可以让你绕道而行。划分子图和测试子图是一个递归（见 4.4.3 节）过程。与之前各种平面图测试算法不同，陶尔扬算法的运算时间是线性的，即 $O(n)$：图中节点数增加 1 倍，算法花费的时间也只增加 1 倍。这个算法在线路设计问题中起到了重要作用，如网络布局、集成电路设计等，在导航线路规划中也有很好的应用。

平面图测试算法有多种，陶尔扬算法是目前已知最优的。因此，霍普克洛夫特和陶尔扬在 1986 年共同获得了计算机领域的最高奖：图灵奖。

算法的发现，不但是寻找算法，而且需要找到更好的算法。许多问题并非一下子就能够找到算法，更别提找到最佳算法了。

4.4 算法举例

从学习已有的算法开始，去体会、理解算法的发现和设计，是大多数初学计算机的人采用的学习方法。本节介绍几个伪代码表示的典型算法的例子，并讨论其一般概念，以帮助读者进一步理解算法。

4.4.1 基本算法

1. 累加

两个数求和不需要算法，需要算法的是一组数的求和，如计算一个等差数列的和等。累加的算法是在循环中使用加法求和，如计算 n～m 之间的整数的和。

假设使用 sum 存放和数，使用 i 作为循环控制变量，则有以下伪代码表示的算法，每行代码“//”后面的文字为注释，仅为帮助读者阅读理解。

```
Start
     set sum = 0                       // 使用=代替赋值操作的←
     set i = n                         // i 从 n 开始
     while i < =m
          sum = sum + i                // 求和，这里的“=”也是赋值操作
          i = i + 1                    // 准备下一个次求和运算
     end while                         // 直到 i 大于 m，循环结束
     output sum
End
```

这个算法在循环过程中完成两个操作：将一个整数 i 加到 sum 中，并准备下一次循环操作。其中，i 既是加数也是循环控制变量。特别注意，在算法中，sum=sum+i 不是数学上的“加”运算，其意义是将 sum 与 i 求和，结果再存放到 sum 中（见 5.4 节中有关变量的解释）。

2. 累积

一组数连续相乘，求累积也是基本算法。不过读者可以思考，参照求累加和的算法，计算整数 n～m 的累积，算法该如何设计呢？

3. 求最大值或最小值

求最大值或最小值的算法通常使用分支结构。下面以求最大值为例。

```
Start
    input a, b
    if a > b then
        max = a
    else
        max = b
    output max
End
```

这个算法还可以表示如下：

```
Start
    input a,b
    max = a;
    if max < b
        max = b;
    output max;
End
```

读者可以比较这两种算法。判断两个数的大小的算法是许多算法的基础。例如，在一组数中找出最大值或最小值的算法，就需要使用循环结构，也需要考虑数据结构问题，如使用数组。读者可以在了解了第 5 章有关数据的组织和类型的相关概念后，回头来设计其算法。

4. 求数的位数

例如，给定一个整数 *n*，求它的位数，其算法是通过循环整除 10，直到商为 0 为止，循环次数就是这个数的位数。

```
Start
    set count = 0              // count 记录循环次数，初始值为 0
    input n
    do
        count = count + 1
        n = n/10               // n 除以 10，结果再赋给 n，这里“/”是整除
    while n ≠ 0
    end do                     // 循环结束
    output count               // 输出 n 的位数
End
```

注意，使用 do-while 结构是为了保证 *n* 是 0 或者个位数的时候，计算结果也是正确的。该循环是先执行循环体，再判断 *n* 是否为 0，如果是，则结束循环。同时，这个算法对 *n* 是破坏性操作，即经过这个算法后，*n* 的值已经变为 0 了。如果程序或者算法还需要这个数，则应考虑使用 *n* 的一个副本进行操作。这个算法的另一个问题是，它不能计算小数的位数，读者不妨考虑如何计算小数的位数。

以上给出的几个简单算法都是采用了 4.2 节所述的三种结构实现的。更多的常用算法，如数值交换、计算 π 或 e 的值的多项式算法等，见本章习题，读者可以自行练习。

4.4.2 迭代

迭代（iteration）是一种建立在循环基础上的算法，是不断用旧值递推新值的过程。迭代经常被用来进行数值计算，如计算方程的解。迭代通常是通过循环结构实现的。前述累加和就是一个迭代的例子。

这里介绍“判断一个整数是否为素数（prime number）”的迭代算法。素数是指只能被 1 和它本身整除的整数。判断素数的方法为：设 n 是要被判断的整数，将 n 作为被除数，用 2 到 $n-1$ 的各整数去除，只要有一次能够整除（余数为 0），则 n 就不是素数，如果都不能整除，则 n 是素数。

```
Start
     input integer n                          // 输入n，要求n>=0
     set  i =2
     while i <n
          if (n mod i) = 0 then               // 判断n是否可以被i整除
               output n"is not the prime"
               exit                           // n 不是素数，结束算法
          else
               i = i+1                        //准备再次判断
     end while
     output n"is the prime"
End
```

在上述算法中，如果 n 是素数，则 i 从 2 开始直到 $n-1$ 需要循环接近 n 次，即算法的复杂度是 $O(n)$。实际上，可以改进这个算法，判断 n 是不是素数并不需要如此多次的迭代。读者可以试着改进这个算法，使迭代次数变得较少。

4.4.3 递归

在计算理论中并不区分递归和迭代。但算法和程序中是区分它们的，主要是这样做更适合设计的需要。在介绍递归之前先介绍算法中“函数”（function）的概念。

早在 17 世纪，英国数学家巴贝奇（Charles Babbage）发明的分析机是今天计算机的最早的样机。与巴贝奇一起工作的奥古斯塔·艾塔·拜伦（Augusta Ada Byron）被称为“世界上第一个程序员”，而循环和子程序（sub-program）的概念就是她提出的。我们已经知道循环，而子程序概念有点像数学中的函数，在算法和程序中也将子程序称之为函数。

子程序（或者函数）可以被反复调用，且每次调用将返回一个值。一个算法可能由多个子算法构成，因此一个（子）算法也可以被看成一个（子）函数。如果一个算法中有对自身的调用，那么这个算法就是递归（recursion）。斯坦福大学的约翰·麦卡锡（John McCarthy）教授被誉为“人工智能之父”，递归算法和条件表达式也是他的贡献。他是 1971 年图灵奖的获得者。

我们以计算阶乘为例，使用递归算法。设 n 的阶乘函数的定义为：

$$\text{Factorial}(n)=\begin{cases}1 & n=0 \text{ or } n=1\\ n\times\text{Factorial}(n-1) & n>1\end{cases}$$

这个公式就是阶乘的递归公式，而 n=0 或者 n=1 时，Factorial(n)=1 就是“递归出口”，也就是递归算法的结束。

在这个函数中，要计算 Factorial(n)就必须先计算 Factorial(n−1)……直到计算 Factorial (0)，而 Factorial(0)的函数值为 1。再将 Factorial(0)的值返回，得到 Factorial(1)……一直到 Factorial(n) 。这个过程可以用图 4-6 表示，设 n=5。

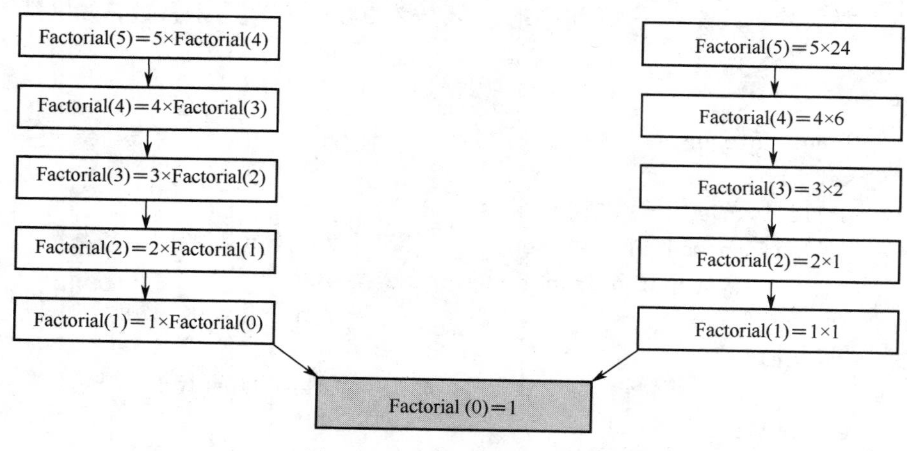

图 4-6　计算阶乘的递归步骤

用伪代码表示这个算法，假设函数名就是 Factorial(n)，n 为参数，即将 n 作为参数调用 Factorial()，返回的结果为 n!值。

```
Start
    Factorial(n)                        // 函数名，将 n 带入函数
    if n=0  then
        return 1
    else
        return n* Factorial(n-1)        // 递归
End
```

尽管看上去图 4-6 中计算 n!的过程有点复杂，但对应的算法或程序却非常简单。递归算法最关键的是找到递归公式和递归出口。上述计算 n!的公式中，公式右边上一行就是递归出口，而下一行就是递归公式。

另一个经常用于讲解递归算法的例子是斐波那契数列（Fibonacci sequence）：1 1 2 3 5 8 13 21……数列中的数被称为斐波那契数，它从第 3 个数开始，每个数都是前两个数之和，第一个数和第二个数都是 1。因此，可以得到计算第 n 个斐波那契数的递归公式如下：

$$\text{Fibonacci}(n)=\begin{cases}1 & n=1 \text{ 或 } n=2\\ \text{Fibonacci}(n-1)+\text{Fibonacci}(n-2) & n>2\end{cases}$$

读者可以参考上述求阶乘的伪代码，写出计算第 n 个斐波那契数的算法的伪代码。

经常被拿来比喻递归的例子是一个祖传的宝物：儿子是从父亲那里得到的，父亲是从父

亲的父亲那里得到的……一直可以推算到老祖宗那里：老祖宗给了他的儿子，儿子也给了儿子……一直到现在的继承人。不过，大多数祖传的只是姓氏。

递归作为一个重复过程，计算机容易实现。我们把它对自身的调用看作产生一个副本，每次调用都有一个副本产生，因此容易使人迷惑：究竟是哪个副本在运行？从算法设计角度，这并不重要，重要的是递归必须有结束条件，且进入到反向的传递过程，最后得到运算结果。

从表面上看，这个过程需要花费更多时间或者更难。但在计算机处理来看，这个过程则相对简单。另一方面，递归使得程序员更容易理解算法，因此递归被誉为一种“优雅”的问题解决方法。

4.4.4 排序

排序（sort）是将一组原始数据按照递增或递减的规律进行重新排列的算法。排序有多种算法，如选择法、冒泡法、合并排序、快速排序等。本节以选择法排序（从大到小）为例介绍其算法。

选择法排序的原理是，首先扫描待排序的所有数，找到较大（或较小）的数并放入第一的位置，然后比较余下的，找到次大（或次小）的放到第二的位置，直到对所有待排序的数全部扫描过。

由于对一组数的排序的算法涉及数据形式和组织结构，为简单起见我们举例说明。假设有一组 6 个数，分别为 2，12，5，56，34，78，选择法排序如图 4-7 所示。

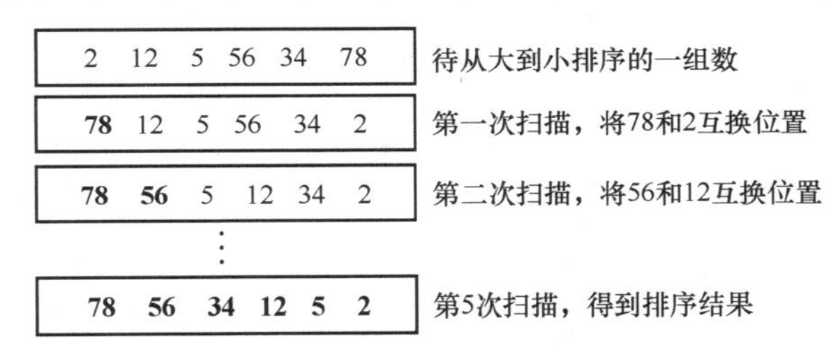

图 4-7 选择法排序的例子

选择法排序的时间复杂度为 $O(n^2)$。图 4-7 所示的 6 个数的排序并不需要 36 次比较、交换。n 个数排序操作的次数最多是 $1+2+\cdots+n\approx\frac{1}{2}n^2$，即时间复杂度该是 $O\left(\frac{1}{2}n^2\right)$，但大 O 表示法省略了其中诸如 1/2 这样的常数部分。如果你对 4.1 节所述的大 O 表示法还存有疑惑的话，通过这个例子你也许就理解了：大 O 值是最糟糕情况下算法的时间开销。

从图 4-7 可以看出，排序的算法是将已经被排序的数和未排序的数分成两部分，已经被排序过的数将不再对其扫描。

冒泡排序（bubble sort）也是将列表分为两部分：排序的和未排序的。冒泡法（从小到大）先比较相邻的两个数，将较小的向前移动，再与下一个相邻的数比较，直到所有数被比较过。这个算法看上去就像一个小水泡（最小的数）从底下“冒”上来。读者不妨仍然以图 4-7 所示的待排序的数，使用冒泡法看看每次扫描得到的结果，直到所有数被排序。冒泡法的时间复杂度也是 $O(n^2)$。

在计算机科学中，排序算法是常用算法，到今天仍然还有大量的新的排序算法被设计出来。例如，20 世纪 50 年代就研究出了冒泡算法，但“图书馆排序”是在 2004 年才被发明出来。图书馆排序的思路是在插入排序的基础上，在“书”之间留出一定的空隙，减少排序数据插入的时间。

排序不仅使用在数值方面，也用在文本处理。我们在 4.5 节中将讨论其他排序算法。

4.4.5 查找

查找也叫搜索，是一种常用算法，如在网络上使用百度或谷歌进行搜索。实现搜索算法的程序通常称为搜索引擎。

被查找的数据通常被存放到一个列表中。因此查找就是对列表数据查找，把一个特定的数据从列表中找到并提供它所在的位置，如图 4-8 所示。

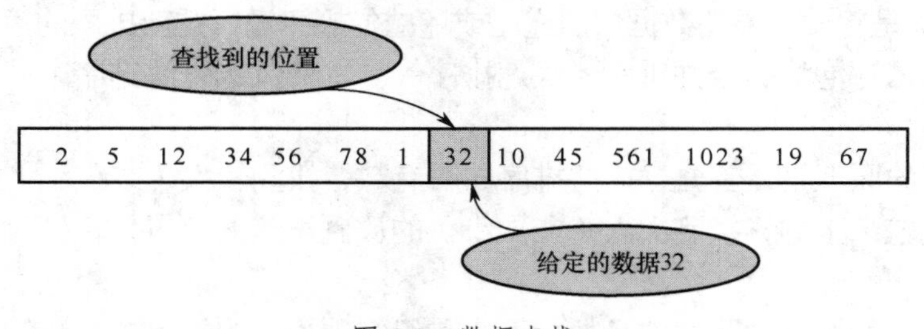

图 4-8 数据查找

对于列表数据的查找有两种基本方法：顺序查找和折半查找。无论列表数据是有序的还是无序的，顺序查找都可实现，而折半查找必须使用在已经排序的列表中。

1. 顺序查找

类似数学中的带下标的变量序列，如 $x_1, x_2, \cdots, x_n$，下标（index）也叫索引。计算机中的列表数据采用的一种表示方法是数组（array），形式如 x[0]，x[1]，…，方括号中的序号为数组元素的下标。如果图 4-8 所示的数据使用数组 x 表示，那么 x[0]=2，x[1]=5，…，x[13]是数组的最后一个元素，值为 67。在计算机中，数组的第一个元素的下标通常为 0，数学上的下标从 1 开始。

顺序查找（sequential search）是从列表的第一个数据（或称为元素）开始，当给定的数据与列表中的数据匹配时，查找过程结束，给出这个数据所在列表中的位置。显然，其复杂度为 $O(n)$。用迭代方法实现顺序查找的伪代码如下。

```
Start
    read Array x            // 将数组 x 读入
    input  key              // 输入要查找的数 key
    flag = false            // flag 为是否找到的标志
    i=0                     // 设置循环控制变量
    while(i<x.length )      // 如果 i 还没有到最后一个数组，继续查找（循环结构）
        if(key = x[i])      // 找到了，输出数组元素的下标
            output  i
            flag = true
        i=i+1               // 准备查找下一个
```

```
        end while
        if(flag=false)
            output  "Not find"
    End
```

上述算法是对整个数组进行扫描，找到所有与 key 相同的元素的位置（下标）。还有一种算法是找到了第一个，查找就结束，读者可以自行修改上述代码实现这种查找算法。

如果数据列表是无序的，则顺序查找是唯一的算法。对已经排序了的列表可使用折半查找。当然，无序的列表也可以先进行排序再使用折半查找算法，而且这是优先考虑的算法，特别是这些查找是常规性操作的话。

2. 二分法查找

二分法查找（binary search），也叫折半查找（half-interval search），先与列表的中间位置的元素比较，判断被查找的元素是在前半部分还是后半部分，再从这部分的一半开始查找，然后确定是在这部分的前或后，以此类推，直到找到或者没有找到为止。二分法查找算法最简洁的是通过递归法实现。假设 x 是从小到大的有序数组，二分法查找的伪代码如下。

```
Start     // 二分法查找函数，参数：数组 x，待查数据 key，数组最左下标、最右下标
    halfSearch(x[], key, left, right)
        if( left>=right)
            return Nofound         // 最左下标大于等于最右下标，没找到，返回 Nofound
        mid = (left+right)/2       // 计算中间位置的下标
        if (x[mid] = key )         // 找到了，返回
            return mid
        else if(x[mid]<key)
            return halfSearch(x[], key, mid-1, right)   // 查找较大的那一半数组
        else
            return halfSerch(x[], key, left, mid-1)     // 查找较小的那一半数组
End
```

二分法查找的复杂度为 $O(\log_2 n)$，要比顺序查找小很多。例如，列表中有 100 000 个数，假设比较 1 次是 1 秒，顺序查找最坏的情况是需要 100 000 秒，而二分法查找只需 $\log_2 100\,000 \approx 17$ 秒，顺序查找需要的时间是二分法的 5882 倍。如果数据量为 10^9，顺序查找的开销是二分法的 3300 万倍，因此大 *O* 表示法给出的不仅是算法的时间开销，还能让我们知道它是如何随着数据量的增加而增加的，这才是大 *O* 表示法的意义所在。

4.4.6 搜索图

前述的查找是列表数据。图（diagram）的搜索则使用广度优先搜索（Breadth First Search，BFS）算法，能够找到图的结点之间的最短距离。

图也是一种数据类型。图模拟一组连接，由结点（node）和边（edge）组成。图 4-9 所示就是一个有 7 个结点、8 条边的图。广度优先搜索可以解决两类问题：第一类是从 A 点出发到 B 点是否有路径，第二类问题是从 A 点出发到 B 点是否有最短的路径。

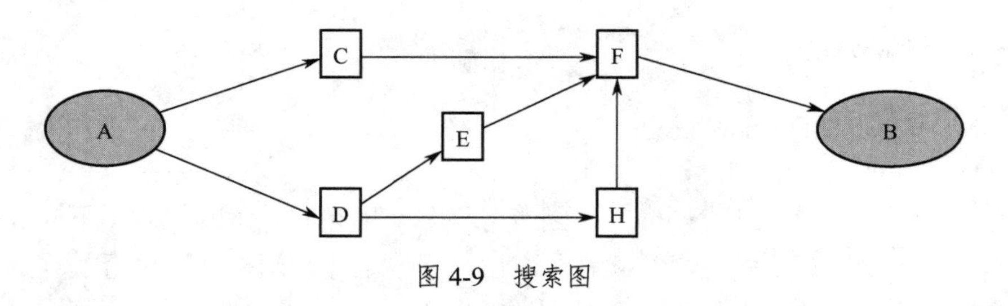

图 4-9　搜索图

图的数据结构涉及抽象数据组织，超出了本书的范围。我们简单解释广度优先的算法过程，以帮助读者理解。

在图 4-9 中，从 A 出发，首先找到 A 的相邻结点 C 和 D，它们都不能直接到达 B，因此再从 C 和 D 开始，列出各自的相邻结点。C 的相邻结点有 F，D 的相邻结点有 E 和 H，F 有直达 B 的边，因此算法结束：A—C—F—B 就是最短路径。广度优先算法的时间复杂度与结点和边的数量线性相关，通常为 $O(n+e)$，其中 n 是结点数，e 是边的数量。

图 4-9 中每条边都有方向，称为“有向图”。E 是 D 的邻居，但 D 不是 E 的邻居。如果边线上没有箭头，则是“无向图”。在无向图中，连接的结点互为邻居。

4.3 节中介绍平面图测试算法时提到了深度优先搜索（Depth First Search，DFS）算法，这也是一种图数据搜索的常用算法。对图 4-9，DFS 先找到一个相邻的点，如 C，再找 C 的相邻结点，直到穷尽其所有结点。如果这个结点没有相邻的，它将返回上一个结点，寻找没有被访问过的相邻结点，直到搜索到目标或者搜索了图的全部结点。4.5.4 节中介绍的求解 n 皇后问题运用的就是深度优先搜索算法。通常，深度优先搜索算法的复杂度为 $O(n^2)$。

4.5　算法的方法学

算法的发现问题、分析问题和解决问题的思路、步骤与其他自然科学以及某些人文学科中的方法是一致的。我们需要关心算法的结果，更要注重过程，特别是算法的普遍意义，以及为解决其他问题所提供的支持。尽管科学家们认为算法没有“方法学”，但仍然有可借鉴的方法，能够帮助我们较快地找到算法（不用重新发明轮子）。这里介绍几种有关算法的方法。

4.5.1　贪心法

在介绍贪心法之前，先介绍经常被用到的蛮力法，也叫枚举法、穷举法。从这个名字上就可以得知，为求解问题把所有可能的解都列出来，找到最后，得到结果。例如，试图解开一个加密文件，需要找到密钥，只能尝试密码的各种可能组合，如果密码组合是字母加数字，且位数比较多，那么可能需要解密的时间太长而放弃这种尝试。这种方法称为“没有方法的方法”。显然，蛮力法适用于规模较小或者复杂度不高的问题。例如，4.4 节所述的迭代和递归就是枚举求解。

对复杂问题，蛮力法求解无效，或者开销过大，需要找点“窍门”，也就是采用各种改进的算法。遗憾的是，没有一种适合各种复杂问题的标准方法，各方法都有其适合的问题。因此，程序设计者就需要了解问题的性质和特点，寻找合适的算法去解决问题。

贪心法（greedy algorithm），也叫贪婪算法，它的目标并不是求最佳解，而是能找到就好。

幸运的是，如果问题适合使用贪心法，它的结果即使不是最优，但也足够好。

贪心法的基本思想是从小的方案推广到大的解决方法，分阶段工作，在每个阶段选择最好的方案，而不考虑其后的结果如何。这是“眼下能拿到的就先拿到”的策略就是这个算法名称的来历。

我们举例说明贪心法的设计思路：将一个真分数表现为埃及分数之和的形式。所谓埃及分数，是指分子为 1 的形式。例如，7/8=1/2+1/3+1/24。埃及分数有多种算法，著名数学家斐波那契（Fibonacci）所提出的算法即为贪心法，其思路为：设一个分数为 a/b，不断进行如下步骤。

① 用 b 除以 a 的商的整数部分加上 1 的值，作为埃及分数的某个分母 c。

② 将 a 乘以 c 减去 b，作为新的 a。

③ 将 b 乘以 c，作为新的 b。

④ 如果 $a>1$ 且能够整除 b，则最后一个分母为 b/a。

⑤ 如果 $a=1$，则最后一个分母为 b，否则转①继续。

读者可以随意给出一个分数按照上述过程尝试得到其埃及分数之和。例如 15/16，其结果应该为：1/2+1/3+1/10+1/240。注意，真分数要求分子小于分母。

贪心法的算法路线使用自然语言描述如下：

① 从问题的某一初始解出发。

② 直到朝着总目标前进一步。

③ 求出可行解的一个解元素。

④ 由所有解元素组合成问题的一个可行解。

贪心法主要用于求解最优问题，但它已经发展成为一种通用的算法设计技术：对问题进行分解并实现，这个技术的核心如下。

① 可行性：每一步选择必须满足问题的约束。

② 局部最优：它是当前可选择的方案中最优的。

③ 不可取消性：选择一旦做出，在算法的其余步骤中不能被取消。

尽管它被用于求解最优问题，但是它并不能确定得到的最后解是最优的，也不能用于求解最大或最小问题。在算法的效率上，贪心法快速，程序实现需要的内存开销也较小。但遗憾的是，如果问题不适合使用贪心法，结果往往是不正确的。然而一旦被证明是正确的，其执行效率和速度有很大的优势。

我们再举一个贪心法的例子——背包问题。一个贪婪的小偷带着一个有限体积（如 10）的背包，面对 3 个不同价值和体积的物品，他如何能够在背包中装入价值最高的商品组合而背包也能够放得下。假设这三个物品的价值和体积如下：

物　品	价　值	体　积
A：笔记本电脑	220	8
B：艺术布罩台灯	120	6
C：录音电话机	101	3

这个例子中，小偷按价值选择是 B、C。但最值钱、最有使用价值的 A 没有被选择，因此很难认为这是最优解。这也解释了贪心法作为一个通用的算法设计技术，它关心的是，即使这个算法的结果不是最优的，只要能够满足设计目标，它仍然具有价值。

著名的最短路径问题也没有最优解。如果一个旅行者需要经过 n 个城市，他的行程如何才能最短？这需要用到数学中的组合学，要给出所有的可能路径，然后得到最短的那一个。如果有 5 个城市，线路是 120 条，如果城市增加 1 倍，达到 10 个，那么需要计算的线路是 10! =3 628 800，也就是超过 300 多万条，是 5 个城市线路的 2500 倍多。而且随着城市数量 n 增加，线路数目增加的速度非常快，即 $O(n!)$。

这个问题的应用有很多，如快递公司需要设计货物运算的最佳路线。我们已经知道这个问题没有最优解，那么，你选择哪种近似算法呢？好吧，我们不期望得到最短的路径，比较短也可以。算法之一就是贪心法：从出发城市开始，每次选择下一个城市都是没有去过但距离最短的那个城市。有意思的是，这个贪心算法确实简单，而且有效：这条路径即使不是最短，也是相当短。

4.5.2 分治法

任何一个算法的优劣都与效率和速度相关。问题的规模越小，求解问题所需的时间和系统开销往往越少，但求解一个较大规模的问题时，往往难度变得很大。而分治法（divide and conquer）的基本思想是将一个较大规模的问题分解为若干较小规模的子问题，找出子问题的解，然后把各子问题的解合并成整个问题的解。

分治法的“分”（divide）是指将较大问题分为若干较小问题，递归求解子问题。分治法的“治”（conquer）就是由小问题的解构建大问题的解。

传统上，在分治法中至少包含两个递归算法，只有一个递归过程的算法不能算是严格意义上的分治法。换句话说，求解阶乘的递归不能视为分治法，但是如果一个问题的求解包含了类似计算阶乘的递归算法，它就可以使用分治法。这里介绍几个分治法的典型运用。

1. 快速排序

在排序算法中，快速排序（quick sorting）就是运用了分治法思想：在一组待排序的数中设定一个基数，然后待排序的数分为比基数小的和比基数大的两组，分别再对两组各进行分组（快速）排序，直到分组后只有一个数，最后合并为排序结果。设有一组数：

12，56，5，34，2，11，78

采用分治法的快速排序的算法，每次选择第一个数为基数。

第一次：左边小于基数的组包括 5，2，11，基数是 12；右边大于基数的组包括 56，34，78。

第二次：对左边组 5，2，11 再分组排序，结果为：左边 2，基数 5；右边 11。

对右边组 56，34，78 再分组排序，结果为：左边 34，基数 56；右边 78。

由于分组后都只有 1 个数了，结束分组。

合并得到排序后的序列：

2，5，11，12，34，56，78

可以计算出这 7 个数据的排序操作为，第一次分组操作 6 次，第二次分组操作 4 次，第三次合并的操作是 3 次，合计 13 次。快速排序一般情形下的复杂度为 $O(n\times\log n)$。如果排序的数量很大，则快速排序更能体现其“快速”的特点，因此快速排序更适合数据量较大的排序。

快速排序容易通过递归实现。改进的快速排序算法有很多种，以适应不同的排序数据类型。一种改进的快速排序算法是将基数选择为中间的那个数，这可能避免出现最糟糕的排序开销，例如，待排序的数大多数是按序排列的。

2. 归并排序

如果将待排序的数分成数量基本相等的两组，重复分组排序，最后合并，这就是归并排序法（merge sorting）。设有一组数据为{12，56，5，34，2，11，78}，则

第一次分组：	{12 56 5 34} {2 11 78}	操作 2 次
第二次分组：	{12 56} {5 34} {2 11} 78	操作 4 次，每组两个元素
第一次排序：	{56 12} {34 5} {11 2} 78	比较次数 3
第一次合并：	{56 34 12 5} {78 11 2}	比较次数 4
第二次合并：	{78 56 34 12 11 5 2}	比较次数 4，排序结束

这个例子是从大到小的逆序排序，操作次数为 19 次。比较快速排序，似乎次数要多一些。但是，归并排序的复杂度总是 $O(n\times\log n)$，而快速排序的平均开销是 $O(n\times\log n)$。换句话说，如果遇到糟糕的情况，快速排序的开销可能大于 $O(n\times\log n)$。如果待排数据中大多数是顺序的，那么快速排序开销较大，而归并排序的优势就比较明显。当然，一般情况下，快速排序要快于归并排序。最好的情况下，快速排序的开销为 $O(\log n)$。

归并排序也有很多种改进的算法，如 TimSort 是一个优化了的归并排序，时间复杂度能够达到 $O(n)$。

3. 金块问题

某老板有一袋金块（n 块，n>2），老板宣布奖励最优秀的两名雇员，最优秀的雇员得到最大的一块，第二名优秀雇员得到最小的那一块。如果有一台可以用来进行称重的仪器，如天平，如何用最少的比较次数得到最重和最轻的金块。

金块问题可以使用排序算法，将所有金块排序就可以得到最重的和最轻的金块。显然，排序不是我们需要的算法，因为求最大或最小的算法使用排序的开销过大。求最大或者最小问题是金块问题的本质，但问题的解是需要得到最少的比较次数。

直接比较每块金块得到 n 块金块中最大的和最小的计算开销为 $O(2n)$。到此，读者就能够明白分治法的优势了：如果将金块不断分成两袋，直到每一袋小于等于 2 块金块，每一袋中有一块较大的，另一块是较小的。再比较各袋中较大的金块，得到最大的金块，比较各袋中较小的金块，得到最小的金块（想一想：是否就是归并排序？）。显然，这种分而治之的方法的开销小于 $O(n\times\log n)$ 。

分治法的核心是递归算法。不过分治法有不同实现方法，如怎样分解两部分、分解为两个以上部分、分解成重叠的部分、在递归过程中完成不同的处理等。

4.5.3 动态规划

如果子问题是完整的，则可使用分治法。如果子问题不是完整的，使用分治法反而使得算法变得复杂。例如，计算斐波那契数，当计算第 n 项斐波那契数时，需要计算从第 3 项一直到第 $n-1$ 项。随着 n 值的增大，执行时间按几何级数增长，因而这种算法的效率是低下的。

这类问题的关键是子问题有重叠，如计算 Fibonacci(n)，就需要再次计算 Fibonacci($n-1$) 和 Fibonacci($n-2$)，而这两个是被重复计算的，因此不适合使用分治法。动态规划则适合这类问题的求解。动态规划（dynamic programming）被描述为：如果一个较大问题可以被分解为若干子问题，且子问题具有重叠，可以将每个子问题的解存放到一个表中，这样就可以通过查表解决问题。动态规划是在多阶段决策过程最优选择的通用方法，是 20 世纪 50 年代美国数学家 Richard Bellman 提出的。其中，“programming”不是编程的意思，而是规划和设计。

使用递归计算斐波那契数是一种开销很大的计算，因为每次计算第 n 个斐波那契数都要重新计算 n 之前的斐波那契数。如果将每次计算的斐波那契数保存下来，每次得到一个“子问题”的解，那么计算效率要高很多。从算法本质而言，动态规划是一个迭代过程。例如，用动态规划计算斐波那契数的伪代码如下。

```
Start
    Fibonacci(n)
       fib[1]=fib[2]=1                       // 第 1 个、第 2 个斐波那契数均为 1
       i=3                                   // 从第 3 个斐波那契数开始计算
       if (n=1 or n=0)
           return 1
       else while(i<=n)
             fib[i]=fib[i-1] +fib[i-2]       // 计算并保存第 i 个斐波那契数
             fib[i-2]=fib[i-1]               // 准备下一次计算
             fib[i-1]=fib[i]
             i=i+1
       end while
       eturn fib[n]
end
```

我们回顾前面介绍过的“背包问题”，进一步解释动态规划的设计方法。表 4-1 给出了一个例子：体积为 T 的背包，如何能够在 5 个不同价值和体积的物品中，选择使得背包装下最大价值的物品的组合。

表 4-1　背包问题

物　品	A	B	C	D	E
体　积	3	4	7	8	9
价　值	4	5	10	11	9

动态规划是较难的算法。我们给出表 4-1 背包问题的动态规划算法的推导过程，以帮助读者理解。每个动态规划都需要设计一个网格，假设背包的体积为 17。通常，背包问题要考虑各种可能的背包容量，本例中的背包容量要考虑从 1 到 17，这个网格过大，这里仅以背包容量为 17 设计一个一行的网格，以解释背包问题的求解过程，如表 4-2 所示。

表 4-2　背包问题求解网格

	物品				
	A	B	C	D	E
背包体积 17	T=5×A=15 V=5×4=20	T=4×B=16 V=4×5=20	T=2×C+A=17 V=2×10+4=24	T=D+3×A=17 V=10+12=22	T=E+D=17 V=11+9=20

在 A 下面的单元格，只考虑偷 A，可以放 5 个，体积为 15，其价值 20 为最大。在 B 下面的单元格，考虑偷 B 和 A 的组合，C 单元格考虑 A、B 和 C 的价值最大的组合，以此类推，直到所有单元格填满。然后从网格的单元格中找出价值最大的，就是 C 下面的单元格，价值为 24。读者不妨也画一个表格，试着查看上述计算结果是否正确。背包问题的时间复杂度为 $O(n\times t)$，n 是物品数量，t 是背包体积。

如果给出多个不同体积的背包，那么其计算很烦琐，却很有效：它能够得到最优解。寻找一个被解决问题中的具有指定特性的元素，是算法设计的关键，也就是找到算法的关键点。在背包问题中，计算最有价值物品的子集是求解问题的关键，而不是将所有物品的组合全部枚举出来。显然不能使用贪心法，它的运行开销是指数级的。

背包问题的实用意义也很大，如运输公司运送货物的车辆调度，仓库货架怎样存放更多的货物等。当然，使用分治法的递归也能够找到最佳组合，但麻烦的是，一旦条件发生了变化或者其得到的选择不是合适的，就需要推倒设计重来。对此类问题，递归算法会产生大量的、重复的、未必是合适的求解结果，这是递归算法并非此类问题最好算法的原因。

要消除重复计算，动态规划是较好的选择。限于这类算法对数据表达的要求，本书无法展开讨论，但是基于动态规划的改进算法，如自顶向下（top-down）的方法，也就是类似分治法的问题分解，从一般到特殊。相反，自底向上（bottom-up）的方法是从特殊到一般。在理论上，这两种思路是相反的，但在实际算法设计中互为补充。

4.5.4 回溯法

前面多次提到过深度优先搜索算法。深度优先搜索算法也被称为回溯法（back tracking method）。以上几种算法设计所遇到的问题是相同的：如果问题的规模（数量）按指数速度增加，那么这些算法的能力就受到了限制。在这种情况下，也许回溯法是一个好的选择。

回溯法典型的例子是 n 皇后问题，这个问题在各种数据结构和算法的教科书中被引用。问题描述如下：将 n 个皇后放到 $n\times n$ 的棋盘上，使得任何两个皇后不能互相攻击，也就是说，任何两个皇后不能在同一行、同一列或者同一条对角线上。我们以 n=4 为例解释，如图 4-9 所示。

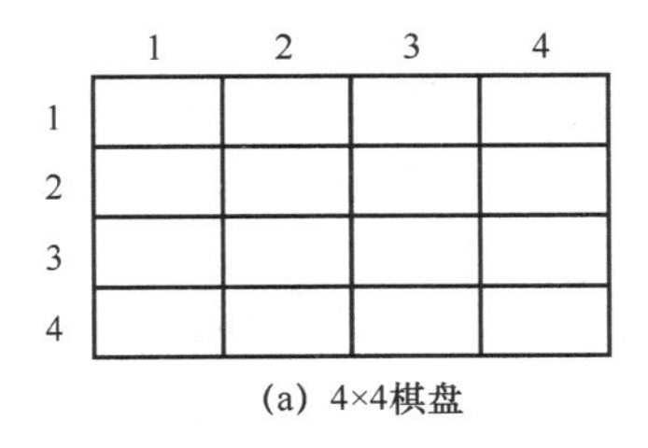

(a) 4×4棋盘

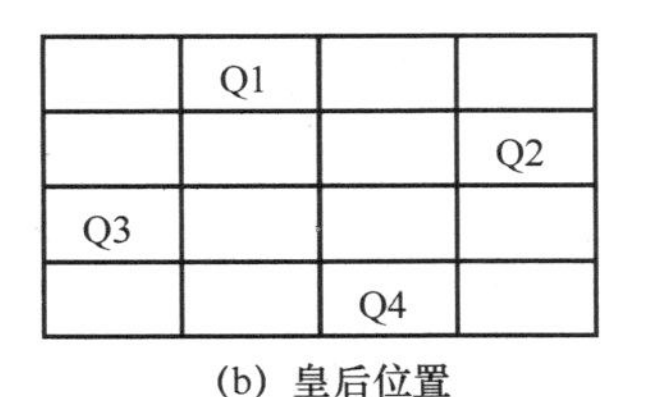

(b) 皇后位置

图 4-9　皇后问题

假设4个皇后为Q1～Q4，从空棋盘开始，先让每个皇后占据一行，然后考虑给其分配一个列。

（1）Q1放到(1,1)位置即第1行第1列。

（2）Q2放到(2,1)和(2,2)失败，放到(2,3)位置，与Q1不能互相攻击。

（3）Q3，在第3行上已经没有位置可放，算法开始“回溯”到Q2，即倒退到第2行，将Q2放到(2,4)位置。

（4）再考虑Q3，可以放到位置(3,2)上。

（5）现在考虑放置Q4，无处可放，因此一直回溯到Q1，即重新开始。

仍然从Q1开始，排除原来的选择，因此：

（1）Q1放到(1,2)。

（2）Q2放到(2,4)。

（3）Q3放到(3,1)。

（4）Q4放到(4,3)。

显然，这是4皇后问题的第一个解，如图4-9(b)所示。还可以继续计算尝试获取其他解。上述过程可以简单归纳为“向前走，碰壁就回头，换一条路走”。如果n=1，答案是明显的，而n=2或n=3时，无解，对n>4则需要考虑各种可能，最后得到解（有时并不需要给出所有解）。

为了表述方便，我们假设皇后为Q(i)，i为1～n，考虑到第i个皇后已经被分配在第i行上，因此我们只考虑其所在的列和对角线位置。回溯法求解n皇后问题的步骤如下：

（1）Q(i)分配在第i行位置。

（2）判断Q(i)和Q(i−1)是否在同一行或同一条对角线上。

① 结果为否，则表明Q(i)和Q(i−1)之间不存在互相攻击的条件，则i+1，进行下一个皇后的尝试。

② 结果为是，则表明Q(i)和Q(i−1)存在互相攻击的条件，第i个皇后右移，重新执行（2）。

③ 如果列数i>n，则表示已经没有位置放该行的皇后了，退回到第i−1行；考虑第i−1行的皇后与前面的行的皇后互相不攻击的位置，如果已经退回到第1行，则表明重新开始。

（3）如果当前皇后位置是最后一行，说明已经找到了n个皇后在棋盘上互补攻击的位置，输出布局。

将Q(1)位置右移，重复步骤（2），找到其他可能的布局。

事实上，我们最熟悉的计算机文件目录结构为树型结构，遍历整个目录以便找到所需要的文件，就需要使用回溯法。

回溯法也叫穷尽搜索法（brute-force search），尝试分步去解决一个问题。在分步解决问题的过程中，通过尝试，发现现有的分步答案不能得到有效的、正确的解答的时候，它将取消上一步甚至上几步的计算，再通过其他可能的分步解答，再次尝试寻找问题的答案。通常，回溯法需要使用递归实现。

本节介绍的只是几种算法的设计思想，并没有深入讨论其相关的理论问题。需要强调的是，不同的问题需要不同的算法，即不同的求解问题的方法，并不存在一个万能的算法解决所有问题，而且同一个问题也有多种可选择的算法，如排序就有很多种算法。

在计算机科学中，算法涵盖了各种问题，但归纳起来主要有：排序问题，查找（或称搜索）问题，文本处理，图问题，组合问题，几何问题，数值问题等。

实现算法的技术也有大量的算法，如贪心法求解素数问题（求无向图的最小生成树），Dijkstra 算法（典型最短路算法），分治法求解大整数乘法、矩阵除法、最近对问题（在平面上 n 点组成的集合中寻找最近的点对）和凸包问题（平面点集中封闭所有顶点的凸多边形）。各种问题都有不同的算法，不同算法有不同的效率。

4.6 抽象数据表达

算法真有点难理解。因此总会有人问："这个问题有没有具体的公式？"可能是人们习惯用公式表达复杂问题的求解。遗憾的是，并不是所有问题都能找到算法的公式，也就是说，缺少普适算法。

著名物理学家费曼（Richard Phillips Feynman）有个算法：第一步，把问题写下来；第二步，思考；第三步，写出问题的答案。这个开玩笑的算法，实际上是告诉我们，没有简单的公式，我们需要不断试错，找到的算法也许不是最好的，但也许是合适的。

尽管如此，常用问题的算法已经有很多，这也是计算机软件技术发展的重要前提。在计算机中，数据表达是具体的，如二进制数、各种编码。但这种具体的数据格式使用起来很烦琐，因此就有了数据的抽象表达（abstract representation），也称为数据结构。抽象表达的优点是：一方面具有良好的普适性，另一方面使程序员可以不用关心细节而专注于算法的设计。

前述多个算法都依赖于数据的抽象表达。最简单的抽象数据表达就是数组，它是一种按照顺序存储的数据组织。数据结构的定义虽然没有标准，但是包括以下三方面内容：逻辑结构、存储结构和对数据的操作。逻辑结构是数据间的关联，在程序中的实现就是数据的物理结构，又称为存储结构，对逻辑结构的操作就是算法。按照数据的逻辑结构，抽象数据表达可以分为链、表、堆、队、树等。

数据元素是数据的基本单位，也就是单个数据。数据元素之间存在关联，其关联形式有 3 类，如图 4-10 所示。

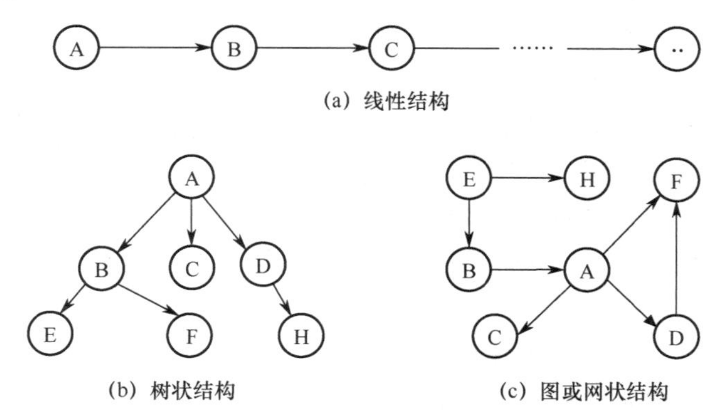

图 4-10 数据间的结构类型

① 线性结构（Linear Structure）。线性结构中的数据元素存在一对一的关系，即每个元素只唯一地与另一个元素有关系，数据元素形成了一个有序的线性序列，如图 4-10(a)所示。

② 树状结构（Tree Structure）。结构中的元素之间存在一对多的关系，但不存在多对多的关系，形状像一棵倒置的树，如图 4-10(b)所示。

③ 图或网状结构（Graph Structure）。结构中的元素之间存在多对多的关系，如图 4-10(c)所示。深度优先和广度优先搜索算法就适合这类数据结构。

数据抽象表达式是对客观世界中各种数据的描述方法。数据的逻辑结构是静态的，而作用于数据上的操作是动态的，两者结合起来就构成了数据类型。

“数据类型”概念最早出现在程序设计高级语言中，用来刻画（程序）操作对象的特性。在高级语言中，每个变量、常量或表达式都有一个它所属的确定的数据类型，如整数、浮点数和字符类型等（见 5.2 节）。

抽象数据类型（Abstract Data Type，ADT）是指一个数学模型（对象）以及定义在该模型上的一组操作，如整数类型的对象是整数，对象的操作是+、−、×、÷等。有了抽象数据类型之后，程序设计者不用再关心数据是如何存储的、任务是如何完成的，而是关心哪些数据能够完成哪些任务。

归结到一点，数据结构的一个重要问题是如何应用程序设计语言实现相应的抽象数据类型：① 对象如何用程序设计语言来表示，即对象逻辑结构的具体实现；② 对象的操作如何实现，即编写相应的函数（程序）。

进一步的解释已经超出本书的范围，读者有兴趣的话，可以参考有关数据结构和算法的书籍和资料。

本章小结

算法是计算的核心，是求解问题的有限步骤，能够产生预期的结果并在有限时间内结束。算法的研究是探索计算科学的未来。

算法有确定性、有穷性、有效性，必须有输出。算法可分成两大类：数值算法和非数值算法。

算法性能主要看运行时间，因此用时间复杂度的大 *O* 表示法（big O notation）表示算法的性能，大 *O* 值是最糟糕的情况下的时间开销。

算法有三种基本结构，也是程序的三种基本结构，它们是顺序、分支和循环。实现这种结构的程序设计方法称为面向过程的程序设计或结构化程序设计。这三种基本的逻辑结构的组合可以表达复杂问题的算法。

程序的主体结构是顺序结构。分支结构是根据给定的条件运算的结果，决定执行哪一个分支。条件运算的结果为逻辑值（True/False）。循环结构是重复计算过程的结构，有 while 和 do-while 两种基本形式。

算法的表示是为了把算法以某种形式加以表达，如自然语言、流程图、伪代码等。伪代码是用英语和计算机语言混合描述的算法表示。流程图使用几何图形表示算法从开始到结束的过程。

算法的发现是指寻找问题的算法，可以按照理解问题、设计方案、执行并检验这个方案 4 个步骤进行。算法的发现不但是寻找算法，而且需要找到更好的算法。

基本算法包括求和、求积、求最大值/最小值、求数位等。迭代和递归都属于基本算法。迭代是使用旧值递推新值的过程，而递归是算法的自我调用。

排序问题是将一组原始数据按照递增或递减的规律进行重新排列的算法。选择法排序和冒泡法是常用的排序方法，效率较高的排序算法是快速排序和归并排序。

查找算法是把一个特定的数据从列表中找到并提供它所在的位置。

算法的方法有贪心法、分治法、动态规划和回溯法等。

算法需要通过适当的数据表达，以便能够被计算机所处理。抽象数据表达即数据结构，包括逻辑结构、存储结构和对数据的操作。按照结构形式，数据结构可以可以分为链、表、堆、队列、树等。

抽象（abstract）就是抽取问题本质，屏蔽细节。抽象具有普适性。

习 题 4

一、综合题

1．请从求解问题、理解问题和程序实现等方面解释算法的意义。

2．算法的三种基本结构是什么？尝试把图 4-2 和图 4-3 的流程图用伪代码表示。

3．什么是算法的表示，有哪几种表示方法？伪代码与算法有什么关系？

4．给出交换 a、b 值的算法，当然最简单的是用一个中间变量。考虑一下，如何直接使用 a 和 b 的相互运算得到交换的结果？

5．数值计算也需要通过算法加以实现。例如，计算π的公式之一为 $\frac{\pi}{4}=1-\frac{1}{3}+\frac{1}{5}-\frac{1}{7}+\cdots$，试着用伪代码或者流程图表达这个公式的算法，最后一项的精度值为 0.00001。

6．计算 n 个自然数的累加和累积，也可以使用递归方法，请给出累加、累积的递归公式。

7．给出计算第 n 个 Fibonacci 数的迭代、递归算法的伪代码，并给出这两种算法的大 O 值。

8．给出一个区分 ASCII 数字和字母的算法（见附录 A）。

9．给定一个十进制正整数 n，给出计算 n 的位数和各位数之和的算法。例如，n=123，它的各位数之和是 6，位数是 3。

10．如果有一个纯小数，如何计算它的位数以及各位之和？

11．给出改进 4.4.2 节中的判断素数的算法，使之迭代的次数较少。

12．给出选择法排序算法的流程图。

13．使用伪代码表示冒泡法排序算法。

14．计算整数 n～m 之间的能够被 3 整除的那些数的乘积，算法该如何设计？

15．分别使用伪代码表示求 1～1000 之间的偶数之和和奇数之和。

16．对下列数据，分别使用选择法和冒泡法排序，给出每次扫描得到的数据排列结果。

2　34　7　−1　−100　15　89

17．对下列数据，使用快速排序和归并排序，与第 16 题的排序过程进行比较，哪一种速度快?

2　34　7　−1　−100　15　89

哪一种情况下（可举例），快速排序和选择法排序的时间复杂度是相同的？

18．对下列数据，给出查找−1 的操作步骤。数据中有两个−1，那么你认为应该如何确定有关算法过程？

2　34　7　−1　−100　15　89　−1　3

19．对下列数据，给出二分法查找数据 89 的操作步骤。

−100　−1　2　3　7　15　89

20．如果有一组数据，包括 100 个数据，比较顺序查找和排序后二分法查找过程的效率。如果这组数据有 10^{10} 个数据呢？

21．求两个正整数 m、n 最大公约数，可以使用下列公式：

$$G(m,n)=\begin{cases}G(n,m) & m<n\\ m & n=0\\ G(n,m \bmod n) & m\geqslant n\end{cases}$$

其中，mod 是取余数。试着使用伪代码的递归算法实现上述公式。

22．计算 $1+\frac{1}{2}+\frac{1}{3}+\cdots+\frac{1}{n}$ 可使用迭代算法，尝试使用伪代码表示的迭代算法实现。

23．下列循环结构的伪代码如下：

```
Start
    set count =1
    while count ≠ 7
        count =count+3
    end while
    output count
End
```

（1）程序输出是多少？

（2）试将其改写为 do-while 循环结构，必须确保运行结果完全相同。

24．伪代码如下：

```
Start
    input x, y
    set dif = x-y
    if dif > 0
        output x
    else
        output y
End
```

程序是否能够正确地得到输出？如果不能，请改正之。

25．设等比数列 $s(n)$=1，3，6，9…。

（1）设计一个循环算法，计算数列的第 n 个数。

（2）使用递归算法，计算数列的第 n 个数，给出你的算法的大 O 值。

26．给出求埃及分数的伪代码表示的算法，给出你的算法的大 O 值。

27．给出用分治法求金块问题（4.5.2 节）的伪代码表示的算法。

28．给出如表 4-2 所示背包问题的求解算法，给出你的算法的大 O 值。

29．给出 Fibonacci 级数的动态规划算法，给出你的算法的大 O 值。

30．给出“8 皇后问题”的算法，给出你的算法的大 O 值。

二、选择题

1．算法就是将问题分解为计算机可以进行处理的________。

A．过程　　B．代码　　C．语言　　D．步骤

2．从算法实现的角度看，______就是算法的实现。

A．算法　　B．代码　　C．语言　　D．程序

3．算法的_______主要是为了将算法表示为能够用计算机语言去实现它。

A．结构　　B．代码　　C．语言　　D．描述

4．算法是求解问题步骤的有序集合，能够产生______并在有限时间内结束。

A．显示　　B．代码　　C．过程　　D．结果

5．按照算法所涉及的对象，算法可分成两大类，即_______。

A．逻辑算法和算术算法　　B．数值算法和非数值算法

C．递归算法和迭代算法　　D．排序算法和查找算法

6．算法可以有 0～n（n 为正整数）个输入，有_________个输出。

A．0～n　　B．0　　C．1～n　　D．1

7．算法的有穷性是指________。

A．算法的步骤　　B．算法的复杂度

C．算法执行的时间　　D．算法的结果

8．算法有三种结构，也是程序的三种逻辑结构是________。

A．顺序、条件、分支　　B．顺序、分支、循环

C．顺序、条件、递归　　D．顺序、分支、迭代

9．以前一个值为基础计算下一个值的算法称为__________。

A．递归　　B．迭代　　C．排序　　D．查找

10．将一组数据按照大小进行顺序排列的算法称为________。

A．递归　　B．迭代　　C．排序　　D．查找

11．在一组数据中找出其最小值的算法是__________。

A．求最大值　　B．查找　　C．排序　　D．求最小值

12．在一组数据中找到某一个值的算法是__________。

A．求最大值　　B．查找　　C．排序　　D．求最小值

13．计算自然数序列的算法可以使用迭代，也可以使用__________。

A．递归　　B．插入　　C．排序　　D．查找

14．如果使用循环结构实现计算 n!的算法是_________。

A．递归　　B．迭代　　C．排序　　D．查找

15．一组无序的数据中确定某一个数据的位置，只能使用__________ 算法。

A．递归查找　　B．迭代查找　　C．顺序查找　　D．折半查找

16．一组已经排序的数据中确定某一数据的位置，最佳的算法是__________。

A．递归查找　　B．迭代查找　　C．顺序查找　　D．折半查找

17．__________是算法的自我调用。

A．递归　　B．迭代　　C．排序　　D．查找

18．如果采用从小的方案推广到大的方案的算法，被称为__________。

A．贪心法　　B．分治法　　C．动态规划　　D．回溯法

19．将一个较大规模的问题分解为较小规模的子问题，求解子问题、合并子问题的解得到整个问题的解的算法__________。

A．贪心法　　B．分治法　　C．动态规划　　D．回溯法

20．分解子问题且子问题有重合的问题求解，较好的算法是__________。

A．贪心法　　B．分治法　　C．动态规划　　D．回溯法

21．简单归纳为“向前走，碰壁就回头，换一条路走”的算法称为__________。

A．贪心法　　B．分治法　　C．动态规划　　D．回溯法

22．通常，回溯法使用__________方法实现。

A．递归　　B．迭代　　C．排序　　D．查找

23．具体化的数据表达主要是考虑数据的__________。

A．符号化　　B．数值化　　C．存储　　D．操作

24．数据结构包括________、存储结构和对数据的操作。

A．循环结构　　B．分支结构　　C．物理结构　　D．逻辑结构

25．数据结构的目的是提供给用户方便访问数据的途径，实现这个目标的最主要的方式就是__________。

A．循环　　B．分支　　C．抽象　　D．对象

26．算法的复杂度是主要是指_______。

A．时间　　B．空间　　C．有限步骤　　D．迭代次数

27．选择法排序和冒泡法排序的时间复杂度是_______

A．相同的　　B．不同的　　C．选择法简单　　D．冒泡法简单

28．归并排序和快速排序的时间复杂度的大 O 值都是________。

A．$\log n$　　B. $\log 2n$　　C．$\log n \times n$　　D．$n \times \log n$

第 5 章　编程语言和程序

程序是算法的实现，程序用计算机编程语言编写，各种计算任务最终都是由程序完成的。计算机有很多通用编程语言，都能够编写程序。不过，构成一个复杂的系统需要选择合适的编程语言。编程语言有与机器硬件密切相关的机器语言、汇编语言，它们被称为低级语言。与机器硬件无关的语言被称为高级语言，高级语言也分为面向过程和面向对象两类。本章介绍介绍编程语言、程序和程序设计等方面的基础知识。

5.1　程序概述

算法是从逻辑上设计了可以让计算机进行具体操作的一系列步骤，但如何告诉计算机呢？这就需要编写程序，用计算机能够“明白”的语言告诉计算机如何去做。算法是通用表达，而程序是与具体的编程语言结合的，因此可以将程序定义为“算法+语言”。

写程序，专业的说法是软件开发。软件开发的任务之一就是选择编程语言，再使用这个语言编写完成任务的程序代码。因而，编写程序（programming）也被称为写代码（coding），程序员被称为“码农”就是源于此。

编程从最初使用的二进制码，发展到使用接近英语表达的高级语言，今天的计算机具有高性能和超大存储空间，硬件对编程不再有苛刻的限制，使得编程的效率大大提高，程序更新的速度很快。

程序设计方法学的研究出现了很多程序设计范式（paradigm）。范式就是模式和方法，如命令范式、面向对象式、函数式和逻辑式等，它们都与编程语言有关。

现在的程序都是可视化（visible）的，程序的执行过程、执行结果都可以以图形方式显示。通行的编程技术使得应用程序的界面相似，菜单、工具栏、按钮、对话框等都是相同的形状，用户容易辨识。人类工程学和人类行为学的研究使得程序操作更加贴近人的习惯，使用计算机再也不是什么难事了。

为了让计算机完成某种任务，就需要有针对性的软件。一般性工作，如编辑文档、统计分析数据使用电子表格等，可以使用通用软件。但对专门用途的软件必须另行开发。世界上有数百万人从事程序编写或叫作软件开发的工作。如果你是普通用户，也许不需要理解程序是如何设计的。因为你不会、也不必自己动手去写程序代码，但可能需要找人编写自己所从事的工作相关的专门软件，就应该知道如何给专业人员提出设计要求：这也是程序设计的工作之一。

从数据处理的角度看，程序处理数据，也产生新的数据。在某些编程语言中，程序本身也是数据。也有研究者将程序表示为特定的数据集，并用其他程序测试这个数据集，以确定被测程序的正确性和可靠性。

理解软件、程序和编程语言比硬件更难。硬件总还有个实物在那儿，而软件的形态完全是抽象的：无论你看到了什么，绝不是“眼见为实”，它们是“虚”的。因此，“抽象”是软件、程序、编程语言的共同特点。

程序设计需要严格缜密的技术，同时需要丰富的想象力，要给用户很好的体验。程序设计是一项具有创新性、创造性的工作。

5.2 编程语言

选择一种编程语言，用它实现算法，将算法的过程、结果以用户能够理解的方式呈现出来，并实现与用户的交互（user interaction）。编程语言有很多类型，它们各有特点，适合不同的程序开发要求。本节介绍编程语言的类型和它们的特点。

5.2.1 机器语言和汇编语言

现在人们习惯使用高级语言编程，只是一些特殊的开发才需要使用汇编语言。没有人会使用机器语言编程了。但是，计算机只能执行机器语言程序，因此任何语言编写的程序最终都要转化为机器语言程序。

1. 机器语言和指令

各种 CPU 都有一整套的专门操作，如算术运算、逻辑判断等，这些操作就是计算机的指令（instruction），而这些指令实际上是 CPU 逻辑电路状态被抽象表示的二进制序列代码。指令的集合称为指令系统（instruction set），也被称为机器语言。

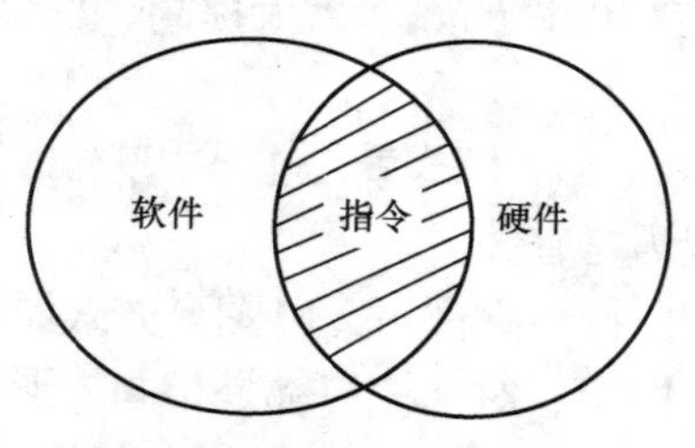

图 5-1　指令作为计算机软件和硬件的接口

指令是计算机处理器中的逻辑电路实现的，又是整个程序的最终形态。因此，指令是计算机硬件和软件的接口，也就是说，软件和硬件通过指令交互，如图 5-1 所示。最早的计算机程序就是由指令的二进制代码组成的。

指令与 CPU 直接相关。不同公司的 CPU 的指令系统是不同的，即使同一个公司的系列处理器，其指令系统也不尽相同。例如，Intel 早期的 8086 CPU 架构技术称为 x86，其中指令系统就是 8086 的基本集。Intel 的 64 位 CPU 架构技术与 x86 的差别较大，称为 x64。

无论是哪一种 CPU，其功能都是类似的，它们的指令主要包括：

- ❖ 数据传输类指令——负责将数据从一个地方（源）传输到另一个地方（目的）。传输的数据长度一般为字节或字节的倍数，如 16 位、32 位、64 位等。
- ❖ 算术逻辑类指令——算术运算主要有加、减、乘、除等，有的 CPU 还有浮点运算的指令；逻辑指令有与、或、非、异或、移位操作等。逻辑运算也包括比较大小和判断进位等操作。
- ❖ 控制转移类指令——主要用于改变程序的执行顺序，如无条件转移和条件转移。条件转移是根据前一个指令的执行状态决定是否转移到新的地址执行，这是循环的基础。

机器语言是命令型的，一条指令完成一个基本操作。

如图 5-2 所示的是一个执行“1+2”运算的机器语言代码（左侧两列）和对应的汇编语言程序（右侧两列），DEBUG 是汇编语言的调试程序。

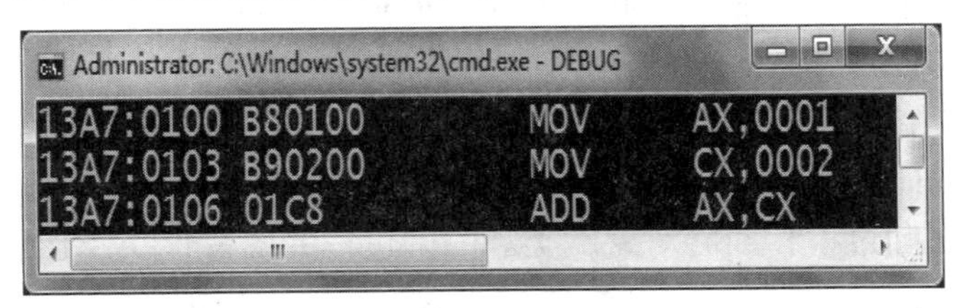

图 5-2 DEBUG 显示的机器语言和汇编指令

图 5-2 中显示的机器代码是十六进制的，实际上保存的是二进制的。机器代码的第一列是指令所在的内存地址，有 32 位。因为内存空间大，所以计算机对内存地址的管理采用分段的方法，冒号前的数字为内存的段地址，冒号后的 16 位为段内的偏移量。第二列是指令码，的确很难被理解。除非对二进制有着特别的嗜好，否则没有人愿意使用机器语言编写程序，哪怕是再简单不过的程序。

2. 汇编语言

图 5-2 右侧两列是使用英文助记符的汇编语言（assemble language）。它的前一列是操作命令，后一列是操作对象，可读性要比机器语言好得多。指令助记符与指令码有一一对应关系，所以第一行语句“MOV AX, 0001”是将 0001 存入 AX，对应的机器码是 B80100（B8 是 MOV 指令，0100 是操作数，十六进制，01 是低 8 位，00 是高 8 位）。第二行是把 0002 存入 CX，第三条完成的操作是 AX←AX+CX。

CPU 中使用 AX、BX、CX、DX 等符号表示存放操作数的寄存器（为运算提供数据存放的高速存储部件）。由此可见，人们对汇编助记符的理解和记忆比机器码稍微容易些。

汇编语言是 CPU 所有的指令助记符以及相应的编程规则。用汇编语言编写的程序叫作“汇编语言源程序”。源程序需要翻译为机器语言程序，这个过程叫作汇编。完成汇编任务的就是汇编程序。因此，汇编程序是把汇编语言源程序转换为机器语言程序的程序（读起来有些拗口）。

汇编语言也是与硬件密切相关的语言，因此程序移植性也较差：一种 CPU 的汇编语言程序不能在另一种 CPU 的机器上执行。汇编语言适合编写直接控制硬件或要求执行速度快的程序，所以也叫硬件语言。它是一个命令型的程序设计范式（imperative paradigm）。

5.2.2 面向过程的高级语言

用汇编语言写程序还只能是计算机或软件专业人员的工作，因为使用汇编语言需要人们非常熟悉计算机硬件，特别是存储器和指令系统。如果是复杂的算法，汇编语言程序的难度更大，且编程效率也不高。20 世纪 60 年代出现了高级语言（higher-level language），是一种与机器指令系统无关、表达形式更接近于被描述问题的语言（英语），可读性很好。如被称为“第一程序”的 C 语言代码如下（“//”后面的注释是非执行代码）。

```
#include <stdio.h>                 // 预处理，包含C语言提供的stdio.h文件
int main() {                       // 主函数，程序执行入口
  printf("Hello, World!");         // 在屏幕上输出文本：Hello World!
}                                  // 程序结束
```

初学编程，第一个程序通常是输出“Hello World!”。因此，这被戏称为“第一程序”，也是世界上数量最多的程序。

C语言使用函数结构，其中printf()是C语言的输出函数。预处理也是前置处理，因为printf()函数是在stdio（standard input/output，标准输入输出函数库）中的。

高级语言分为面向过程和面向对象两类。面向过程的语言也叫作强制型语言或者命令型语言，它的每条语句都是为完成一个特定任务而对计算机发出的命令。编程时，程序员必须设计命令的“过程”，就是第4章介绍过的顺序、分支和循环结构。

高级语言使用抽象数据表达，数据不再与机器和指令关联，因此编程者可以专注于算法设计和程序的结构，而不需要考虑它们在机器中是如果存储的。

世界上第一个高级语言就是面向过程的，因此结构化程序设计理论也因此而生，程序设计范式的研究也从此开始。常用的面向过程的高级语言有如下几种。

1. BASIC语言

BASIC（Beginner All-purpose Symbolic Instruction Code）是一种曾经应用很广泛的语言之一，设计目的是为了初学者编程。微软公司就是从BASIC语言起步的。

2. C语言

2.2节中介绍了与UNIX同时被发明的还有C语言。实际上，C语言源于B语言，B语言源于BCPL（Basic Combined Programming Language）。1989年，美国国家标准局发布了ANSI C，这是C语言的基础版，也称为C89或C90。国际标准化组织将其命名为ISO C，且于1999年发布了扩展版的C99。2011年12年，ISO又推出了新版本“C11”。

C语言是高级语言，有接近汇编语言的效率，因此被称为“中级语言”。C语言多被用于系统软件，如操作系统的内核就是用C语言编写的。C语言也多用于编写硬件相关的程序。目前使用广泛的C++、Java等语言都是在C语言的基础上发展起来的。

3. Pascal语言

Pascal语言是以计算机的先驱Pascal的名字命名的高级语言。Pascal语言曾得到计算机界的好评，但它在工业界从没有得到流行。结构化程序设计思想的起源应归功于它。

4. Fortran语言

Fortran（Formula Translation）是IBM公司在1957年开发的，是第一个计算机高级语言，也是生命力最强的语言，具有高精度、处理复杂数据的能力，至今仍然被用于科学计算和应用工程领域。Fortran有数十个版本，如著名的FORTRAN 77。自Fortran 2008后，没有新的版本发布。

5. COBOL语言

COBOL（Common Business-Oriented Language）于1960年问世，其设计目标是商业编程语言。

6. Ada 语言

Ada 语言是以奥古斯塔 • 艾塔 • 拜伦（见 4.4.3 节）名字命名的，为美国国防部（DoD）设计的、承包美国军方工程必须使用的语言。我国也将 Ada 作为军内软件开发标准（GJB 1383《程序设计语言 Ada》）。

计算机程序设计发展史上有数以百计的语言，其中大多数是面向过程的。面向过程语言的程序设计需要分解每步操作，再选用合适的代码去实现。今天的程序设计技术主流是面向对象。

5.2.3 面向对象的程序设计语言

面向过程的编程在很长一段时间内是程序设计的主要方法。到了 20 世纪 80 年代后期，另一种程序设计范式被提出并逐步成为设计设计的主流，即面向对象编程（Object-Oriented Programming，OOP），也称为面向对象范式（Object-Oriented Paradigm）。面向对象编程带来的最大的变化是，计算机界不必为解决应用问题再去发明更多新的语言：近 20 年来，计算机软件开发主要就是 C/C++、Java 等面向对象编程语言，近年来流行的 Python 语言也是面向对象的。

简单地说，编程就是定义数据，并对数据进行操作并得到期望的结果。在 OOP 中，对象（object）是一种程序的实例，包含了数据（对象属性，properties），又包含了处理这些数据的操作（对象行为，active）。编程者使用对象的属性和行为构造程序，而不需知道对象的细节。例如，我们知道汽车的性能（属性）、汽车的操作（行为）就可以开车了，也就是说，开汽车（对象）不需要知道汽车是如何造的。

OOP 运用了类似现实世界的某些规则来构建计算机的程序。OOP 使用类（class）作为程序的基本形态，类中有数据和对数据的操作，对象是类的实例。OOP 有如下特点。

- ❖ 封装（encapsulation）：类把对象的属性和操作结合在一起，构成一个独立体。
- ❖ 继承（inheritance）：新建的类可以继承已经存在的类，可以自动获得已有类的功能，还可以增加功能。现在，各种 OOP 语言都有丰富的类库，编程者并不需要为每个功能编写代码，因此继承提高了软件代码的复用性。
- ❖ 多态性（polymorphism）：指某些对象可以有多种操作行为。简单地说，对象的行为（函数、方法）可以同名，OOP 可以根据使用环境加以区分。多态性提高了软件的可扩展性。

图 5-3 是 Java 语言编写的一个简单的图形界面程序的窗口，有控制菜单按钮和对窗口最大化、最小化和关闭窗口的操作。编写这个窗口的程序，如果采用 C 语言需要数百行的程序代码，但是在 Java 语言中只需要几行代码即可。

图 5-3 Java 语言编写的简单图形界面程序窗口

实现图 5-3 的代码如下。

```
import javax.swing.*;                          // 导入 Java 的图形界面类库 swing
    public class myFrameTest{                  // 自定义的 Java 类，类名 myFrame Test
        public static void main(String[] args){// 主方法，程序执行入口
            myFrame frame = new myFrame();     // 用 myFrame 定义窗口对象 frame
            // 窗口的关闭功能
            frame.setDefaultCloseOperation(JFrame.EXIT_ON_CLOSE);
            frame.setVisible(true);            // 显示窗口（见图 5-3）
        }
    }
    class myFrame extends JFrame{              // 用户类 myFrame，继承了 JFrame 的功能
        public SimpleFrame(){                  // 初始化窗口
        setSize(200, 150);                     // 设置窗口的大小为 200×150
    }
}                                              // 程序结束
```

上述代码都是使用英文单词，可读性很好。因为它继承（使用关键字 extends）的 JFrame 中包含了绘制窗口的大量代码，编程人员只要使用它即可完成程序窗口的设计。

面向对象的许多概念在 1967 年的 Simula67 语言中已有体现，20 世纪 90 年代以来，成为了图形界面程序的首选。常见的面向对象语言有如下几种。

1. Visual Basic

Visual Basic（VB）是 BASIC 中引入了面向对象的设计方法，专门为开发 Windows 应用程序而设计的。2008 年后的 Visual Studio 支持 Windows、iOS 和 Android 的应用程序开发。

2. Java

Java 语言是由 Sun Microsystems 公司（2010 年被数据库软件公司 Oracle 收购）推出的，是在 C 语言的基础上改进的，且是第一个被市场广泛接受的面向对象语言。

用 Java 语言编写的程序具有平台（操作系统）无关性，解决了一直困扰软件界的软件移植问题。Java 已成为网络程序开发的首选语言，也是目前最多程序员使用的编程语言之一。Java 语言也有多个版本，支持 Windows、iOS 和 Android 的应用程序开发。

Java 语言中不使用 C 语言中的函数一词，以“方法（method）”代之。

3. C++

C++语言是对传统的 C 语言进行面向对象的扩展而成的语言，是 C 语言的改良版（C with Classes），增加了对面向对象的支持。在同类型语言中，C++程序的运行效率最高。

4. Python

Python 语言是 1991 年开发的，也是目前得到业界最为重视的面向对象编程语言，它是解释型语言。Python 的快速发展得益于有大量的 Python 爱好者编写的超过 10 万个功能很强的库函数，极大地拓展了它的应用领域。Python 在系统任务管理和网络程序中得到了广泛应用，也提供了大数据处理的许多功能。

5.2.4 其他语言

前述命令型程序设计范式和面向对象程序设计范式，其相关的编程语言都是通用编程语言。程序设计范式还有另外两种：函数型、说明型，它们相关的编程语言也叫作函数型语言和说明型语言，都具有专用性。

1. 函数型语言

4.4.3 节中介绍了函数（function）的概念。函数也被认为是一种程序设计方法：函数接收输入，执行函数任务后输出函数结果。不过，函数型语言中的“函数”概念与 C 语言中的“函数”概念不同，在函数型语言中，一个函数的输出可以是另一个函数的输入。这种结构可以构成设计者期望的整体的输入、输出关系。

如今大数据处理运用较多的 MapReduce 就是函数型语言（见 8.6.2 节），它的来源是 LISP 中的 Map 函数和 Reduce 函数。LISP（List Processing）也是麦卡锡（John McCarthy）主导开发的，是一种表处理格式的函数型语言，适用于符号处理、自动推理、硬件描述和超大规模集成电路设计等。LISP 已成为最有影响、使用十分广泛的人工智能语言，MIT 的计算机编程入门语言 Scheme 也是由 LISP 派生的。另外，ML（prograMming Language）也是函数型语言，不过它也允许指令编程。

2. 说明型语言

说明型程序设计范式（declarative paradigm）也称为逻辑程序设计范式（logic paradigm）。说明型语言也叫逻辑语言，根据逻辑推理的原则回答问题。例如：

结论：	中国人说汉语	→	真（True）
	张先生是中国人	→	真（True）
推论：	张先生说汉语	→	真（True）
	张先生说英语	→	假（False）

分析发现，这个推论应受质疑：如果张先生是在国外出生的，他未必会说汉语。因此可知，被推理的事实的正确性还不足以使它的推论也正确，推论还取决于被推理的事实的完整性。

最著名的逻辑语言是 Prolog（Programming in Logic），也是人工智能应用程序的编程语言之一。使用 Prolog 编写的程序并不是由编程者决定程序的执行顺序，而是由执行程序的计算机决定的。Prolog 是一种说明型的程序，给出问题的描述，计算机根据问题寻找合适的答案。因此在 Prolog 中没有算法的逻辑结构，编程者关心的不是算法，而是对问题的描述是否准确。

3. 超文本标记语言 HTML 和 XML

第 1 章介绍网络时提到过超文本标记语言（Hypertext Markup Language，HTML），也称为网络编程语言。与传统的编程语言不同，HTML 是一种格式化的指令，网络浏览器解释这些特殊格式而从网络获取信息，互联网的 Web 设计都是基于 HTML 的。

XML 虽然叫作可扩展标记语言（eXtensible ML），实际上是用于网络系统间的交换数据，已成为了公共标准。关于 HTML 和 XML 的进一步介绍请参见本书 7.4 节。

4. 数据库编程语言 SQL

SQL（Structured Query Language）是一种结构化查询语言，在关系型数据库编程方面成为标准，将在 6.2.3 节中介绍。

5. 基于组件的程序设计

COM（Component Object Model，组件对象模型，简称组件）概念是微软提出的，从本质上讲，属于面向对象的程序设计技术。

COM 也称为中间件，有专业公司从事中间件的开发、销售。一个新的应用系统的开发不必按照传统的方法进行所有代码的编写，可以通过组件进行“组装”软件。COM 技术有利于快速开发、降低成本、增加程序灵活性。

5.3 程序的程序：翻译系统

5.2 节中已经提到，除了机器语言，任何编程语言编写的程序都不能被计算机直接执行，汇编语言程序也需要转换为机器语言程序，其他高级语言程序也要被翻译成机器语言程序。大多数高级语言都有两层意思：一是它定义了语言的一系列的规则和函数、方法的功能，二是它提供了翻译功能，即将高级语言程序翻译为机器码。因此，编程语言实际上是指这个语言的翻译系统。

有意思的是，“翻译程序”本身也是程序，它的任务是把其他语言程序翻译为机器语言程序，因此翻译系统被称为“程序的程序”。本节所述的语言翻译系统是针对高级语言的。

用高级语言编写的程序通称为源程序（resource program），把翻译后的机器语言程序称为目标程序（object program），如图 5-4 所示。

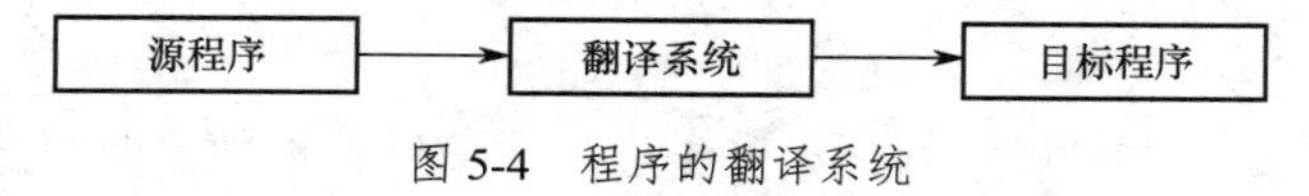

图 5-4　程序的翻译系统

翻译程序有解释程序（interpreter，解释器）和编译程序（compiler，编译器）。

1. 解释程序

解释程序对源代码中的程序进行逐句翻译，翻译一句执行一句。这与“同声翻译”的过程类似。但是，重新执行这个程序就必须重新解释。另外，因为是逐句翻译，语句执行需要等待翻译过程，所以程序运行速度较慢。

解释程序每次翻译的语句少，所以对计算机的硬件环境如内部存储器要求不高，在早期的计算机存储器容量很小的背景下，解释系统被广泛使用。

Java、Python 语言都使用解释系统。不过，语言的编程环境也是使用解释系统的。几乎所有的语言系统都支持生成可执行文件。

2. 编译程序

如果翻译的结果是生成可执行文件，那么这个系统是编译型。一旦编译完成，所生成的可执行文件（大多是 EXE 文件）就可以被单独执行，与翻译程序无关。编译程序有点像把一本外文书翻译为中文版，读者可直接阅读中文书，这已经与原作者没什么关系了。

使用编译系统的程序执行效率较高。

翻译系统是一个十分复杂的程序系统，就是程序设计语言的加工流水线，被加工的是源程序，最终产品是目标程序。

3. 集成开发环境

今天程序员都使用集成开发环境（Integrated Developed Environment，IDE，简称开发工具）编写程序。IDE 把编写代码、程序翻译、调试等功能集成在一个程序中。C/C++、Java 语言等都有 IDE，如 Eclipse、BlueJ、Turbo C、Dev C++、Visual C++等，Python 语言也有多个开发工具，如 PyCharm、PythonWin 等。

翻译系统有发现错误的功能，但只能发现错误的语句和表达，并不能发现算法错误。前者是语言问题，后者则是逻辑问题。程序逻辑是程序设计者的任务。

计算机科学家们致力于研究“自动生成程序”系统，把问题和期望得到的结果告诉系统，系统就能够自动编写出程序。这是一个很好的理想，目前它还只是理想。

5.4　高级编程语言

1966 年第一次颁发图灵奖，得主是艾伦 • 佩里斯（Allen Perlis），他在获奖报告中说：“程序设计语言是围绕变量去构造运算、控制以及数据结构……这些概念对于所有程序设计语言是共通的。”本节介绍的数据类型、变量、常量、构造数据类型、各种运算和语句等都是高级语言的基本要素。读者如果已经学习了编程，这些内容大致浏览就可以了。如果不准备学习编程，还是应该好好读一读——计算机编程语言真有很独特的风格！

5.4.1　数据类型

数据存放在存储器中，因此需要标识数据的存放位置。计算机编程语言以一种形式化的方式定义数据。高级语言通过标识符（label）表述运算对象的名字（类似数学中的变量），标识符有其规范，如区分大小写、使用英文单词，使程序代码易于阅读。

如 2.5.3 节所述，计算机数据存储具有可复制性。除非重新存入，否则存储器的读取操作不会改变原数据。这是计算机数据的重要特性，也是编程需要理解的概念。这里介绍的是大多数编程语言的一般规则，不同的语言规则有较大的差别。

1. 数据类型

大多数高级语言都要求给参与运算的各种数据定义其类型，每种数据类型（data type）都有一定的存储空间。一般，高级语言的基本数据类型有 3 种：整型、实型和字符型。

整型即整数类型，通常有整型（integer）和长整型（long integer）两种，也有将字节作为整型的。ANSI C 的整型为 2 字节，长整型是 4 字节，而 Java 的分别为 4 字节和 8 字节。不同版本的编译器对整型数据分配的内存单元长度可能是不同的。

实型，就是浮点数，有整数和小数两部分。大多数语言有单精度（float）和双精度（double）

两种浮点数，C 和 Java 语言的单、双精度数分别为 4 字节和 8 字节。

字符型（character）指 ASCII/Unicode 字符。例如，字母 A 的 ASCII 值为 65，而字母 a 的为 97，与键盘上的数字键 0～9 对应的 ASCII 值为 48～57。

有的语言有逻辑类型，有的语言还有货币、日期/时间等数据类型。语法规则要求运算对象的数据类型保持一致，如果不一致，则按规则强制转换，设计者应知道类型转换将带来的精度改变和结果的不同。有的语言能够自动转换数据类型，如 Python。

2. 常量

常量（constant）就是意味着在程序执行过程中，其值将保持不变。这与数学中的“常数”概念差不多。程序中的常量有两种：文字常量、符号常量。文字常量也叫作数字常量，如 1、2、12.3 等。符号常量是通过给某个标识符定义为一个固定值，在程序中这个标识符的值是不可改变的。

例如，C 语言中的 const float PI=3.14，与 Java 语言中的 final float PI=3.14，都是将标识符 PI 赋值 float 类型的 3.14，程序使用 PI 这个符号就等同于使用常量 3.14。符号常量增加了程序的可读性，也方便对常量进行修改操作。有的语言只使用文字常量。

3. 变量

变量（variable）就是可以被改变的量。程序使用标识符代表变量的内存位置，程序员只需要对这个变量进行赋值、运算即可。如前所述，计算机内存单元是一个容器（container），它允许变量的运算出现“x=x+y”这种形式。

变量在使用前通常需要先行定义类型，也有语言对没有定义的变量使用默认类型。有些语言，如 Java，规定使用变量前必须先给这个变量赋一个初值，而 C 语言没有这个要求。

4. 数组

为了进行复杂运算，就需要有更多的数据类型。高级语言允许将基本类型组合成新的、复杂的数据类型，一般称之为构造数据类型或派生数据类型。

数组是各种编程语言中都有的构造数据类型，使用一个变量名代表一组相同类型的数据，并以下标（index）的形式区分数组中的每个数据元素。数组在内存中按顺序存放数组中的数据。C 语言定义一个一维整型数组使用的格式为：

```
int  a[10];
```

这里，a 是数组的名字，数组中的元素的个数为“[ ]”中的数字，int 表示 a 数组中的所有元素都是整型。多维数组可以通过多个“[ ]”来表示。

虽然数组被整体定义，但程序使用的是数组元素，即由下标确定数组元素的位置。C、Java 语言的数组下标从 0 开始。例如，10 个元素的数组，它们的下标从 0 开始，最后一个下标是 9。Fortran 则规定数组下标从 1 开始。

5. 结构和指针

结构（structure）和指针（point）主要是 C 语言中使用的构造数据类型。C 语言通过一个结构名（使用关键字 struct）定义不同类型的数据组合，如学生的数学成绩可以定义为：

```
struct math_ score{                      /* 结构名 math_score */
    int  student_number;                 /* 学生学号 */
```

```
        char  name[20];                      /* 学生姓名 */
        float  score;                        /* 成绩 */
    }
```

这里的 math_score 是新定义的一种数据类型，可以被用于定义一个结构变量，如同使用整型类型去定义一个整型变量。这种表达能够组成更为复杂的数据记录。

C 语言中还有一种数据类型为指针，是一种对变量的间接访问方式，存放的是数据变量的地址。这有点像某种访问安排：如果要访问某人，要么直接找到人（变量访问），要么找到这个人的办公室地址（指针访问）。

指针是 C 语言的特色，允许程序直接访问存储器和 I/O 地址，这使得它在系统软件（如操作系统）设计方面起到无可替代的作用。也正是如此，指针被认为是 C 语言中的不安全因素，因此其他编程语言中都没有指针数据类型，目的是让程序不能直接对硬件操作，以提升系统的安全性和通用性。

6. 字符串

字符型是单个字符，而字符串（string），也称为文本类型，是指一组字符，也是构造类型。C 语言通过字符数组构造字符串，而 Java 语言将字符串构造为一个对象。

7. 对象和实例

面向对象编程语言中定义了一个类（class）就是定义了一种新的数据类型，因此类也是构造数据类型。使用类可以创建对象（object）。一个具体的对象就是实例（instance）。可以通过自定义类实现如 C 语言中结构那样的复杂数据类型，还可以为类中的数据定义各种操作方法（method）。因此，面向对象编程较容易实现功能更强的应用程序。

基本数据类型和构造数据类型还可以构造更复杂的数据结构，如数据结构中的链表、队列、树等，本书不再进一步讨论。

5.4.2 运算操作

对数据进行各种运算是计算机的基本功能，也是高级语言的基本要素。不同的高级语言，运算规则往往有差异，因此编程者需要非常清楚各种运算规则，不能凭经验，更不能直接使用数学中的运算规则。计算机高级语言都有丰富的运算种类，主要包括赋值运算、算术运算、逻辑运算、关系运算等。这些运算主要针对的是基本数据类型。构造数据类型的运算需要通过函数或者方法进行。

1. 赋值运算

赋值（assignment）是一个基本操作，4.3 节中介绍的伪代码和流程图中都有赋值操作。赋值运算使用“←”或“=”，较多的语言使用“=”，Ada 语言使用“:=”。

2. 算术运算

算术运算包括加、减、乘、除四则运算，如用“*”表示乘法，用“/”表示除法。有的语言使用“%”表示求余数的运算，也有用“mod”计算余数。四则混合运算的运算顺序和数学相同，从左往右，乘、除优先于加、减，“( )”可以改变优先级。

计算机的算术运算源于数学，但有些运算与数学中的规则并不完全一致。有的编程语言不区分整型数据和实型数据的运算，有的则严格区分：整数相除结果仍然是整数，如 10/4 的结果为 2，而不是 2.5。

有些语言如 C 和 Java 等，有一个特殊的算术运算“++”（自增）和“−−”（自减），相当于加 1 和减 1 的操作。例如，x++相当于在 x 原来的值上加上 1。++/−−只对一个变量操作，因此被称为“单目”运算。其实，符号运算+、−也是单目运算，是借用了加、减运算符而已。

3. 逻辑运算

第 2 章介绍了计算机逻辑，高级语言中都有对应的逻辑运算符和逻辑值的运算规则。逻辑运算符，有的语言直接使用 AND 表示与、OR 表示或、NOT 表示非，也有用符号表示，如“&&”表示变量之间的逻辑与运算，“||”表示变量的逻辑或运算，而“&”和“|”分别表示按二进制位进行逻辑与、或运算等，用“!”表示逻辑非运算。显然，非运算也是单目运算。

逻辑运算也有运算顺序，如果一个逻辑表达式有多个逻辑运算符，通常是按照非、与、或的顺序。同样，可以使用括号改变逻辑运算顺序。

逻辑变量和逻辑运算的值都是“真”或“假”，有些语言使用非 0 和 0 分别表示逻辑值的“真”和“假”，有些语言使用“true”和“false”表示“真”和“假”。

4. 关系运算

在计算机语言中，“关系”是指比较运算。关系运算主要有大于（>）、小于（<）、大于等于（>=）、小于等于（<=）、等于（==）和不等于（!=）。其中，运算符“==”相当于数学中的恒等于，计算机没有使用“≡”，因为键盘上没有。也有语言使用“=”作为恒等于的运算符，前述介绍的大多数语言的赋值操作也是“=”，因此需要根据“=”所在的位置才能区分其操作是哪一种。不等于运算符使用“!=”，也是因为键盘上没有数学中的“≠”。

即使语言没有使用 true 和 false，关系运算的结果仍然是逻辑值，它为程序流程控制提供了状态信息（参见本节下述的分支语句和循环语句的介绍）。

尽管关系运算也是数学中的基本运算，但计算机的关系运算规则和格式与数学的不同。例如，x 在 0 和 1 之间的数学表达式为 0<x<1，而在计算机程序中，这种表达形式是错的。根据上述介绍的逻辑取值的两种情况，分析这个表达式在计算机程序的运行结果如下。

第一种情况：以非 0 表示真，0 表示假。假设 x 为−1，那么从左往右，先执行 0<x，x 小于 0，结果是 0（假），这个结果再与 1 比较，运算结果是 1（真）。显然这个结果是错误的。

第二种情况：以 true 和 false 表示真假，它们是逻辑类型。如果 x 为−1，执行 0<x 的结果是 false，再把这个结果与 1 比较，报错，因为逻辑值不能与数比较！

因此，数学表达式 0<x<1 的计算机的表达式应该是 x>0 and x<1。这里出现的另一个问题是，这个表达式中有不只一种运算符，那么运算顺序是如何确定的呢?

5. 运算顺序

计算机语言中，如果表达式中有多种运算符，按照算术、关系、逻辑的顺序确定优先级。因此，这很好地保证了 x>0 and x<1 的运算结果的正确性，无论编程语言是否采用了逻辑数据类型。读者可自行分析结果。

计算机语言中还有其他类型的运算符，如 C 语言有 10 类运算符，运算优先级有 15 级之多。这里不再一一列举。特别要注意的是，学习编程往往会有各种指导，要学习者“关注问题求解，而不是把注意力放在语言的细节上”。实际上，学习语言的规则、搞清楚语言中各种表达和运算规则是编程工作的第一步，也是很重要的一步。也可能正是由于语言规则的复杂性会让人对编程望而却步。

5.4.3 基本语句

简单地说，语句（statement）是使程序执行操作的命令。编程语言的基本语句并不多，有赋值语句、分支语句、循环语句、转移语句、返回语句等，程序功能更多地通过基本语句的组合形成的函数或方法实现。

通常，每条语句都是单一的，可定义复合语句或语句块（statements block），使用“{}”或者标识符将一组语句定义为一个整体。

一条语句通常放在一行中，以一个结束符标记，如 C/Java 使用“;”。也有语言不用结束符。

1. 赋值语句

基本的变量操作就是赋值语句（assignment statement），将一个值赋给一个变量，确切地说，它将这个值存入到这个变量名所代表的存储单元中。C 和 Java 等语言中，用“=”建立赋值语句，例如：

```
x=3;
```

赋值语句看起来简单，但它的规则很严格。例如，赋值号的左边只能是变量，赋值号右边的可以是变量、常量、运算表达式或者函数运算等，但其运算结果必须能够被赋值号左边的变量所接受，如果赋值号左边变量类型为整型，而其右边的运算结果类型为浮点，就会导致错误发生，除非进行强制转换。

如果赋值操作的位置是在表达式中，那么这时候的操作是赋值运算。例如：

```
x=x+3+(x=1);
```

其中，x=1 是赋值操作，其结果与 x+3 的结果相加后赋值给 x。有一个令人困惑的问题是，如果在执行这条语句之前，x 的值为 2，这条语句是先执行“( )”中的运算，x 的值为 1，那么其后 x+3 中的 x 是多少？这条语句没问题，结果是 5。而“x=x+3+(x=x++)”就不一样了，如果执行该语句之前 x 的值是 2，结果是 7。原因很简单：类似 x=x++的自增操作是无效的，x 的值不变。

由此可见，编程的细节真的很重要，一个疏忽会导致很难检查的错误的发生。

2. 转移语句

转移语句，就是著名的 goto 语句。goto 语句将改变程序执行的顺序，转移到 goto 语句后所标记的语句位置。程序设计方法学认为 goto 是有害的，容易使程序陷入混乱而难以找到问题所在。在目前的程序设计中，尽管也有 goto 语句，但往往很小心地使用。

3. 返回语句

如果将重复使用的代码作为函数来构造，通过调用函数来利用，那么被调用的程序需要将运算结果返回到调用程序，就需要使用返回语句。

4. 输入、输出语句

输入、输出操作的复杂性使得编程语言并没有输入、输出语句，而那些输入、输出功能以“函数”（C 语言）或“方法”（Java 语言）的形式提供给编程者使用，习惯上也称为语句。

系统提供的函数是开发者编写好的、被经常使用的公共代码。大多数编程语言提供了很多函数，如数学函数、输入/输出函数、文件操作函数等。这种做法极大地提升了编程的效率，也实现了代码的重用。

5.4.4 控制语句

4.2 节中介绍了算法的逻辑结构。通用程序设计语言都有实现这些结构的语句，通常被称为控制流（control flow）。实现分支结构的语句即分支语句，实现循环结构的语句为循环语句。编程语言中的控制语句的形式与第 4 章介绍的伪代码中的类似。

1. 分支语句

大多数编程语言的分支语句有多种形式，也被称为选择语句，是根据条件决定程序下一步该执行程序的哪一个语句或语句块。分支语句的形式如下：

```
if (expression)
    statement1（statements block1）
else
    statement2（statements block2）
```

分支语句是根据 if 后的表达式的结果，选择执行哪一个语句（或块）。expression（表达式）通常是关系型或逻辑型运算，表达式的值为真（true），执行 statement1，表达式的值为假（false），则执行 statement2。

只有 if 而没有 else 的语句也称为条件语句：条件为真，执行 if 后的语句，否则不执行。if 和 else 后的语句，如果也是分支或条件语句，那么构成多分支语句。

C/C++、Java 语言等有专门的多分支语句，形式如下：

```
switch (expression){
    case value 1: statement1;
    case value 2: statement2;
    ......
    case value n: statementn;
    default:       statement;
}
```

用流程图表示多分支的条件语句如图 5-5 所示。

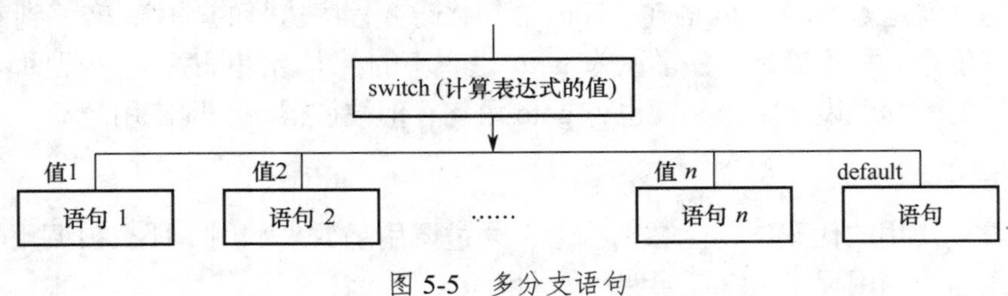

图 5-5　多分支语句

程序根据关键字 switch 后的表达式的值决定执行哪一个分支，如果表达式的值与 case 后的值没有相同的，则执行 default 后的语句。这里的表达式的值可以是数，也可以是字符。因此如果一个表达式的值可能有多个，那么多分支语句结构就显得很清晰。

2. 循环语句

大多数编程语言都有多种循环语句，语句格式也类似，一般有三种基本循环语句。

（1）while 语句

实现 while 循环的是 while 语句，格式为：

```
while(loop condition) {
    loop body
}
```

循环体（loop body）可以是一条或多条语句。循环条件（loop condition）是一个判断语句，只有条件满足时执行循环体，否则结束循环。

（2）do-while 语句

do-while 语句实际上是 while 语句的一种改进：

```
do{
    loop body
} while(loop condition)
```

与 while 语句相比，do-while 语句是先执行循环体再判断循环条件，因此循环体至少会被执行一次。

若循环次数无法确定，使用 while 或者 do-while 语句，那么循环体必须有改变循环条件的操作，否则会导致循环不能被终止。

（3）for 语句

for 语句与 while、do-while 语句类似，不同的是，对循环控制使用的变量的初始化和终止条件、修改循环控制变量都设置在一个特定的结构中：

```
for(initial; loop condition; modify) {
    loop body
}
```

initial 是循环的初始条件，loop condition 是循环条件，满足条件则执行循环体，否则结束循环。每执行一次 loop body，需要修改循环控制变量（modify）。

for 常用于循环次数已经确定的情况。大多数迭代程序、数组操作都与循环有关。

有意思的是，尽管不同程序设计语言实现控制结构的语句有多有少，但理论上只要很少的语句就可以实现所有程序的结构（参见 9.5.2 节），这里不展开讨论。

5.4.5 函数和方法

如果一个程序员需要编写完成任务的所有代码，则意味着有很多人重复做着别人做过、也正在做的工作。现代工业化生产的效率原则是“不重新造轮子”，因此使用公共代码成为一种自然的选择，这些公共代码就是函数或者方法。大多数编程语言中使用“函数”一词，“方法”为 Java 语言使用的词汇，其意义如同函数。

所有编程语言都提供了大量的常用函数，编程者需要使用这些函数时调用即可。调用过程如图 5-6 所示。

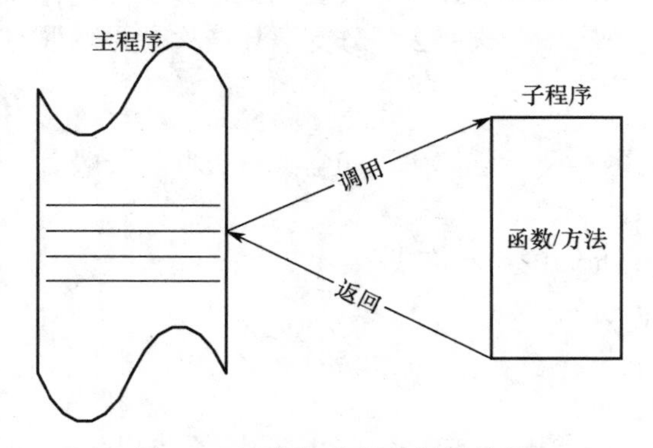

图 5-6　子程序/方法的调用过程

函数就是子程序。主程序的调用语句（call）中语句内包含子程序的名称和参数。子程序执行结束后通过返回语句回到主程序。图 5-6 所示的主程序、子程序的结构更易于帮助我们理解这种调用过程。

主程序调用中给出的参数被称为“实际参数”（actual parameter，简称“实参”），子程序中与之对应的那些参数叫作“形式参数”（formal parameter，简称“形参”）。编程规范要求，实参和形参之间的类型一致，数量、顺序都要保持一致。

在设计调用时需要清楚地知道调用过程对参数的影响。程序中有两种类型的参数传递。一种是值调用（passed by value），即调用时把实参的值传到形参。值调用被认为是最安全的方法，因为主程序、子程序之间不存在互相干扰其变量的变化，编程者能够准确把握到变量的变化状态。

另一种参数传递叫作引用调用（passed by reference），是将实参地址传递给形参。对执行诸如排序操作的调用过程，引用调用返回的是排序的结果，这是编程者所希望的。当然，引用调用在主程序和子程序之间对变量会相互影响，要求程序设计时必须仔细把握。

事实上，图 5-6 所示的子程序也能再去调用其他子程序，这就实现了多重的调用过程，程序按照调用的相反顺序返回上一级调用程序，这种结构在数据结构中被称为“先进后出”（First In Last Out，FILO），或者称为“后进先出”（LIFO），也是算法、程序设计中最重要的数据结构之一。

如果一个程序中有调用自己的语句，这个程序就是递归程序。

5.5　程序编写

程序设计不仅是编写程序代码，也是一个系统过程。通常，这个过程分为理解问题、设计方案、编写代码、测试、编写程序文档、运行维护六个步骤。

1. 理解问题

理解问题就是程序说明，最重要的是对问题的描述：明确地、清晰地对需要解决的问题进行定义。这是程序设计的首要的任务。一个组织得好的程序项目，花在这个阶段的时间应该占到整个程序开发设计时间的25%～30%，甚至更多。

理解了问题就知道了这个任务需要的投入，包括人、财、物。人们很少只为自己写程序，大型程序也不是凭一人之力可为的。程序设计中有个指标称为“人月”，其意就是这个程序需要的人和时间的关系。通常，10个人月是指一个人10个月可以做完，而10个人1个月未必能做完。因为人之间需要有协调的开销。

2. 设计方案

确定了问题后就要设计出具体的解决方案，要一步一步地设计解决问题的过程，并使用合适的算法表达。这就是算法设计。

设计阶段需要考虑将问题具体化。例如，如何得到输入数据，有哪些类型的数据，使用什么文件格式存储，系统如何输出数据，输出的数据类型是哪些等。

这个阶段要确定采用哪一种编程技术，即选择语言。

有一个经常被问到的问题是：究竟哪种编程语言好，是C还是C++语言，还是Java或其他语言？这是一个没有答案的问题。我们知道，不同的编程语言有最适合的应用，但通用语言是适合大多数编程任务的，如果是特殊的应用，则应选择针对性更强的专用语言。选择编程语言很大程度上取决于编程者对编程语言的熟悉程度。

3. 编写代码

这个阶段就是用所选择的编程语言，按照设计过程中形成的算法具体编写代码。当然，编程者需要对这个编程语言的规则、语法都很熟悉，这样才能很好地完成任务。

4. 测试

程序设计复杂，程序测试也复杂。直到今天，还没有一个没有错误的程序，因此测试是“测试程序中的错误，而不是测试使得程序中没有错误”。

集成开发环境帮助编程者完成了程序的语法测试，而这里的测试是对准备交付的程序的功能和性能的测试。在算法的发现中（见4.3节），最后一步是方案检验（looking back）。程序是算法的实现，因此测试也是检验设计。如果测试发现程序没有正确地实现算法，就需要找到错误并纠正错误，因此测试和纠正交错进行，直到全部运行正确为止。

常用的测试方法有黑盒、白盒两种。黑盒测试是只看输出是否与预期的一致，也叫β测试。白盒测试是专业测试，把一组特意设计的数据让程序执行，测试程序是否按照设计流程执行。还有一种是介于黑盒、白盒之间的“灰盒”测试，读者能够明白它的意思，这里就不再赘述。

5. 编写程序文档

也有观点认为，这不是一个程序设计流程的独立部分，文档是在上述各过程中形成的。但无论如何，文档的重要性不能被低估。现在也许不需要编写使用文档即用户操作手册了，但程序文档还包括设计文档、编程及测试过程中形成的文档。

设想一个有数万行代码的程序，如果没有设计文档，几乎不可能弄清楚它是如何设计的。另外，对于程序测试、后期维护，文档是必需的资料。

程序文档应该做到能够解释程序是如何被设计的，清晰表述程序中使用的方法和各种代码的含义。程序文档有编写要求，这是由软件工程给出的规则。

这里再次明确软件的概念：软件是最终的程序，包括编程、测试过程中形成的文档。

6. 运行维护

运行维护是程序开发流程中的最后一步。编写程序是为了应用，大型系统需要对编写好的程序在实际运用环境下，进行软件安装、系统（软件、硬件）配置，甚至需要大量的时间进行数据准备等。随着时间的推移，原有软件可能已满足不了需要，这时就要对程序进行修改甚至升级。

通常，一个程序或者软件都有“生命周期”，包括从程序开发到最后不再使用的整个过程。例如，微软公司的 Windows，在新版本推出后的一段时间就会宣布不再对老版本维护、更新，也就是说，微软宣布了老版本 Windows“死亡”。微软公司 2018 年宣布，到 2020 年将不再支持 Windows 7 的维护和升级，Windows 7 是 2009 年发布的。从 1984 年至今，Windows 1.0 到 Windows 10，已经有十多个版本。

最后讨论一下学习编程这件事。

这几年，学习编程似乎成为一种时尚。我国很多中小学开设了信息技术课程，有的开设了程序设计课程。关于大学是否应该为所有学生开设计算机编程课程的讨论一直没有停止过。不过，许多非理工专业的学生，他们对编程这件事畏惧多于兴奋，失望多于期望。原因很简单，大多数人不适合学习编程。这不是毫无根据的说法，而是事实。

不过，不以编程为目的的学习还是不错的。因为编程有趣，学生也更能够了解计算机的工作方式，这对任何专业的学生都很重要。另一方面，本书介绍的数据结构、算法、逻辑、数据表达都是计算机科学的重要内容，它们都会在计算机编程课程中出现。

本章小结

算法是通用表达，程序则是与具体的编程语言结合的，因此程序是“算法+语言”。

程序设计有多种范式（paradigm）。范式就是模式和方法，如命令范式、面向对象式、函数式和逻辑式等，它们都与编程语言有关。现在的程序都是可视化（visible）的，程序的执行过程、执行结果都可以以图形方式显示。

从数据处理的角度看，程序处理数据，也产生新的数据。

计算机只能执行机器语言程序，因此任何编程语言的程序最终都要转化为机器语言程序。机器语言就是用机器的指令编程。指令是计算机执行的最基本的操作，指令系统是所有指令的集合。

指令由 CPU 执行，是计算机硬件和软件的接口。指令系统中主要有三类指令，分别是数据传输类、算术逻辑运算类和控制转移类。

汇编语言使用助记符表示指令。汇编程序是把汇编语言源程序翻译为机器指令的程序。

高级语言与机器硬件无关，是更接近被描述问题的语言，分为面向过程和面向对象两种。面向过程的高级语言的语句是对计算机发出执行的命令。

对象是一种程序的形式，包含了数据和处理这些数据的操作。面向对象编程（OOP）有封装、继承和多态的特点。常用的面向对象语言有 C++、Java、Python 等。

还有各种其他类型的语言，如函数型语言、说明型语言、超文本语言等。

高级语言源程序需要经过翻译程序翻译为机器语言程序。翻译系统有两种：解释程序和编译程序。

高级语言有变量、常量及各种数据类型。基本数据类型有整型、实型和字符型等。

常量是程序执行中不变的量，而变量的名字（也称为标识符）代表的是变量的内存地址。

构造数据类型是基本类型和数据结构联合起来组成的新的、复杂的数据类型，如数组等。

高级语言中包括基本语句、分支语句、循环语句。函数或方法是公共代码子程序。函数调用是主程序将参数传递给子程序，参数传递有值调用和引用调用。

程序设计是一个系统过程，包括理解问题、设计方案、编写代码、测试、编写程序文档、运行维护等六个步骤。

习 题 5

一、问答题

1．什么是程序和程序设计？

2．什么是程序设计范式？有几种程序设计范式？

3．指令、指令系统、程序、机器语言、汇编语言这些名词所指的意义是什么？它们之间有什么关系？

4．什么是面向过程的程序设计？什么是面向对象的程序设计？

5．函数型语言有什么特点？

6．逻辑型语言有什么特点？

7．解释系统和编译系统各有什么特点。

8．一般高级语言有哪几种基本数据类型？如何理解各种基本数据类型的表示范围？

9．什么是常量？有几种常量？

10．什么是变量？变量的实际意义是什么？如何理解 a=a+b 这样的操作？

11．什么是构造数据类型？程序如何使用数组？

12．赋值语句的规则是什么？如何确定表达式中的运算符的优先级？

13．什么是复合语句？什么是返回语句？什么情况下使用返回语句？

14．什么是分支语句？

15．循环语句有几种？各有什么特点？

16．什么是函数或方法？哪些语言使用函数，哪些语言使用方法？函数和方法的意义有什么差别？

17．程序设计一般需要经过哪些步骤？

二、填空题

1．可以把程序设计范式看作编程的模式和______。通常，程序设计范式是由所选择的编程语言决定的。

2．程序是______的具体实现。程序是与具体的编程语言结合的，那么程序可以定义为“______+语言”。

3．指令就是计算机执行的最基本的操作，______是所有指令的集合。

4．计算机指令系统中主要有三类指令，分别是______类、______类和控制转移类。

5．指令是计算机硬件和软件的______，也就是说，软件和硬件通过指令交互。

6．不管使用何种计算机语言编制的程序，最终在计算机中被执行的那个程序都是______。

7．用汇编语言编写的程序称为______，是面向计算机硬件的程序。

8．高级语言分为面向______和面向______两种。面向______的语言被称为强制型语言，或者命令型语言。

9．常用的面向过程的高级语言有 BASIC、______和 Pascal。面向对象的高级语言有 VB 和______、______、Python 等。

10．面向对象的程序设计技术有三个主要特点：封装、______、______。

11．面向对象编程技术是将数据即对象的______和对数据的操作即对象的______结合在一起。

12．如果一个函数的输出是另一个函数的输入，整个程序功能全部由函数实现，则这种语言称为______。

13．如果程序执行时，只需给出问题的描述，由程序寻找最合适的答案。这种程序设计的范式称为______。

14．高级语言编写的程序通称为______，翻译后的机器语言程序称为______。

15．解释程序对源代码中的程序进行______翻译，翻译过程和执行过程同时进行。而编译程序对源程序是______翻译为目标程序，产生可执行文件。

16．编译系统能发现不合法的语句和表达，这是语法和格式错误，如果是______错了，则不能被发现，这是属于逻辑问题。

17．在 C、Java 等高级语言中，通常用标识符表示的______代表内存位置，而______是程序执行过程中不会改变的量。

18．在高级语言中，常见的基本数据类型有______、______、______。

19．有的编程语言的常量有两种：一种是文字常量，如 123；另一种是______，如 PI。

20．在高级语言中，基本类型组合成的新的、复杂的数据类型一般被称为______数据类型或派生数据类型，如数组。数组是______类型元素的集合，程序通过______使用数组的。

21．高级程序设计中的基本语句有______、______、转移语句、______和循环语句等。

22．多种运算符组成的表达式的一般优先级顺序为______、关系运算、逻辑运算。

23．______是一段独立的程序代码，是语言开发者编写好的、被经常使用的公共代码。

24．一种多分支语句使用的关键词是______。

25．循环语句常用的有 3 种，分别是______、do-while 和______。通常，如果循环次数能够确定，那么一般使用______语句。

26．while 和 do-while 语句对循环体的执行有所不同，不管循环条件如何，循环体至少有一次被执行的循环语句是______。

27．程序设计过程通常分为理解问题、______、______、测试、编写程序文档、______等六个步骤。

28．测试是寻找程序中的错误，常用的方法有______测试和______测试。

三、选择题

1．不需要了解计算机硬件构造的编程语言是______。

A．机器语言　　B．汇编语言　　C．伪代码语言　　D．高级语言

2．能够把由高级语言编写的源程序翻译成目标程序的系统软件称为______。

A．解释程序　B．汇编程序　C．翻译系统　D．编译程序

3．______不属于结构化程序设计。

A．顺序结构　B．循环结构　C．goto 结构　D．选择结构

4．机器指令代码通过助记符号表示的语言称为______。

A．机器语言　B．汇编语言　C．目标语言　D．中级语言

5．面向对象的程序设计具有______（或特点）。

A．封装、继承、多态　B．顺序、循环和分支

C．多分支、循环和函数　D．函数、方法和过程

6．高级语言的基本数据类型是______。

A．变量、常量和标识符　B．顺序、循环和分支

C．数组、链表和堆栈　D．整型、实型和字符型

7．程序设计中常用的运算类型有算术、逻辑和______。

A．赋值　B．复合　C．关系　D．对象

8．HTML 是一种______语言。

A．面向过程　B．面向对象　C．网页编程　D．文字处理

9．通常，for 循环用于循环次数______的程序中。

A．由循环体决定　B．在循环体外决定　C．确定　D．不确定

10．方法也是一段独立的程序代码，也是可以被调用的。调用方法时，需要在形参和实参之间要求参数的______一致。

A．数量　B．类型　C．顺序　D．以上都是

11．不管循环条件是否满足循环执行的要求，循环体至少被执行一次的语句是______。

A．while　B．do-while　C．for　D．以上都是

13．常量有两种：一种是符号常量，一种是______。

A．标识符　B．数据类型　C．文字常量　D．数学常量

14．在计算机高级语言中，可以使用 a=a+b 这种表达式，其中 a、b 为变量。这里变量的物理含义是______。

A．数学变量　B．标识符　C．内存单元　D．数据类型

15．分支语句有多种说法，如选择语句、条件语句或______。

A．转移语句　B．复合语言　C．判断语句　D．返回语句

16．在面向对象的编程技术中，被调用的子程序也称为______。

A．函数　B．存储　C．表属项　D．文字处理

17．程序设计中，子程序或函数的调用过程中参数传递方式有两种：______。

A．值调用和引用调用　B．参数调用和无参调用

C．过程调用和函数调用　D．常量调用和变量调用

18．程序设计过程包括理解问题、设计方案、编写代码、______、编写程序文档、运行维护等六个步骤。

A．测试　B．语言和算法　C．过程和函数　D．函数或方法

第 6 章　数据库

信息系统是计算机最广泛的应用之一，既是数据的重要来源，也是管理数据的计算机软件，其技术核心是数据库。数据库将庞大的、纷繁复杂的数据集合转化为一个抽象工具，不但有利于数据的计算，而且有助于提升数据的效用。本章介绍数据库及其对数据的结构化组织和管理。

6.1　数据库概述

在讨论数据库前，我们先介绍传统的数据管理方法。数据的组织、存储和表示一直是计算机技术着力解决的问题，数据库技术也是由此发展而来的，包括数据检索、索引和散列结构，这些都是今天数据库构建的重要工具。

6.1.1　文件管理

1.5.3 节介绍的文件是操作系统的组成部分，也是绝大多数计算机信息存储和管理的主要机制。文件是数据的“逻辑存储单元”，映射到磁盘、光盘、U 盘等物理介质上。换句话说，文件是操作系统定义并实现的抽象数据表达和组织，由一系列逻辑记录组成。文件的逻辑记录可以是字节、行或者文件创建者自定义的格式。文件可以存储不同类型的数据，如程序的源代码、目标程序、表格、文本、图像、视频、音频等。

文件类型表示了文件内部的数据结构，有些文件的结构必须符合操作系统的要求。例如，操作系统必须标识出可执行程序，以便在程序被调入内存运行时给程序分配内存。有些数据文件，如文档型数据文件，需要关联打开它的程序。文件系统由操作系统定义，支持的文件类型很多，如 Windows 系统管理文件类型的注册表中有数千种文件类型，通过“扩展名词典”可以在网络上查到 3300 多种文件类型。

文件是存储数据的，操作系统提供的访问方法隐藏了它们在物理磁盘上的存储细节，为用户提供一种或多种方式进行文件的访问。访问（access）是指文件数据的读、写。最简单的访问方式是顺序访问，如图 6-1 所示，从第一个数据开始读或写，直到结束（EOF，End of File，文件结束标志）。

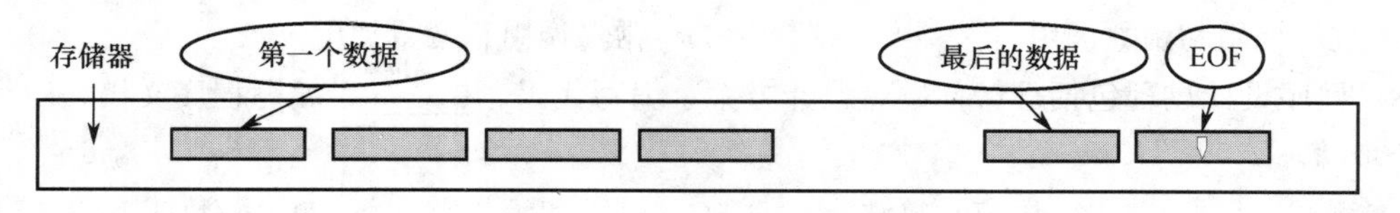

图 6-1　顺序文件的结构

如果计算机中的文件数量多，存储及管理也会随之复杂：操作系统要开辟出一个专门的区域存放文件列表。文件列表不断增加，操作系统维护的开销不断增大。文件列表数据通常按某种顺序来存放文件数据，如果采用顺序查找法，n 个文件的检索时间为 $O(n)$。如果存放时已经排序，采用二分法查找，则它的运行时间为 $\log n$，效率比顺序查找快。如果检索采用哈希（Hash）法，其运行时间是 $O(1)$，效率更高。

采用哈希法检索文件叫作文件的“直接访问”。哈希函数也叫散列函数，是最有用的数据结构之一，也是一种算法，应用很广。在程序中，通常为每个对象分配一个哈希值，用于检索对象。哈希函数的神奇之处在于，无论给它什么数据，都输出一个数字，如图 6-2 所示。

输入数据 ⇒ 哈希函数 ⇒ 输出数字

图 6-2　哈希函数的映射

描述图 6-2 的专业术语是“哈希函数将输入映射到数字”。哈希函数有严格的一致性要求，即每次给出相同的输入数据，输出的数字必须是相同的。其次是不同的输入映射到不同的数字，当然这是理想的要求。有许多办法可以让哈希函数确保其一致性和将输入映射为不同数字。这看上去好像毫无头绪，但并不需要为每个应用都编写一个哈希函数，程序设计语言提供了哈希函数可供调用。哈希函数有多种实现方法，如将输入的关键字分割为相同位数的几部分，然后进行运算，得到输出的数字。

在直接访问中，文件可以为数据存储的地址进行编号，将文件名作为哈希函数的输入，输出的数字作为索引值，就可以迅速地得到文件的目标地址，实现文件的快速检索。

除了顺序访问和直接访问，文件访问还有其他方法，如索引、指针等，不再赘述。

文件作为数据管理的常规方法，在数据量不是很大的情况下，确实有检索快、操作简便等特点。如果数据量过大，文件管理的效率就会下降。因此，数据库成为了必然选择。确实，如今的文件管理也采用了很多数据库技术。例如，Windows 的 NTFS 文件系统的文件控制块列表采用了关系数据库结构。

6.1.2　数据库方法

计算机运用到信息管理领域初期，当时各应用都是独立的，各自管理需要的数据。这就意味着，在不同的部门中有大量的信息是重复和相同的，许多虽然不同但彼此有关系的数据却存放在不同的系统中。设想一下：一个学生的考试数据和学生的学籍信息分属两个系统是一件多么不可思议的事情。

如今是信息时代，网络也产生了无数的信息。一个极为实际的问题是：如果我们需要查询某件事，到哪儿去找？数据库就是这个问题的答案。今天，网络中最重要的工具可能就是搜索引擎，如 Google 和百度，它们都是基于数据库的。

管理海量数据从来不是一件容易的事情。数据库是一种广泛使用的数据管理方法，也是目前最为有效的方法。文件系统中也大量使用了数据库的很多技术，以提升文件管理的效率，提高文件访问的速度。

数据库（DataBase，DB）可以看作一个电子文件柜：存放计算机所收集的数据的容器。如果有很多文件，就需要多个文件柜。管理文件柜及其中的大量数据就需要相关技术。

大型应用系统有数据量大、类型复杂的特点。例如，银行账户的信息包括：账户名称、一大串数字的账号，账户的地址，账户的证件号和照片甚至指纹数据，账号的贷入、贷出数据，交易数据等。每个数据类型不同，长度也不同。这些数据都是不断变化的，除了新增账号或销户，也允许一个人有多个账户。

数据库能够有效地管理这些复杂的数据，避免信息的重复和数据的不一致。数据库是信息系统的核心，也是数据管理的有效方法，通过完备的数据模型建立了数据间的逻辑关系，并为数据的存储、检索、维护和管理提供了整体解决方案（total solution）。

基于不同的数据模型，数据库类型也有多种，目前主流的是关系数据库。关系数据库中的数据是按照结构化进行组织的，6.2 节将介绍关系和关系数据库的相关知识。

关系数据库采用结构化数据组织，同样有数据库采用非结构化数据，后面将介绍。文件管理中采用的索引、散列、二分法等算法，在各种数据库中都有应用。数据库技术更注重数据按照便于检索的方式加以组织，无论是否是结构化的。

6.1.3 数据库管理系统

可以说，现在数据库无处不在，如手机通讯录、电子邮件、文件管理都采用了数据库技术，银行、电信、电商、跨国企业等都使用了大型数据库的专业软件。数据库是目前使用最多、市场最大的商业软件，也有开源的。

就像编程语言只是规则，编译/解释程序才是编程时有用的，数据库是个技术模型，真正有用的是数据库管理系统（DataBase Management Systems，DBMS）。实际上，数据库只能被数据库管理员使用，普通用户只能通过应用程序，以 DBMS 作为“二传手”与数据库打交道，如图 6-3 所示。因此，DBMS 往往被认为就是数据库。

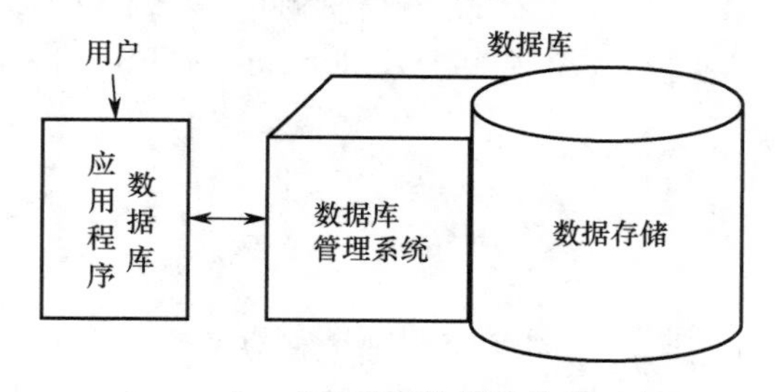

图 6-3　数据库系统示意

商业化的 DBMS 有很多。大型数据库有 IBM 的 DB2、甲骨文公司的 Oracle、微软公司的 SQL Server，也有中小型数据库，如微软的 Access。数据库也有自由软件，如 MySQL、SQLite。

创建数据库、定义数据和使用数据库的全部工作都是 DBMS 完成的，也可以把 DBMS 看作一个黑盒，用户或应用程序发出使用数据库的请求，DBMS 处理请求并访问数据库，给用户返回结果。这种间接访问的机制可以有效地保证数据库安全。

大多数 DBMS 具有在线事务处理（On-Line Transaction Processing，OLTP）和在线分析处理（On-Line Analytical Processing，OLAP）功能。OLTP 是大多数信息系统具备的功能，而 OLAP 已经成为大数据处理的重要技术（见第 8 章）。

数据库的优点远非上述几点，是由信息社会处理庞大、复杂数据的需求所决定的。技术往往产生于需求之中，数据库也是如此。

大型企业采用的 ERP（Enterprise Resource Planning）就是建立在数据库基础上的，它是一个大型数据库应用系统，为企业的生产、经营、财务等管理业务流程提供数据服务和技术支持。

数据库很少被认为是一种管理学科。这不是本书讨论的范围，但我们能够注意到，“学科”意味着需要进行规划并实施这个规划。如果数据库的管理也被当作一种管理学科，那么对数据的处理效率和数据安全才更有保障。

6.2 关系数据库

数据抽象的目的是隐藏数据的存储细节，以容易理解的形式表达数据。数据库模型实际是一种抽象化的操作工具。不同的数据模型有不同类型的数据库管理系统，主流的是关系数据库，本节介绍关系数据库的相关知识。

6.2.1 关系

关系模型首先由 IBM 加州圣何塞实验室的 E. F. Codd 于 1970 年提出。数据库主要服务于数据管理，关系模型引入了数学工具，使得关系数据库建立了必要的理论基础和严格的逻辑表达。我们知道，计算机中的数据管理必须是准确而可靠的，而这个过程的实现，如果是建立在数学和逻辑基础上，那么它的可信度和可靠性不言而喻。

Codd 在他的论文中使用了“关系”这个词。实际上，“关系”就是“表”（电子表格）。ISO 制定的关系数据库标准中就用“表”代替了“关系”。在关系数据库中，数据被放到不同的表中，表之间建立了相互关联，定义了表之间的相互操作。这里以微软的 Access 为例介绍关系相关的概念。

Access 示例数据库罗斯文（Northwind 2007）是一个假想的小型食品经销商的数据库，有产品、供应商、订单等 8 个表，图 6-4 是这些表的截图。

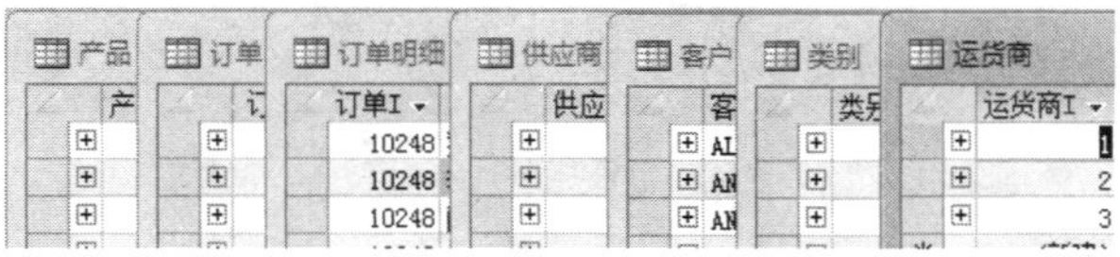

图 6-4　罗斯文数据库的表

数据表需要按照规则创建。如表 6-1 所示，罗斯文产品设计表有 10 个字段，每个字段都定义了数据类型和约束条件，表中的 ID 字段是主键（primary key），是表中不可重复的唯一值，确保数据库中的数据记录不会出现重复，也是数据检索的关键字。

在表 6-1 中，供应商、类别都是使用了供应商表和类别表中的 ID（主键），也就是一个表的主键同时是其他表的外键（foreign key）。换言之，通过产品表可以关联检索产品所属的类别，以及产品是由哪个供应商提供的。这是关系模型的重要特性：主键、外键在不同表之间建立了关联，以确保数据的完整性。

罗斯文数据表之间的关系如图 6-5 所示。每个表中，有钥匙图标的字段是该表的主键，表之间的连线给出了不同表之间字段的关联，连线一端为标记“1”的是主键，另一端的标记“∞”为外键。例如，供应商表 ID（主键）是产品表的外键，产品关联订单明细，订单明细关联订单，订单关联客户，订单管理运货商。

表 6-1　罗斯文产品设计表

字段名	数据类型	约束（是否必须）	备注
产品 ID	longInteger	Primary Key	长整型，自动赋予新产品的编号
产品名称	varchar（40）	Not Null	文本，40 个字符，不能为空
供应商	integer		数值型，与供应商中的 ID 表项相同
类别	Integer		与类别表中的 ID 表项相同
单位数量	varchar（20）		文本，20 个字符，如 24 装箱、1 升/瓶
单价	currency		货币数据类型
库存量	integer		不小于 0
订购量	integer		不小于 0
再订购量	integer		不小于 0　为保持库存所需的最小单位数
中止	logic		默认为 No，Yes 表示条目不可用

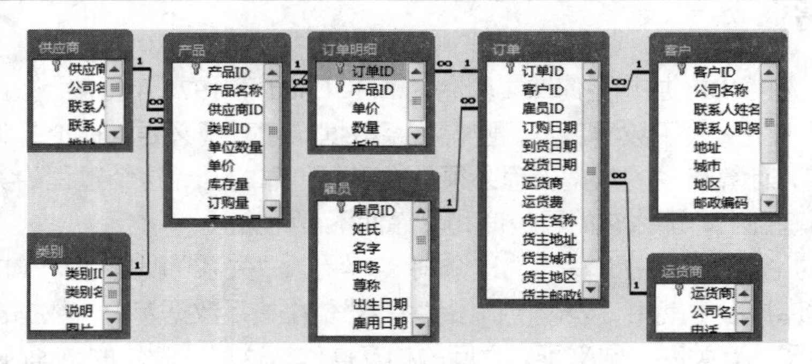

图 6-5　罗斯文数据表之间的关系

一个数据表被设计后，就可以建立数据表：输入各字段的数据。图 6-6 是有数据记录的产品表，状态栏上显示包括 77 项数据记录（只显示了前 14 项）。

产品

产品ID	产品名称	供应商	类别	单位数量	单价	库存量	订购量	再订购	中止
1	苹果汁	佳佳乐	饮料	每箱24瓶	￥18.00	39	0	10	✓
2	牛奶	佳佳乐	饮料	每箱24瓶	￥19.00	17	40	25	
3	蕃茄酱	佳佳乐	调味品	每箱12瓶	￥10.00	13	70	25	
4	盐	康富食品	调味品	每箱12瓶	￥22.00	53	0	0	
5	麻油	康富食品	调味品	每箱12瓶	￥21.35	0	0	0	✓
6	酱油	妙生	调味品	每箱12瓶	￥25.00	120	0	25	
7	海鲜粉	妙生	特制品	每箱30盒	￥30.00	15	0	10	
8	胡椒粉	妙生	调味品	每箱30盒	￥40.00	6	0	0	
9	鸡	为全	肉/家禽	每袋500克	￥97.00	29	0	0	✓
10	蟹	为全	海鲜	每袋500克	￥31.00	31	0	0	
11	大众奶酪	日正	日用品	每袋6包	￥21.00	22	30	30	
12	德国奶酪	日正	日用品	每箱12瓶	￥38.00	86	0	0	
13	龙虾	德昌	海鲜	每袋500克	￥6.00	24	0	5	
14	沙茶	德昌	特制品	每箱12瓶	￥23.25	35	0	0	

记录: 第 1 项(共 77 项　无筛选器　搜索

图 6-6　产品表

用户使用产品表，不但知道是哪个供应商提供的产品，而且知道某个供应商（关联供应商表）提供的产品，也能获知库存情况。

关系数据库中，表的列称为字段（field），也称为属性（attribute）。一个表的字段总数称为度，如罗斯文产品表的度是 10。数据库没有度的数量限制，有经验的设计者宁可多设计几张表，而不是在一个表中使用很多字段。数据表的每一行数据被称为一个记录，记录的总数称为基数，如产品表的基数为 77。在关系模型中将行记录称为元组（tuple）。数据库在设计字段时会对字段的取值范围进行必要的限定，称为字段取值的域（domain）。

关系数据的另一个重要特点是结构化数据：表的一组不同数据类型的数据组成了一个完整的数据记录。关系模型建立了记录的运算规则，一次处理一个记录。结构化数据可使用如5.4.1节所述的“结构”或“类对象”实现。例如，Oracle 8之后的数据库采用的是对象关系模型。

结构化数据是数据库的基础，也是大数据处理的基础。DBMS具有数据分析、处理功能，能够对数据库中的数据进行抽取、转换、加载等操作，进一步介绍请参见第8章。

6.2.2 关系运算

如同数学对数和变量定义运算，关系模型也定义了关系运算：通过关系运算，可以得到新关系。换言之，表之间进行运算，得到的结果是一个新的表。基本关系运算有8种，其中4种是集合运算，另外4种是专用关系运算。

1. 关系的集合运算

并（union）、交（intersection）、差（difference）、积（cartesian product，笛卡尔积）是集合运算。在关系模型中，运算对象为关系（表），如图6-7所示，r1、r2为参与运算的原关系，r3是经过运算和得到的新的关系。

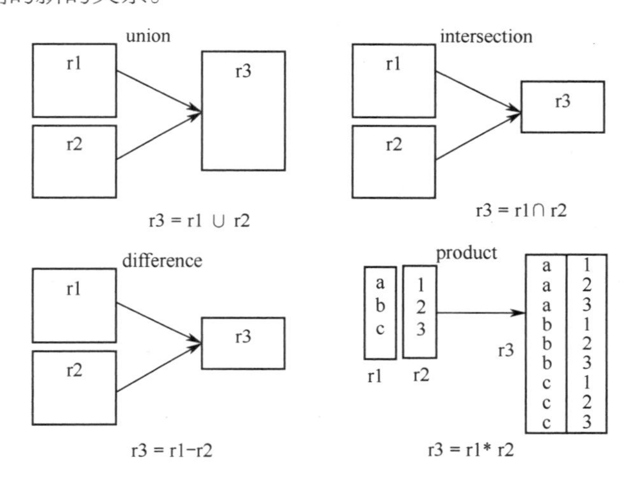

图6-7 关系的集合运算

并操作是一个合并操作，r3包含了r1和r2所有元组。交运算的结果是同时出现在两个关系中的元组：r3中的元组既在r1中存在，也在r2中存在。r1与r2的差是关系r3，是仅在r1中但不在r2中的元组。积也称为笛卡尔积，r3是r1、r2的笛卡尔有序对的集合。

集合运算在数据库升级、整理时有很大作用。例如，旧系统中分属不同部门但相同的数据需要整合，通过集合运算可以确保新整合的数据没有重复的记录。

2. 专用的关系运算

基本的关系运算有选择（select）、连接（join）、投影（project）、除（divide）4种专用的关系运算，如图6-8所示。其中，选择、连接和投影使用较多。

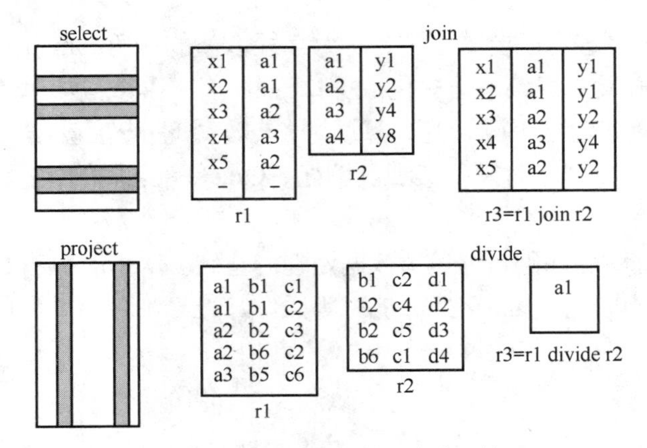

图 6-8　数据库的专用关系运算

选择运算可根据给定的条件，查找一个或多个表的记录，组成一个新表。例如，在产品表中查询某个类别的产品。

如果是多表查询，就需要在表之间建立“连接”。连接将多个表组合成一个新表，这是关系代数中最重要的操作，也是数据库系统中最难实现的操作。图 6-8 所示的 join 操作，得到的 r3 是表 r1、r2 中具有相同属性的行记录的值，且这个值只出现一次。

投影操作从表中选取几个字段，将相关记录组成一个新的关系。如统计雇员的销售业绩，只需要雇员的名字和订单、销售额等几个相关字段的数据。

除运算也是较难实现的操作，如图 6-9 所示，在 r1 和 r2 中，只有(b1,c2)这个值所在的元组相匹配。除运算与投影相关：将 r1 的第 2 列、第 3 列投影在 r2 上。

课号	课程名
0001	计算机科学基础
0002	Java程序设计

学生	课程号
Tang	0001
Zhang	0001
Feng	0002
Tang	0002

图 6-9　除运算示例

理解关系的除运算比较难，我们举例解释。例如，对于图 6-9，除运算就是找出选了全部课程的学生，结果是 Tang。

上述 8 个运算符是 Codd 第一次定义关系数据库模型时给出的。今天的关系数据库还包含更多的运算。关系运算遵循“关系进、关系出”原则，与数学运算一样，只要符合运算规则，就可以定义任何关系操作符。

6.2.3　SQL

关系模型也是通过编程语言实现的，这就是 SQL（Structured Query Language，结构化查询语言），是关系数据库专用语言。例如，创建表使用下列 SQL 语句：

```
CREATE table tableName
```

CREATE 是 SQL 命令，table 就是一种运算，其后是表名。CREATE 也可以定义数据库。

SQL 最早是 IBM 为其 DBMS 软件 System R 开发的，后成为关系数据库的国际标准，规定了 SQL 的数据结构和基本操作，包括创建、访问、维护、控制和保护 SQL 数据的功能。SQL 最新版本是 ISO/IEC 9075-2016。

数据库应用程序要使用通用编程语言编写（如 C、Java 等），再将 SQL 嵌入其中，实现数据库操作，因此，通用编程语言就是 SQL 的宿主语言（host language）。

SQL 不需要告诉计算机如何做，只是告诉计算机做什么，因此它是非过程化的语言。限于篇幅，本书不介绍 SQL 更多的功能，仅以查询为例。关系的选择运算 SELECT 在 SQL 语句中为查询语句，格式（不区分大小写）如下：

```
SELECT field_Name [, field_Name, field_Name, …]
FROM  table_Name [, table_Name, table_Name, …]
WHERE condition
```

其中，SELECT 后面是字段参数，[ ]为可选参数。如果列出需要的字段，这个操作就是投影。“SELECT *”将列出所查询表的所有记录。FROM 子句是指定查询的表是哪一个，可以是多表。WHERE 子句是给出查询的条件。语句可以在一行，也可以分为多行。例如，要从 Access 罗斯文数据库中查询销售经理“赵军”的销售数据：

```
SELECT  *
FROM  订单
WHERE  订单.雇员 ID=5
```

赵军的雇员 ID 是 5。要知道雇员的 ID，只需查找雇员表就可以得到。WHERE 子句是一种数据过滤，这个例子是只给出“赵军”的数据。如果需要列出各类别的产品，就需要使用 JOIN 子句，如下面的查询语句：

```
SELECT *
FROM 类别
Inner JOIN 产品 On 类别.类别 id = 产品.类别 id;
```

该语句使用的连接类型为 Inner（交）。

SQL 的 JOIN 语句可实现非常灵活的查询。JOIN 基本方式有 4 种，如图 6-10 所示。有兴趣的读者可访问 http://www.sql-join.com/获取更多信息。

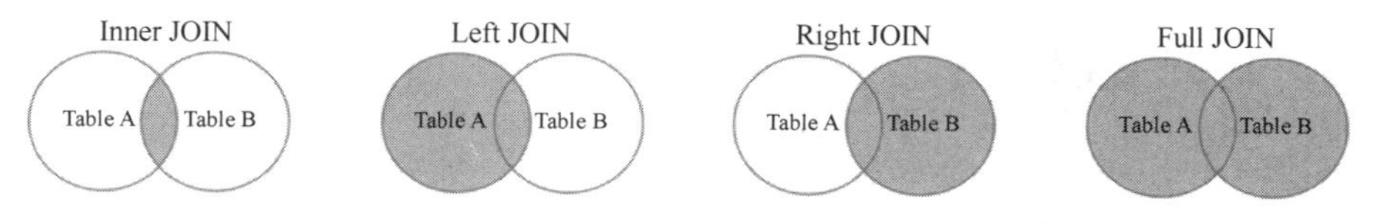

图 6-10 JOIN 的类型

JOIN 在连接多表时，需要考虑连接表的每一行的组合，如果数据表记录庞大，那么连接运算的时间成本就会很高。

编程语言只是规则，真正能够编程的是语言的翻译系统（解释器/编译器）。对于关系数据库语言 SQL，DBMS 就是它的解释/编译系统。换言之，DBMS 是通过 SQL 完成了数据库的全部任务，包括提供与其他系统的接口。所有 DBMS，都把 SQL 设置为一个内核处理程序。

数据库管理需要复杂的技术，大型数据库为了提升查询效率，都会使用索引技术。为了数据安全，数据库应当具备异地备份、多机备份、数据恢复等机制，这里不再赘述。

6.2.4 事务

使用数据库的好处有很多。首先是实现了数据的集中管理，集中是有效管理的前提。数据库查询是不会改变数据的，但 SQL 允许数据进行修改操作，如增加一个记录、修改记录中的某个字段的值等。SQL 的 UPDATE 语句是更新数据库操作，INSERT 语句是插入记录，而 DELETE 语句是删除，这些都是要改变数据库中数据的操作。

数据库的完整性一是要确保数据正确，二是要防止语义不正确的数据进入数据库，而语义不正确的原因大多是操作行为的失当。例如，在银行的 ATM 上取钱，在等待机器吐出钱的时候，此时 ATM 故障或者断电了（只是举例，ATM 配有不间断电源）。再如，一个客户在网上银行操作，从一个账号划转一笔钱到一个账号上，如果转出操作完成了，而转入操作出了问题。遇到这类事情，用户会感觉很糟糕，数据库中就会出现数据不一致的情况，即账面上不平衡了，也很难立即找出问题究竟出在哪里：银行的数据库是既复杂又庞大。

为此，数据库采取了事务（transaction）处理技术来确保数据的完整性，称为 ACID 特性，即原子性（Atomicity）、一致性（Consistency）、隔离性（Isolation）和持久性（Durability）。它给 DBMS 设定了一个操作逻辑：对数据库的操作，要么全部做完，要么什么都不做，绝不会出现完成部分操作的情况。

事务确保避免上述错误，也为程序员简化了编写操作代码的复杂性。例如，转账操作可以通过如下 SQL 语句实现：

```
BEGIN Transaction;          -- 开始事务
UPDATE BankDB SET balance = balance - 100 WHERE  personalAcoountID = 313239098;
UPDATE BankDB SET balance = balance + 100 WHERE  personalAcoountID = 315233106;
Commit;                     -- 提交事务
```

只有事务提交后，事务中的操作才生效。换言之，事务中的语句在提交之前只是在数据库缓存中执行，Commit 是确保事务中所有操作都完成后才下达修改数据的命令。

6.3 非关系数据库

关系数据库功能强大，但其性能会随着数据量的增加而下降，尤其衍生的数据表越来越多，JOIN 操作随之增多，就会产生严重的运算瓶颈。因此，非结构化数据库（如 NoSQL）在某些方面反而有了优势。SQL 是关系数据库，NoSQL 的意思很清晰：这不只是关系数据库，“Not Only SQL”。NoSQL 不是一个数据库的名字，而是非结构化数据库的代称。

非结构化数据库不用表格，其数据也没有严格要求非重复记录，不需要对数据进行重新整合，不用查询语言。我国于 2016 年颁布了由浙江大学主持制定的非结构化数据管理（unstructured data management system）规范 GB/T 32630—2016，其总的管理要求与关系数据库的差不多，但其内容要广泛得多：非结构化数据处理比结构化数据处理更复杂。

非结构化数据库的发展基于两个新的数据形势：一是大量的网络数据都是非结构化的，如网页数据、媒体数据、文档数据等；二是非结构化数据的访问有可能是大量并发。这些都是关系数据库无能为力的。另外，大数据更多处理的是非结构化数据——NoSQL 顺势而为。

1. 文档存储

“文档存储（document data）”是 NoSQL 支持的一种非结构数据库类。在文档存储中，文档的条目按照应用程序需要的方式保存。例如，一个博客系统用关系模型表示要有博主表、文章表、评论表，并在这些表之间设置主键、外键表示博主与文章之间、文章与评论之间的关系。在 NoSQL 中不需要预先定义这些表格，一个文档就是一个记录，文档也可以彼此不同。如一个博主被定义为一个文档，他的文章、评论全部在文档中。

文档存储与文件管理有所不同，文件通常与应用程序关联，文件数据不能共享，如 Word 程序和它的文档。文档存储概念上仍然是数据库的。例如，开源的文档数据库 MongoDB 采用 Colletion（集合，类似数组类型）存储文档，文档是数据库中的最小单元，有点类似关系中的行记录。关系数据库用主键值标记记录，MongoDB 也使用 ID 标识文档。因为它没有关系的一致性要求，所以没有 JOIN 操作。因此，MongoDB 的自我推荐是“使用数据的最佳方法、可以把数据放在你需要的地方、可在任何地方运行”。

文档数据库被用在如博客等内容管理的应用方面，也被用于网站分析，在电子商务应用中也用文档存储保存订单和产品等数据。

但糟糕的是，虽然文档数据可以共享，但用户必须自行跟踪文档之间的关系，甚至需要将共享数据复制到不同的文档中，因此文档数据会产生大量冗余。

2. 图数据库

本书 4.4.6 节中介绍了搜索图，图 4-10(c)所示的图结构适合表示“多对多”关系，最常见的就是社交网络：一个人可以加入很多群，一个群里有很多人，那么构建群内人的关系肯定会很复杂。关系数据库 JOIN 的复杂性在于连接多个表时非常耗时，用 NoSQL 的图数据库，这个问题可以很好解决。

图数据库将条目（entry）作为结点存储，关系作为边存储，数据库可以根据条目之间的关系灵活地处理数据记录。如果将一个城市的公共交通系统数据存储在图数据库中，就可以很快地得到两个公交站点之间的路线和距离。

Neo4j 是较流行的开源的图数据库，是用 Java 语言编写的，也支持 Python。有人将 Neo4j 称为“网络数据库”，这不太准确，会带来理解上的混乱：Neo4j 是基于图的数据组织形成的网状结构，并不是存储在网络上的。

3. 键值存储

键值存储（key-value store）在数据库数据组织与存储中是最简单的一种，当然它的应用范围也是特定的。关系中的表在键值数据库中就是一个存储区域，表的行记录就是键值（key-value，也有翻译为键-值对），表的字段就是键（key）。

例如，“双 11”网络购物的开始几十秒钟就有数亿的订单，也许只有键值存储才能应付这种突发的大流量并发数据：将每个订单作为一个记录，给这个记录赋予唯一的键值。我们已经知道，Hash 函数就是干这件事的。

键值存储数据库最早由亚马逊于 2012 年发布的 Amazon DynamoDB 中提出，采用“分布式的哈希表”，适合互联网的大型应用程序：每天可处理超过 10 万亿个请求、每秒 2000 万个请求的峰值。开源的键值存储数据库有 Apache Cassandra。

4. 列存储

Google 公司的 HBase 也是一个分布式的、开源的非结构化数据库。如果说关系运算是基于行的，那么 HBase 就是基于列的。HBase 的强大之处在于它支持海量数据存储，能够导入关系数据库的数据，可以使用 Google 的大数据处理工具处理 HBase 数据。

上述提到的这几种非结构化数据库都是开源的，可以免费使用。

请读者思考，使用开源系统一定是好事吗？

6.4 其他数据库技术

随着计算机应用的深入，数据量成倍增长，数据管理技术也随之发展。本节介绍的数据库技术有的已经被应用在前述各种数据库中，有的还在发展之中。

1. 面向对象的数据库

"对象（object）" 这个概念来自编程语言，将数据库纳入一个现存的、已经具有面向对象类型的程序设计语言系统中是一件很自然的事情。由于关系数据库有最成熟的技术，因此对象–关系数据库就成为了一种很好的发展路线。

对象–关系数据库的结构方式是通过在关系数据库中增加对象类型，这种扩展在对象与关系之间进行平衡，保留了关系数据库强大的查询能力。现在大型的关系型数据库管理系统都有对象类型和相关的处理技术。

把对象概念运用到数据库中则依赖于编程语言，如基于 C++的面向对象数据库。

2. 分布式数据库

某些情况下，数据库需要多台服务器协同工作。例如，云计算（cloud computing）有 PB 级的巨量数据，没有单台计算机能支持它的数据存储。有的数据库需要每秒数万次以上的数据并发。考虑到数据安全，仅依靠单台机器的数据库，风险变得不可控，因此需要管理多台机器，构成分布式数据库。

分布式数据库位于网络的多个计算机上，有两种基本类型。一种叫作分割式分布式数据库，本地使用的数据库全部在本地计算机上，只有本地数据库没有的数据，才到其他地方去找，这种结构是本地为主，外地为辅。例如，银行的分行主要服务本地客户，有时也服务来自外地的客户，此时就要访问客户的"本地"数据库。

分布式数据库的另一种类型为复制式。在网络上的每个数据库服务器都有相同的数据。这种设计的目的是数据库安全，如本地出现数据库故障，可从异地将本地被破坏的数据通过"复制"予以恢复。

3. 并行数据库

并行数据库（parallel database）与关系数据库差不多同时起步，一直被期待为"新一代数据库"。并行数据库支持多处理器执行并行查询和事务处理的数据库任务。除了多处理器系统，大规模集群（cluster）系统也成为了超级计算的主流技术，因此并行数据库开始进行分布式数据访问。从这个意义上，它与分布式系统的技术方向开始走向趋同。

4. 地理数据库

地理数据库（geographical database）是数据库的一种应用，地理数据描述地理属性，如土地类型、河流名称、道路宽度等。不过它常常与另一个名字 GIS（Geographic Information System，地理信息系统）混淆。其实，GIS 是建立在地理数据库上的一个应用系统。普通数据库也存放部分地理信息，如城市、街道和居民区等，但它们不是地理数据库。如交通类应用需要很多地理信息，交通地图也需要查找很多地理信息才能提供导航服务。

很多数据库管理系统提供了 GIS 的扩展，定义了点（PointField）、线（LineField）和多边形（PloygonField）字段，并支持在这些字段中执行空间程序。

5. 其他数据库

几乎每种应用都有数据库的支持。例如，时态数据库（temporal database）是基于数据与时间相关的应用数据库，其中的数据都带有时间信息。这种应用对时间特别敏感，如金融交易、股票、保险等行业。

人工智能（第 9 章介绍）使用逻辑型数据库，如推理 DBMS、专家 DBMS、演绎 DBMS、知识库、数据模型的逻辑与查询等，其目标是从数据库系统的角度去解释基于逻辑的系统。逻辑型数据库将传统的数据库中的关系看作一系列公理，执行查询就是证明这些公理的逻辑结果。

自然语言数据库支持用户用自然语言访问。现在，自然语言处理技术有所进展，但与科学家们期望的还有很大差距，自然语言访问数据库还需时日。

6.5 构建信息系统

数据库是构建信息系统的关键。信息系统中还包括应用需求，需要考虑选择合适的服务器、网络架构、开发应用程序的编程语言等。因此，构建信息系统是一个工程，需要编程、设计网络、选用数据库，并将其集成为一个系统。这里只简单介绍信息系统中的数据库设计和数据库访问结构。

6.5.1 数据库设计

数据库设计是指信息系统的设计者需要将需要信息管理的业务转化成数据库管理。

数据库设计的第一步就是建立模型，这种方法称为实体关系（Entity-Relationship，ER）建模法，简称 ER 图或 ER 模型。DBMS 提供图形化的 ER 设计工具。简单地说，实体就是表名，表的字段为实体的域。用图形方法把实体关系画出，可以方便地转换为数据库中的表结构。

图 6-11 是一个学生、课程和教师的 ER 图的例子。必须说明的是，完整的 ER 图还应该包括学生和教师所在的院系、课程属于哪个院系等。

图 6-11 中有 3 个实体 Student、Course 和 Teacher，用矩形表示，定义了数据记录的类型。椭圆表示的是记录的域（属性）。学生与课程、课程与老师之间具有某种联系，矩形之间的较粗线条表示的是基数（不是数据库的基数）约束（cardinality constrains），标记在线上的 m、n 是关系的数量。基数关系有 3 种：① 一对一，如一个学生有一个专业；② 一对多，如一个

学生可以选多门课；③ 多对多，如多门课程有多位教师授课。这种基数约束有助于在设计阶段明确实体之间的相互关系。

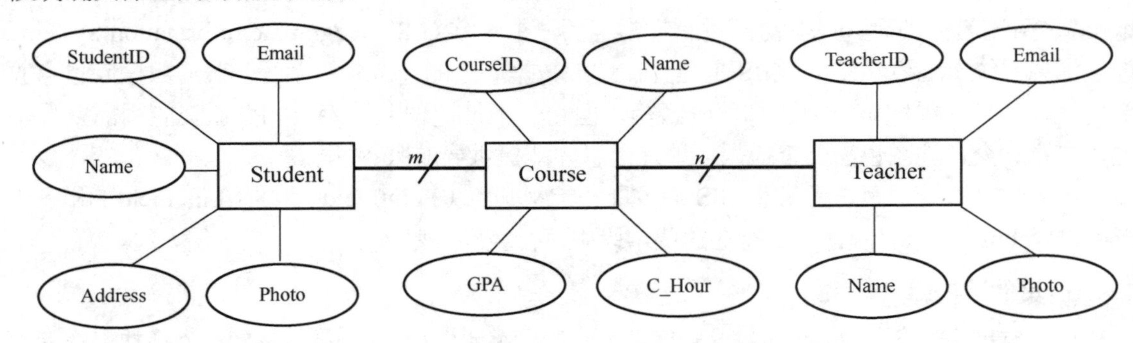

图 6-11　学生选课的 ER 图

最终 ER 图设计完成，就可以将每个实体设计为数据库中的基础表（如表 6-1 所示的表的样子），并为每个表创建一个主键（primary key），为每个字段指定数据类型，设计约束条件。例如，上述 ER 图中的 3 个实体的 ID 可以作为主键，数字类型不可为空。

在建立数据表之间的联系上，通常将上述基础表中的 ID 作为选课表中的外键，得到的选课表中将包括课程、学生、上课教师的完整信息。

建立完整信息的目的是维护数据。例如，一位教师退休或者因故不上某门课程，那么在课程或者选课系统中就不会出现他的信息，不会导致不上课的教师被安排了课程。

6.5.2　访问接口和数据转换

接口是计算机在不同系统之间的连接技术，如人机之间、存储器与外设之间、软件之间都需要接口。数据库也需要通过接口与其他系统之间实现连接，进行数据交换。

1. ODBC 和 JDBC

数据库的核心是 DBMS，数据库应用程序与数据库管理系统一般采用不同的语言。那么，DBMS 与应用程序如何对话呢？找个传话的：数据库访问接口。

ODBC（Open DataBase Connectivity，开放数据库连接，微软公司的方案）是访问数据库接口的事实标准。简单地说，ODBC 是一个在数据库与应用程序之间的传声筒，为应用程序提供了一个驱动程序：可以访问数据库，也可以访问 Excel 表或者文本数据文件。

JDBC（Java DataBase Connectivity）提供了 Java 程序访问数据库的方法（接口）。如果应用程序是 Java 语言开发的，就用 JDBC。

ODBC 和 JDBC 是专业开发人员使用的，进一步的介绍已经超出本书的范围。还有另一种应用：非专业用户需要使用数据库中的数据，用于数据分析、处理。DBMS 也提供了很多数据分析功能，但多为普通方法。很多专业处理需要专业方法进行数据分析处理，就需要从数据库中导出数据，并以合适的数据格式提供给其他系统。

2. CSV 数据

导出数据称为数据准备。数据库导出数据并没有统一标准，但支持很多格式。CSV 格式已被广泛使用，如 Office、R（参见第 8 章）、Python 等。Excel 表格也可以转换为 CSV 格式。

CVS（Comma-Separated Values）即逗号分隔符文件格式，也称为字符分隔文件，分隔字符也可以不是逗号，文件以纯文本形式存储表格数据。CSV 文件由任意数目的记录组成，记录间以“,”作为记录的分隔符号。通常，所有记录都有完全相同的字段序列。

大多数 DBMS 提供数据库数据导出为 Excel、Word、文本等格式的文件。例如，Access 罗斯文数据库，选择的订单数据经 Excel 转换为 CSV 数据，得到的数据格式如下所示：

```
订单 ID，产品 ID，单价，数量，折扣
10248，17，14.00，12，0
10248，42，9.80，10，0
10248，72，34.80，5，0
……
```

3. XML

微软的 XML（eXtensible Markup Language，可扩展标记语言）虽然称为语言，但更多被视为跨平台（Windows、iOS 和 Linux）数据交换格式。XML 也成为了数据交换的事实标准，应用程序能够加载 XML 数据，分析、处理后再用 XML 格式输出。

数据库支持导出 XML 格式的数据文件，甚至可以选择导出数据架构、数据样式表。罗斯文数据库订单明细表导出的 XML 格式如下：

```
- <订单明细>
  <订单 ID>10248</订单 ID>
  <产品 ID>17</产品 ID>
  <单价>14</单价>
  <数量>12</数量>
  <折扣>0</折扣>
  </订单明细>
……
```

这个例子中，起始标签<订单明细>和结束标签</订单明细>标注每一个记录，标签格式为<标签名>。应用程序通过标签项获取相关记录数据。

数据转换还有很多类型和格式。有了访问接口和数据转换格式，数据库与其他应用之间就有了互操作性。这很重要：数据库不是孤立应用，为其他应用提供数据支持。数据库有巨量的格式化数据，也是大数据的重要资源。

6.5.3 访问结构

DBMS 和应用程序可以放在一台机器上。较大的应用有很多数量的用户，也有很多类型的用户。例如，银行的信息系统用户包括柜员、网点经理、各级银行机构的管理人员、会计，还有数据库管理人员。因此，大型系统的用户都是通过网络访问数据库，需要为这种访问构建基于网络的系统结构。

数据库应用系统可以简单看作由两部分组成：一是服务器（server），也叫作后端；二是客

户端（client），也叫作前端。这个结构被称为 C/S 模式或 C/S 结构，如图 6-12 所示，它是一个逻辑结构，应用程序与 DBMS 之间通过网络连接。

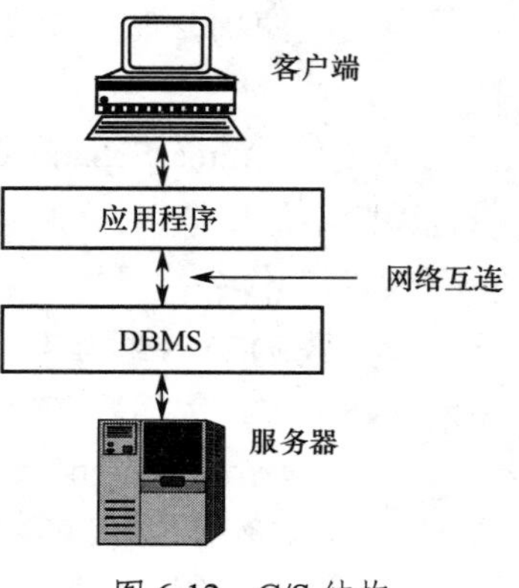

图 6-12　C/S 结构

实际应用中，应用程序安装在客户端的计算机上，DBMS 安装在服务器上。当然，我们也能够完全理解，服务器本身还需要其他软件，如操作系统。如果有多个客户，还需要服务器支持网络访问控制等。

客户端的应用程序用于访问数据库服务器，这个应用程序可以由客户自己编写，也可以委托第三方开发。对服务器而言，用户编写的程序与它内部的嵌入式程序没有什么不同，它们都使用同样的访问接口，经过 DBMS 操作数据库。

如果客户端程序和服务器程序安装在同一台计算机上，则这种结构叫作单用户结构，也可以在同一台计算机上通过不同的用户名访问数据库。如果数据库服务器有很多台，或者分布在不同的地方，也要通过网络连接，这种结构就是分布式的。

还有一种结构，将应用程序放在一台机器（应用服务器）上，这个应用程序支持多用户访问数据库，客户端只进行访问请求和接收访问后的数据结果，就形成了客户端—应用服务器—数据库服务器的三层（3-Tire）结构。分层结构可以更多，大多数是为了细分业务流程或者为了数据库安全。

上述 C/S 结构通常使用内部网或者租用专线构建专网（见第 7 章），这也是大型数据库应用系统采用的结构。如果是一个公共信息服务，如购物、门户网站，用户通过浏览器访问数据库，则称为 B/S 模式。B/S 实际上是 C/S 的一种特殊情况，把浏览器当作客户端，这也是访问互联网的一种方式。

数据库技术是非常复杂的，有很多内容这里没有涉及。我们希望通过以上介绍，给读者建立一个数据库的基本概念。

就数据库本身而言，数据安全、数据备份、灾难恢复等都是重要的研究内容。数据库中还有一些应该被提及的话题，如智能分析、历史数据处理等。基于数据分析的决策支持是数据库技术发展的一个重要的方向，目标是发挥数据库的数据作用，为决策提供更多、更有效的信息。在数据挖掘中需要使用规则表示知识，需要建立这些规则。

本章小结

数据库（DataBase）是用计算机永久存储数据。数据库是数据的组织和存储，能有效管理复杂数据，是信息系统的核心。

数据库实现了数据的集中管理，支持事务处理、保证数据的完整性，能够有效地进行数据的组织和管理。

数据库系统包括用户和数据库两部分，数据库包括数据存储和数据库管理系统（DBMS），用户包括数据库应用程序。

数据库管理系统是软件和数据的结合，是进行数据库创建、管理、维护的软件系统。

数据库模型是将数据库的概念操作转化为数据库存储的实际操作的方法。目前主流的数据库为关系型数据库。

简单地说，关系是表与表之间存在的联系。表的列为关系的属性，表的行为元组（记录），所有的列数叫作度，记录数为基数。

基本关系运算包括 4 种集合运算：交、并、差和积。专用的关系运算有 4 种：选择、连接、投影和除。它们的运算对象是关系，得到的结果是新关系。

SQL 为关系型数据的编程语言，是非过程的、结构化的查询语言。DBMS 的内核程序就是 SQL 处理程序。

数据库还有面向对象的数据库、分布式数据库、并行数据库、自然语言数据库等。

现代大型数据库系统都是基于网络的 C/S 结构。

设计数据库用 ER 图。访问数据库系统采用 C/S 模式和 B/S 模式。

习 题 6

一、问答题

1．我们将数据库系统分为两部分：数据库和用户。为什么将数据存储和数据库管理系统看作一个整体呢？

2．我们也将数据库管理系统（DBMS）看作数据库，其原因是数据库中的数据表的创建、使用都是通过数据库管理系统完成的。书中介绍的大型数据库系统有 Oracle、SQL Server、DB2、MySQL 等，请通过其中某个产品的相关资料的收集，看看它们是如何创建数据库的。

3．什么是数据库的模型？关系模型有什么特点？

4．什么是关系？请介绍关系数据库中对表的相关描述。通过一个学生成绩登记表来具体解释表中的列、行、列数、行数的数据库定义。

5．在图 6-13 中，关系 RC 是关系 RA 和 RB 的 join 运算得到的，试给出 RC 中的元组。

RA

S1	S2
r	2
1	4
p	6
…	

RB

T1	T2	T3
s	x	p
4	d	e
2	m	a
4	t	t

RC

RA_S1	RA_S2	RB_T1	RB_T1	RB_T1
…				

图 6-13　RC = RA join RB

其中，RA 有两个属性 S1 和 S2，RB 有 3 个属性 T1、T2、T3，join 运算后得到的 RC 关系将包含 RA 和 RB 的所有属性，分别在原属性前面加上关系名。

6．如果对图 6-13 执行并、交运算，得到的关系是什么（给出新的关系中的元组）？

7．用 SQL 对图 6-13 中的 RC 进行投影操作的（伪代码）语句如下：

```
RD ← Project  RA_S1, RB_T1 From RC
```

试解释语句的意思，给出操作结果。

8．对下列关系 X 和 Y，执行 SQL 语句之后的结果是什么？

X

A	B	C
1	2	s
4	9	t
6	0	p

Y

K	M
3	j
4	k

（1）

```
Result ←  project C FROM X
```

（2）

```
Result ←  SELECT FROM X WHERE C=t
```

（3）

```
Result ←  project M FROM Y
```

（4）

```
Result ←  join X and Y WHERE X.A EQUAL Y.K
```

8．什么是宿主语言？如何编写数据库的应用程序？

9．什么是面向对象的数据库？

10．什么是 NoSQL?

11．什么是 OLTP？什么是 OLAP？

12．如何构建数据库系统？

13. 为一个公司的销售部门设计一个数据库的 ER 图。该部门有经理（manager）、销售员（saler）、产品（product）。每个销售只能销售一种产品，经理可以销售所有产品，并管理所有销售员。

二、选择题

1．关系数据库中的数据是______的，是对数据组织和存储的一种技术。

A．文件化　　B．结构化　　C．非结构化　　D．过程化

2．事务通常是指一个任务的操作要求。数据库对事务处理的支持是确保数据的______。

A．完整性　　B．正确性　　C．实时性　　D．安全性

3．数据库系统由数据库及它的______、用户组成。

A．存储器　　B．应用程序　　C．数据模型　　D．网络

4．数据库管理系统是软件和数据的结合，是进行数据库创建、管理、______的软件系统。

A．更新　　B．删除　　C．传输　　D．处理

5．数据库管理系统的英文缩写为______.

A．DB　　B．DBS　　C．DBMS　　D．DBM

6．应用数据库是指通过数据库技术建立起来为用户服务的数据库系统，如______。

A．ARP　　B．TRP　　C．ERP　　D．MIPS

7．ERP 是基于数据库技术的软件产品，是指______。

A．企业级数据库应用系统　　B．数据库开发工具

C．数据库管理系统　　D．分布式数据库系统

8．关系数据库是目前数据库技术的主流，“关系”一词的意思是______。

A．表之间的关联　　B．数据类型之间的关系

C．表与表之间的关联　　D．对数据进行处理

9. 一个关系数据库中有一个数据表的记录数为 100 万，这是指它的______。

A. 属性值　　B. 度数　　C. 基数　　D. 维数

10. 一个关系数据库中有一个数据表有 15 列，是指它的______。

A. 属性值　　B. 度数　　C. 基数　　D. 维数

11. 以下不属于关系的基本运算的是______。

A. add　　B. difference　　C. divide　　D. cartesian product

12. 以下不属于关系的基本运算的是______。

A. union　　B. intersection　　C. join　　D. not

13. 以下属于关系的基本运算的是______。

A. project　　b. and　　c. or　　d. not

14. 在关系数据库中，行的专业名词是______。

A. 元组　　B. 元素　　C. 元数据　　D. 元运算

15. 在关系数据库中，列数据的专业名词是______。

A. 元组　　B. 元素　　C. 属性　　D. 元

16. SQL 是关系数据库的标准编程语言，它是______的。

A. 文件化　　B. 结构化　　C. 非结构化　　D. 对象化

17. SELECT 操作是属于 SQL 中的______。

A. 数据查询　　B. 数据操纵　　C. 数据定义　　D. 数据控制

18. OLAP 是数据库技术的______。

A. 联机事务处理　　B. 联机网络处理

C. 联机数据传输　　D. 联机分析处理

19. OLTP 是数据库技术的______。

A. 联机事务处理　　B. 联机网络处理

C. 联机数据传输　　D. 联机分析处理

20. 构建数据库系统由两部分组成，一是服务器（Server），二是______，这个系统结构称为 C/S 结构。

A. 终端　　B. 客户端　　C. 服务端　　D. 浏览器端

21. 数据库设计的第一步是建立模型，这种方法称为______。

A. 数据表　　B. 结构表　　C. ER 图　　D. 流程图

22. 基于网络的数据库系统通常使用浏览器访问数据库，这种结构称为______。

A. C/S　　B. D/S　　C. B/S　　D. A/S

第 7 章　网络与网络计算

计算机网络（computer network）已经成为连接全球的通信系统。由于计算机网络收发的是数字信息，因此也称为数字网络（digital network）或数据网络（data network）。网络在空间上缩小了地域上的距离，缩小了时间的距离，也改变了人类的通信、社交和工作方式。网络是计算机互连，本质上也是计算，也需要计算。网络是最大的数据源。本章介绍网络、网络数据和网络安全方面的基本知识。

7.1　通信基础

计算机网络的目的是将计算机相互连接起来，实现资源共享，如图 7-1 所示。网络中的计算机、移动终端都具有自主处理能力。1970 年，以生产办公设备而知名的施乐（Xerox）公司研制了世界上第一块网卡，因此这个时期被认为是计算机网络发展的真正起点。

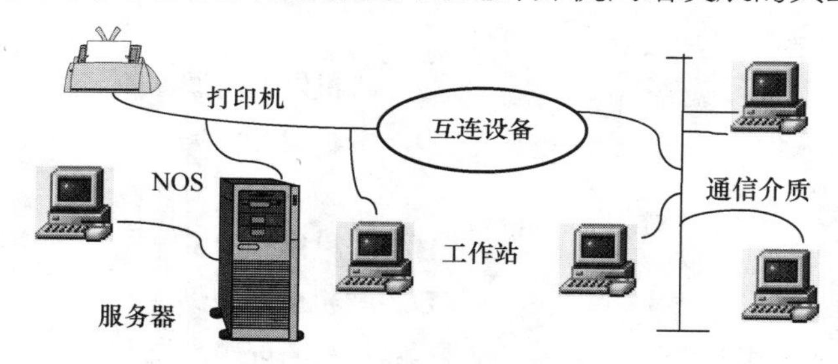

图 7-1　计算机网络示意

计算机网络具有通信系统的所有特性，也是目前最大的通信网络。它把信息从源端（source）转换为可以通过某种介质传输的形式，在目的端（destination）将接收的信息还原。本节介绍通信的几个概念。

7.1.1　调制解调

现实世界是一个模拟世界，产生的都是模拟信号。早在 19 世纪初，法国数学家傅里叶就证明了，任何以时间为变量的函数都是多个不同幅值和频率的余弦函数的叠加。信号在传输过程中，其衰减与介质和信号频率相关，与距离成正比。而数字信号中的高频分量的传输衰减特别大，只有距离很短才直接传输数字信号。网络是远距离连接，必须使用衰减较小的模拟信号完成数据传输。

网络要将数字信号调制（modulation）为模拟信号，在接收端再将模拟信号解调（demodulation）回数字信号，这两个过程合在一起就是“调制解调”，如图 7-2 所示，完成这个功能的设备称为调制解调器（Modem）。Modem 原来只是一个缩写，后被收录到英语词典，中文谐称为“猫”。只要接入网络的设备，无论是计算机还是手机，都必须有调制解调功能。

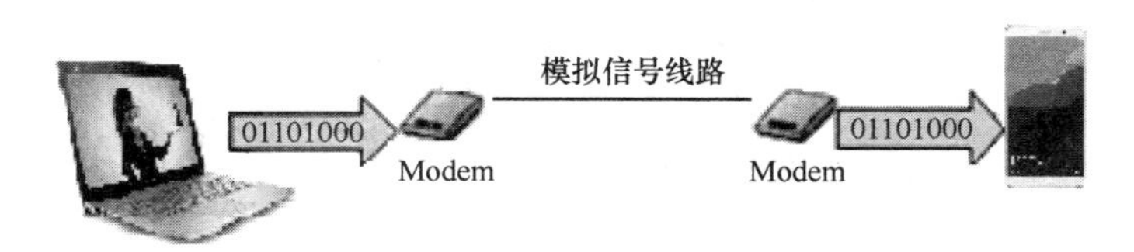

图 7-2　使用 Modem 进行数据传输

早前的调制解调器是一个大的机柜，后来体积逐步缩小为一个小盒子，现在已成为一个小小的芯片，可以放在计算机接口电路中，或者嵌入到其他网络设备中。过去 Modem 是一个独立的装置，现在它嵌入在网络接口电路中，已经很少提起它，但它确确实实存在，而且必不可少。

7.1.2　网络介质

网络性能与采用的通信技术有关，也取决于采用哪一种网络介质（media）。介质也叫信道（channel），它实现网络的物理连接。网络介质主要有电话线、电缆、光纤和无线电波。

1. 电话线和 DSL

电话网络现在还是覆盖全球的大型网络，过去提供语音服务，就是打电话，现在已经发展为同时传输语音和数据，电话公司也就成为互联网服务提供商（Internet Service Provider，ISP）。电话公司通过敷设光缆作为主干网（backbone network），接入端是普通导线，或者使用专用网线、光纤等，组成了庞大的公共数据网络，为用户提供互联网的接入服务。

早期，很多家庭甚至小型企业、机构通过电话线接入互联网，ISP 会提供一个 Modem。用户拨号上网，调制解调器会发出高频尖叫声，这是 Modem 与 ISP 的机房的网络设备在进行呼叫连接。电话拨号上网的最高传输速率为 56 kbps（bit per second，每秒二进制位数）。

拨号上网的缺点是速度很慢，无论是浏览网页还是下载文件、软件更新，都需要用户耐心等候，其受网络初期的技术所限。十多年前，一种较为先进的、现在仍然在许多地方采用的 DSL（Digital Subscriber Loop，数字用户回路）成为公共数据网络的接入方式。DSL 还是通过电话线接入互联网，比拨号上网先进，打电话和上网互不影响：利用线路的低频段打电话，高频段传输数据。DSL 也有一个包含调制解调功能的设备，一头连接电话线，另一头连接电话公司机房的设备。

DSL 不影响打电话，利用了用户上网的异步（asymmetric）特性，传输速率比拨号上网快很多：普通用户从网络上获取（下行）的信息多，发到网络上（上行）的信息少。DSL 的传输速率上行最高可达 3 Mbps，下行高达 24 Mbps。

2. 网络电缆

从有计算机网络开始，电缆就是组建网络的主要介质。现在建筑物内、家庭中都在装修阶段预埋网络线缆，组建一个局域网（Local Area Network，LAN，见 7.2.1 节），再经过网络设备接入互联网。

网络电缆主要是双绞线，通常称为网线，把彼此绝缘的两根铜导线绞在一起，以降低信号损耗和干扰，提高传输速率。网线由 4 对双绞线组成，如图 7-3 所示。

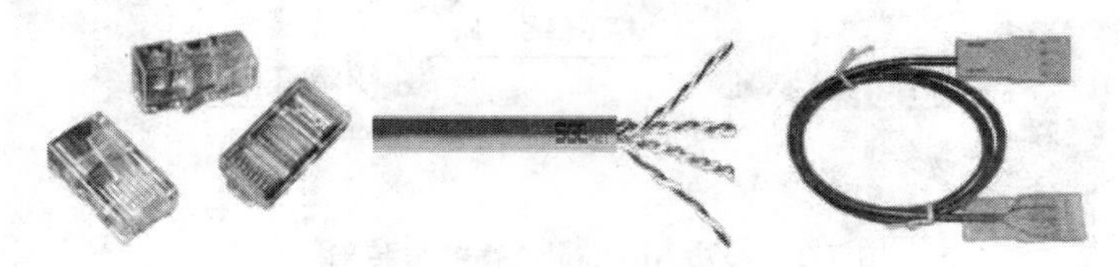

图 7-3 RJ-45 连接器、双绞线和网线（从左到右）

网线使用 RJ-45 连接器，计算机上的网络接口就是适配 RJ-45 的。网线有标准序列，最早由美国电子工业协会制定，后来成为国际标准。网线有 8 根，分为两两相绞的 4 组，1 组发送，1 组接收，另 2 组可用作双向线。

根据线径和最高传输速率，网线也分为多类，常用的是 5、6、7 三类线。其中，5 类线的传输速率为 100 Mbps，而 7 类线的理论传输速率达到 10 Gbps。网线外层套有绝缘材料，高要求的网线则使用金属屏蔽绝缘层。

虽然双绞线可以实现高速网络连接，但受到传输距离的限制，通常只能在 100 m 以内。因此，光纤成为长距离传输的主要介质。

3. 光缆

光缆通常由多根光纤（optical fiber，光导纤维）组成。光纤是一种传输光的通信介质，如图 7-4 所示。华裔科学家高琨由于其光纤的研究获得 2009 年诺贝尔物理学奖。光纤的电磁绝缘性能好，不受电磁波干扰，传输速率可达 100 Gbps，距离可达数千米，低损耗光缆甚至能够跨越海洋。现在主干网使用光缆，在一些经济发达地区，光纤已经直接入户。

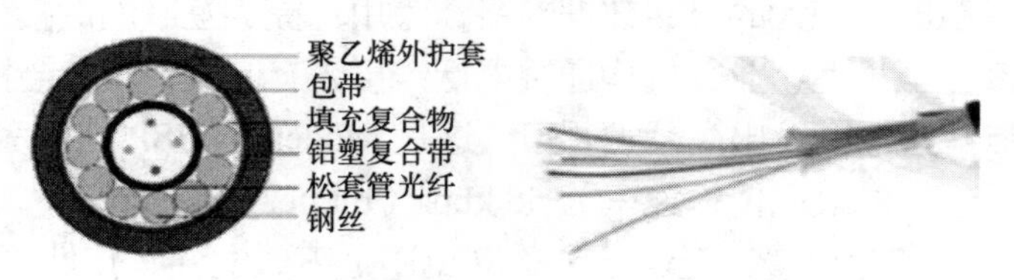

图 7-4 光缆截面（左）和光纤（右）

7.1.3 无线通信

无线通信的介质是电磁波，也称为无线电波，简称电波。1865 年，英国物理学家麦克斯韦（James Clerk Maxwell）提出了电磁波通过空气传播理论。1888 年，德国物理学家赫兹（Heinrich Hertz，频率的单位 Hz 就以他的名字命名）首次实验证实电磁波的存在。

无线通信与网络结合的无线网能够使用户“随时在线（on-line at any time）”，是手机和笔记本电脑等移动设备的主要联网形式，也是发展最快的联网方式。在我国，移动上网用户的数量已经远远超过传统的 PC 上网用户。

无线网包括 Wi-Fi、移动数据网和卫星通信。

1. Wi-Fi

包括手机在内的大多数移动设备都支持 Wi-Fi（Wireless Fidelity，无线保真）上网，它的另一个名字是 WLAN（Wireless LAN，无线局域网），通过无线访问节点（Access Point，AP）进入局域网，再经过局域网访问互联网，如图 7-5 所示。Wi-Fi 受欢迎的主要原因是可以节省移动数据的流量费用。

Wi-Fi 以无线电波为介质，也需要经过 Modem。移动设备和 AP 都有 Modem 功能。无线电波的频道是受管制的，但开放了 2.4 GHz（实际为 2.405～2.485 GHz）和 5.7 GHz（实际为 5.725～5.850 GHz）两个无线频段用于功率较小的应用。因此，Wi-Fi 和蓝牙（bluetooth）都使用这两个频段，但彼此不会干扰。

Wi-Fi 的收发距离也不长，民用级在 30 m 内，信号强度足以保持连接，工业级的最长，达 100 m。蓝牙也是无线通信，不过只能在 10 m 范围内连接。虽然蓝牙可以实现数据传输，但现在多用于手机、耳机等小型数字设备的短距离连接。

无线连接虽然方便，但易受干扰，安全性差。

2. 移动数据网

移动通信公司也是 ISP，其提供的联网服务是通过基站（base station）与手机等移动终端实现与网络的无线连接，基站再连接到移动公司机房的网络设备。

移动通信（mobile network）最早用于军事方面。20 世纪 70 年代提出的小区制、蜂窝组网的理论为现代移动通信奠定了基础。蜂窝网（cellular net）是因为网络覆盖的各通信基站的信号覆盖区域呈六边形，整个网络像一个蜂窝，如图 7-6 所示，六边形中间是基站。

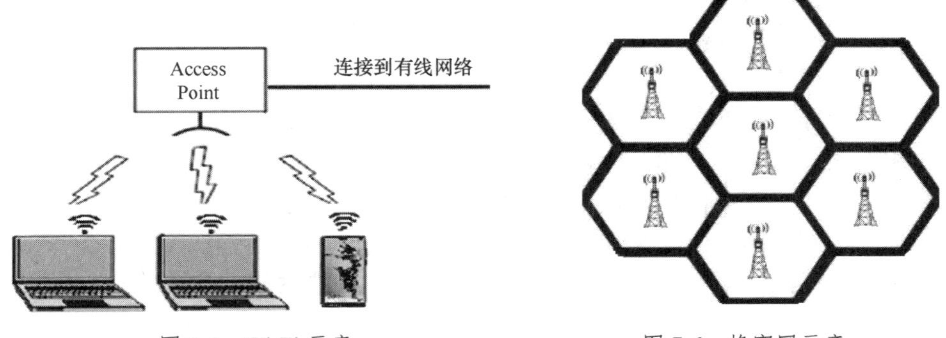

图 7-5 Wi-Fi 示意　　图 7-6 蜂窝网示意

蜂窝网的发展也是从语音开始的，它的终端是手机（cellphone）。早期的手机也是模拟信号，20 世纪 90 年代开始发展的第二代蜂窝移动网（Second Generation，2G）开始提供数据服务，数据传输速率不快。今天基本上以 3G、4G 为主，4G 的传输速率可达 100 Mbps，支持视频传输。已经开始建设的 5G 数据网的数据传输速率高达 1 Gbps，支持高清视频传输。如果说 4G 之前的网络能够实现"人人互联"，而 5G 则能在人–物、物–物之间实现互连，为下一代的互联网——物联网发展提供了强大的互联支持。

3. 卫星通信

1945 年，英国科幻作家阿瑟·克拉克（Arthur Clarke）预言在地球上空部署 3 颗同步卫星可以组成全球通信网，他精确指出 35860 km 的高空是卫星和地球同步的高度。1964 年有了第一颗同步卫星，定位在 36000 km 的同步轨道上，与地球之间的传输时间大约为 0.24 s。阿瑟·克拉克被称为“卫星通信之父”。

通信卫星覆盖范围广，其跨度为 18000 km，大约为地球表面 1/3 的面积。最近新的卫星通信技术能够使同步卫星定位在 16000 km 的太空，传输时间被缩短。通信卫星支持多个频段，以实现多路传输，每路卫星线路的容量约等于 10 万条电话线路。

卫星系统用某种频率接收信号，在放大该信号后，以另一种频率发射出去，如图 7-7 所示。现代卫星通信中，转发器以几个频率中的一个（通常称为波段）进行发送。碟型天线完成卫星数据的发送和接收。

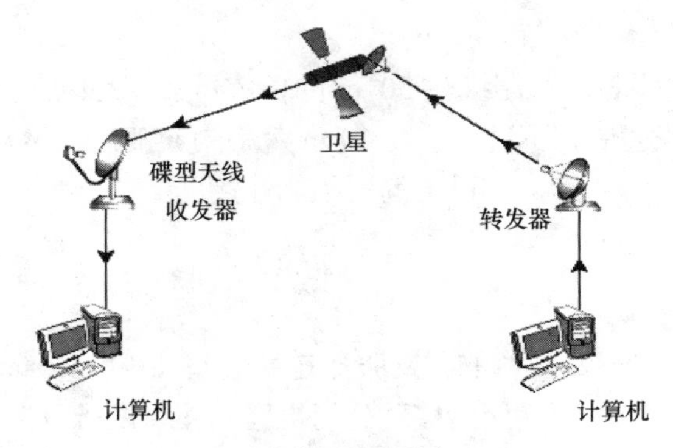

图 7-7　计算机卫星数据通信

另一种无线介质是红外线，但是作为短距离通信现在已经被放弃了。目前，红外传输主要用于电视、空调、音响等设备的无线控制操作。

7.1.4　带宽

计算机网络传输数据的速率取决于通信介质连接允许的最低速率，也因为连接、转发的节点处理过程的时间开销导致节点成为传输的瓶颈。即使没有节点的连接，信号在任何介质中传输都会产生延迟，因此网络延迟是一个普遍现象，这与连接的距离成正比，理论上的传输速率与实际传输速率存在很大差异。例如，浙江大学校内网络传输的延迟为 2～7 ms，杭州到北京网络传输的延迟为 9～25 ms。再如，移动 4G 网络的静态与（手机）运动状态的传输速率相差 10 倍。

通常不用“传输速率”这个词，专业术语是“网络传输速率”和“带宽”。实际上它们是一回事，表述不同而已。专业上，“带宽”是指在某个频率（或频段），其传输的信号幅度不会明显衰减。1924 年，美国工程师奈奎斯特就给出了一个有限通信带宽的计算公式，其后又是那个为二进制的位取名 bit 的科学家香农（Claude Shannon）进一步给出了通信最大传输速率的计算方法。这两位就是现代通信理论的奠基者。

网络的数据传输速率以二进制位为度量单位，即 bps，称为比特率。bps 用 k、M、G 作前缀，与存储器的量词不同，这里是十进制，如 1 Mbps 是指 10^6 bps。也有将每秒字节数 Bps 作为网络传输速率的度量单位。还有一个被忽视的差别：传输速率指标要大于实际的数据传输量，因为网络数据中含有为了传输需要的控制信号，就像寄信需要写上收发地址一样。

带宽（bandwidth）通常用来表示传输速率的范围。例如，语音带宽（voice bandwidth）为

9.6～56 kbps；宽带（broad bandwidth）指的是微波、卫星、光纤线路的带宽，为 264 Mbps～30 Gbps。

现在，“宽带”更多用来表示接入网的最大传输速率，是相对于传统的语音带宽而言的。还要明确：带宽是理论上的最大传输速率，遗憾的是，很少能够真正达到这个数值。

7.1.5 压缩和校验

带宽总是稀缺资源，尤其是网络的共用线路使得实际带宽并不高。压缩（见 3.3 节）是能够有效提高存储效率的技术，也是能够有效使用带宽的方法：经过压缩的数据，减少了发送的数据中的冗余，接收端完全可以恢复或推断出压缩前的数据。尤其是在网络上传输图片、视频数据时，这种方法更为有用。

如果压缩是减少数据中的冗余，那么校验是为数据传输提供可靠性的一种方法。校验实际上有两个作用：检测错误、试图纠错。

最简单的校验方法是奇偶校验。在最初的 8 位 ASCII 编码中，实际编码是 7 位，最高位是校验位。一个二进制 ASCII 编码的有效位数要么是奇数，要么是偶数。如果是奇校验，则在最左边的最高位上加 0 或者 1，得到的 8 位编码的 1 的数目为奇数。如果是偶校验，则通过最高位加 0 或 1 得到的 8 位编码的 1 的数目为偶数。例如，奇偶校验示例如表 7-1 所示，表中仅列出前 4 个字母的 ASCII 编码。

表 7-1　奇偶校验示例

字母	无校验	奇校验	偶校验
A（65）	0100 0001	1100 0001	0100 0001
B（66）	0100 0010	1100 0010	0100 0010
C（67）	0100 0011	0100 0011	1100 0010
D（68）	0100 0100	1100 0100	0100 0100
……	……	……	……

通信时，发送端将数据按照奇校验或偶校验发送出去，接收端按照校验位对每个数据检测其正确性。

读者也许会问，校验出错，不见得就能知道是哪一位的数据改变了。这个问题的确指出了奇偶校验的实质：奇偶校验只能知道数据是否有错，并不能纠错。如果错了，纠错的一种方法是重新发送，这是网络中惯用的纠错方法。

实际上，校验和纠错的算法有多种，不同的算法适用于不同类型的错误。有些数据，如音频、视频数据，则根本不用纠错，个别数据错了，也不影响音频、视频的播放。音频、视频数据只要错得不离谱，就可以容忍。注意，这不是“容错”，是这类错误可以被忽略。容错是指有错误发生，系统采取确保正常运行的硬件备件或程序立刻替代出错的那部分。

7.2 网络技术

网络连接（connection）是指物理上的，而链接（link）是指逻辑上的。如果将网络视作一条四通八达的公路，那么货物（数据）通过哪种方式运输（通信）就是需要解决的主要问题了。本节介绍网络访问、网络类型、网络硬件、网络协议等。

7.2.1 网络访问

网络技术很复杂，本书只能概要介绍。每个用户都在使用网络，如发送邮件、下载资料、搜索等，这些上网的行为就是网络访问（network access），简称上网。普通用户感受不到网络访问的过程，因为上网面对的只是一台计算机或者手机，它们通过有线或无线的方式接入网络，用户看到的、听到的都是由计算机或手机提供的，但其背后由网络技术提供了强大的支持。

从网络技术角度看，网络访问方式有 3 类：C/S 方式、点对点方式和移动访问。对用户而言，这些方式使用起来都差不多，都是上网。

1. C/S 方式

网络访问的 C/S 方式与 6.5.3 节中介绍过的 C/S 方式相同。如图 7-8 所示为两个客户端通过网络访问服务器。

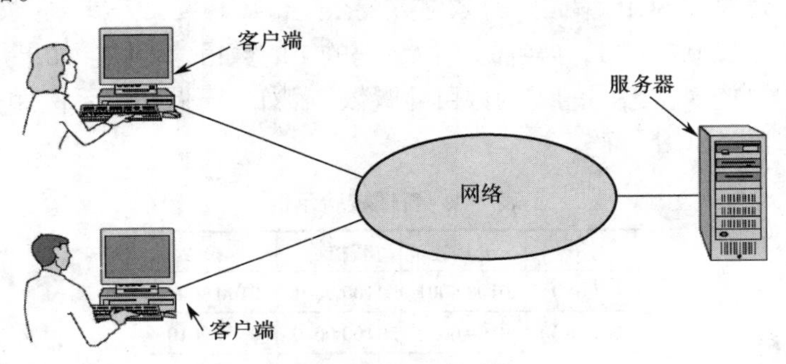

图 7-8 网络访问的 C/S 方式

客户端发出访问请求，经过网络传输到服务器；服务器处理客户请求，并将处理结果再经过网络返回给客户端。网络连接的服务器可以是一个企业或者机构，如学校的教学服务器，也可以是提供公共服务的政府服务器。连接客户端和服务器的网络可以是企业或内部的网络，也可以是公共网络，这取决于服务器的服务性质是对内的还是对外的。

注意，C/S 方式的客户端在接入网络后，连接到服务器的是一个共享线路。服务器返回给客户端的信息，每个客户端都会收到，自行检查是否是发给本机的，如果是，则接收处理，否则忽略该信息。不用担心信息会收错！

如果不是企业、机构的专用网络的数据访问，用户访问公共网络采用的是特殊的 C/S 方法：浏览器/服务器（B/S）模式，就是以 Web 浏览器作为客户端。

2. 点对点方式

点对点（Point to Point，P2P）是实现一对计算机的直接互连，如图 7-9 所示。

图 7-9 点对点方式

P2P 方式典型的应用如上网购物，看上去是一台计算机连接到另一台计算机，没有固定的客户端和服务器。实际情况不是如此简单，它们也通过网络实现了点对点的连接，只是看上去像点对点而已。P2P 的应用很流行，有各种标签描述这类应用，如网络购物的 B2C（Business-to-Consumer）、生产商和供货商的 B2B（Business-to-Business）、政府对市民的 G2C（Government-to-Citizen）、个人对个人的 C2C（Consumer-to-Consumer）。这些也被称为电子商务模式（Forms of e-Commerce）。

3. 移动访问

在中国，移动访问已经是最流行也是用户使用最多的网络访问方式。这基于两个因素，一是笔记本电脑、平板电脑和智能手机的大量普及，这些移动设备都支持 Wi-Fi 连接，有的还可以使用移动数据网。二是移动访问极大地提供了上网的便利性，用户规模快速增长，促使应用程序都有了移动版本。这是读者都非常熟悉的上网方式，不再赘述。

数据包不是上网方式，但网络访问都是以数据包形式进行的。顾名思义，数据包（package）是一个装载数据的包，有点类似邮递包裹，上面写着收件人的地址、姓名等信息。数据包被严格定义，由发送方的程序完成打包发送，接收方的程序负责收包、解包，还原数据。

大多数网络应用都支持数据包传输。数据包的格式与网络的类型有关。例如，目前应用最广的以太网（Ethernet，参见 7.2.2 节有关局域网的介绍）就是共享线路，其采用包交换的网络技术。它的数据包格式如下：

发送地址	接收地址	数据长度数	数据（48～1518B）	校验

包也称为分组，因此也称为包交换、分组交换。一个大的数据文件需要被拆分成多个包。

7.2.2 网络类型

按照定义，两台设备就可以组成网络，但组建网络比互连两台计算机复杂得多。组建网络要首先考虑网络的覆盖范围。这没有一个明确的划分标准，主要指标是距离和联网机器的数量。

1. 个人网络

如果把你的手机与你的计算机连接起来，也是一个网络，虽然没人把它真的当作网络。这就是规模最小的个人网络（Personal Area Network，PAN），如图 7-10 所示。联网后，手机与计算机可以交换信息：将图片复制到计算机上保存，通过计算机为手机下载、安装应用程序等。

早前定义个人网络的名字是微型网（Piconet），是为蓝牙通信定义的，现在主要用于小型外设，如无线鼠标、键盘、手机等。

2. 局域网 LAN

如果联网的机器不是很多，相互之间的位置不远，如 1 km 范围或在一个建筑物内，那么可以组建一个局域网（Local Area Network，LAN）。最早的网络雏形就是 LAN：MIT 的几个学生用电话线把计算机连接起来，交流编程的心得。

管理和构成局域网的各种配置方式称为拓扑（topology）结构。局域网有多种拓扑结构，目前使用较多的是树型（hierarchical）拓扑结构，如图 7-11 所示。

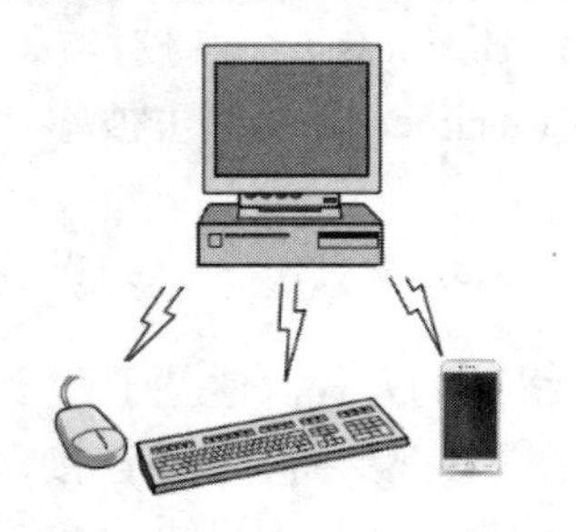

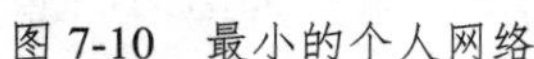

图 7-10 最小的个人网络

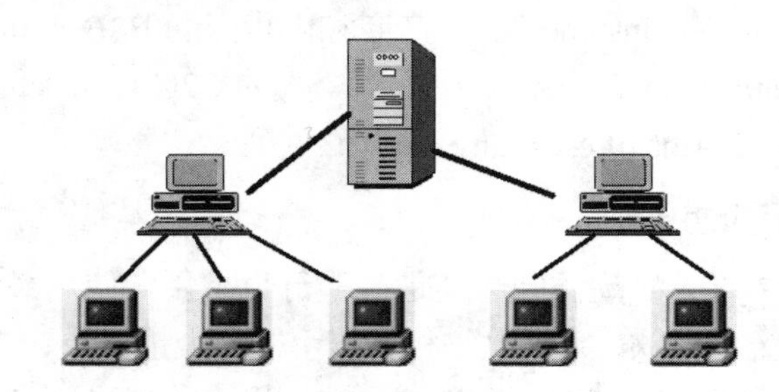

图 7-11 树型拓扑结构

处于网络中心节点的设备或者计算机管理网络机器的通信。Wi-Fi 也是以局域网的传输技术构建的，Wi-Fi 的访问节点 AP 可以互连，也可以接入 LAN。

局域网有很多类型，目前主要是树型结构，也可以认为是有中心节点的“星型”结构。树型或星型局域网属于以太网，采用 IEEE 802.3 标准，规定了包括联网的介质（物理层）、电子信号格式和数据包访问的协议。“以太”一词来源于 18 世纪科学家们认为的电磁波是一种以太媒体，尽管后来证明这种以太并不存在。但 1973 年施乐公司帕罗奥图研究中心（Xerox Palo Alto Research Center，PARC）的科学家们将以太用到他们发明的世界上第一个网络项目上，因此以太成为包交换技术的另一种叫法。

以太网成为局域网的主流技术是出乎意料的，因为它在同期的网络技术中并不是最好的。当时美国刚刚成立的 3Com 公司认为以太网能够快速形成产品：技术不是很复杂，网络产品的价格相对便宜，好卖！后来的结果再次证明了技术不是市场的第一要素。另一个证明是，UNIX 的性能和稳定性要好于 Windows，结果大家都知道：Windows Win！

以太网在进行数据包发送和接收时，都要检查传输数据的正确性，一旦数据出错就必须重发。因此，以太网理论上的传输速率与实际传输速率之间的差距很大。以太网的数据传输使用曼彻斯特编码（Manchester Encoding），即规定每个数据位都占用两个周期：1 的第一个周期为高电平，第二个周期为低电平；而 0 的相反。这种编码的特点是在没有同步（网络不提供同步信号）的情况下能够无疑义地确定每位数据。

以太网是局域网的数据包交换技术，Internet 的网络传输就是建立在以太网的基础上的。早期的以太网主要用于局域网，传输速率为 10～100 Mbps。现在的千兆、万兆以太网也用来构建大型骨干网。

与 Modem 一样，以太网设备最初也是大机柜，现在只是一个非常便宜的小芯片，被放置在设备或计算机的主电路板上。

3. 广域网

从地域上看，广域网（Wide Area Network，WAN）不受范围限制。按照定义，只要两个以上的局域网实现互连，所形成的网络就是广域网，如图 7-12 所示。广域网的规模可以是校网内多个建筑物互连而成，也可以是一个国家的网络规模。世界上最大的广域网就是 Internet。今天广域网的接入也不再局限于网络之间的互连，一台计算机也能接入互联网。

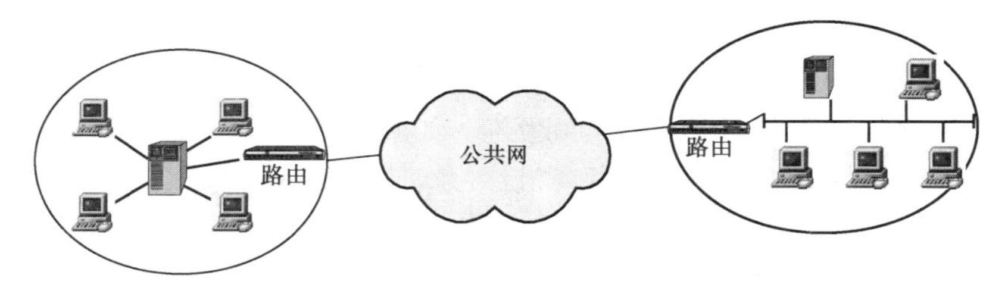

图 7-12　由两个局域网连接而成的广域网

一个城市范围内的网络被称为城域网（Metropolitan Area Network，MAN），也是广域网的范畴。

7.2.3　网络硬件

硬件是计算机的基础，网络也需要硬件，再在上面运行各种网络软件，完成各种网络任务。网络硬件也称为网络设备，有多种类型，如微机的网卡、网络之间的路由器、网内负责数据交换的交换机等。

1. 网卡

网卡（Network Interface Card，NIC）是指计算机连接网络的接口。网卡的主要功能是联网、数据转换、参与数据打包和拆包、产生存取控制的网络信号等。过去，网络接口被设计成插卡的形式，插入到计算机的扩展槽中，故“网卡”这个名字一直被沿用。今天的 PC 和移动设备都将 NIC 电路直接设计在主机电路中，有的内置无线网接口（不是所有机器都有无线网接口），都是按照以太网标准设计和生产的。

网卡有一个唯一的标识码，称为 MAC（Media Access Control，介质访问控制）地址，是 12 位十六进制编码，形如“00-00-E7-51-0E-7C”，由一个国际组织负责分配，前 6 位代表生产厂商，后 6 位为厂商给网卡的序列号，通过 MAC 地址可定位机器、流量计量等。介质访问控制是指网卡需要根据不同的线路介质（有线、无线、光纤），产生不同的数据和控制信号。

2. 集线器和交换机

集线器（hub）和交换机（switch）如图 7-13 所示，也采用 RJ-45 网线连接或光纤接口。它们在局域网充当中心节点，主要作用是数据转发，为网络的稳定性和可靠性提供保证。

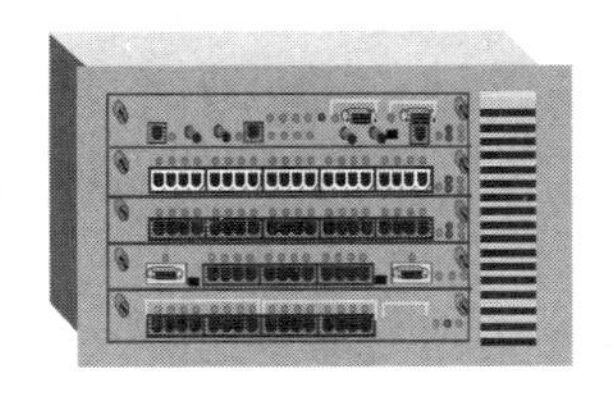

图 7-13　网络交换机（左）和集线器（右）

交换机与集线器的差异在于，交换机的每个端口都享有一个专属的带宽并具备数据交换能力，而集线器共享一个带宽。交换机还有信号过滤和网络管理功能。因此，大型网络使用交换机，小型网络使用价格较低的集线器。

3. 路由器

路由器（router）的作用是连接不同类型的网络，负责将一个网络的信息传输到另一个网络。现在采用带交换功能的路由器实现网间互连，如图 7-14 所示。20 世纪 60 年代，网间数据传输由一台专门的计算机完成，这台计算机称为网关（gateway）。其时，斯坦福大学的两名研究生改进了设计，在这台计算机中存放了网络地址，计算机根据网络地址判断数据传输是网内还是网外，再决定传输路径，并将其取名为路由器（router）。他们成立的公司就是思科（Cisco），我国的华为也是知名的网络设备供应商。

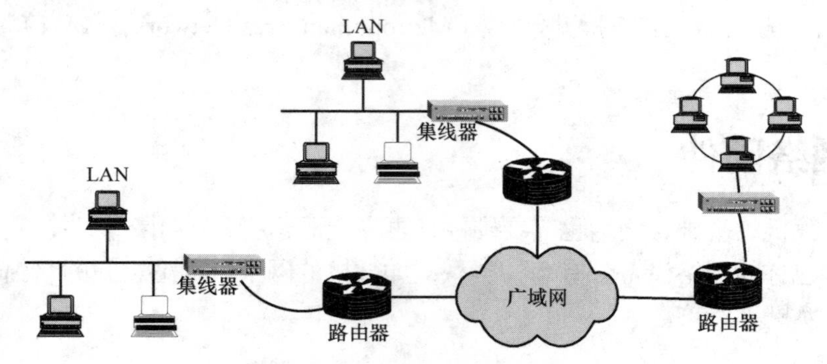

图 7-14　交互式网络中的路由器

路由器中存放着各种传输路径的相关数据——路径表（routing table），由网络管理员配置，或由系统动态修正，或自动调整。路由器是互联网的关键设备：它把全世界的不同网络组成了唯一的全球交互的 Internet。

路由器的概念已经被延伸到网络连接的所有环节：将路由功能和交换功能结合的路由交换机，将路由和 Modem 功能结合的路由调制解调器，将路由与无线通信结合的无线路由，家庭网络使用的是具有调制解调、无线通信、路由功能的多功能接入设备。由此可见，计算信息传输的路径（路由）是网络技术的核心。

现在的路由器既能连接局域网，也能接入广域网，因此网关设备也就退场了。然而，术语“网关”仍然沿用了下来，赋予了新的功能，如为网络安全建立防火墙。

7.2.4　网络协议

有网络必有通信，有通信必有协议，因此网络协议也称为通信协议。简单地说，网络协议（protocol）是通信的规则、标准，是网络软件的基础。任何通信方式都需要协议，如寄信需要规格信封和邮政编码，以便信函分拣和传递。网络协议约定通信过程的细节，如怎样发信息、信息格式、如何寻找信息接收方等。

不同类型的网络通信有不同的协议，如 Web 使用超文本传输协议、E-mail 使用电子邮件协议，因此有数百个协议。所幸的是，常用的网络协议已经被纳入操作系统中，普通用户不需要操心计算机或者手机是否要安装发邮件、看新闻相关的通信协议。不过，网络初期这个工作是由用户来做的：安装网络协议。下面简单介绍网络协议的基本知识。

1. 局域网协议

广域网本身没有类型，也没有规定什么类型的网络可以接入，因此网络发展的几十年来，局域网的标准几乎就是网络通信的标准。IEEE 于 1980 年 2 月成立了局域网标准委员会，因此局域网标准统称为 IEEE 802 标准，也就是以太网的技术标准。

按照 IEEE 的定义，局域网是一个通信系统，网络各节点是平等关系，局域网的节点对来自其他节点的信息有选择地接收。事实上，无论是相关的设备生产商还是网络软件开发商，都需要按照 IEEE 802 标准生产和开发，如 IEEE 802.3 是以太网协议，IEEE 802.11 是 Wi-Fi 标准，IEEE 802.15 是 Piconet 协议，IEEE 802.22 是无线区域网协议等。

局域网协议规定了物理连接和数据的链路，属于网络的底层。我们通常所用到的 E-mail、Web 等是网络应用层。若将局域网底层类比为公路，则公路上开的各种类型的车就属于应用层面的事了。

2. 互联网协议

广域网只提供连接，而支持网络访问的协议主要是互联网协议集（Internet Protocol Suite，IPS），也是互联网技术的核心。互联网的协议和服务见 7.3 节和 7.4 节。

3. 虚拟网

虚拟网（Virtual Local Area Network，VLAN）从名字上就可以知道，它不是物理网络，而是通过技术“虚拟”出来的局域网。IEEE 802.1 是局域网标准，它的子标准 802.1q 就是虚拟网的规范。VLAN 将一个局域网内的某些机器组成一个用户组，而不用考虑它们的物理位置，就好像它们是一个单独的局域网。

虚拟网是一种技术。网络建设投入很大，地域相对集中的机构、企业，建网成本可控。但跨地域的企业、机构，即使大银行，也无法自建网络，即使能建，维护成本也是巨大的。因此租用公网线路构建内网几乎就是唯一的选择，这就是 VPN（Virtual Private Network）。

VPN 技术也被用于局域网用户访问互联网。

4．网络协议的层次

网络最终需要软件提供数据传输服务，因此需要有一个架构——建立硬件和协议之间、协议和应用之间的相互关系，指导厂商开发网络产品和设计网络程序。

局域网主要是 IEEE 标准，ISO 也曾定义了网络的 7 层架构的 OSI（Open System Interconnection，开放系统互连），分别是物理层、数据链路层、网络层、传输层、会话层、表示层和应用层（见图 7-15）。有批评者认为，OSI 模型的层次过多、协议复杂、效率低。由于 OSI 迟于 Internet 协议，因此这个标准没有被实际应用过。

现在，网络架构及其协议的解决方案就是 Internet。在 OSI 出台前，Internet 已经被证明是非常成功的技术路线，几乎就是网络的唯一标准。

7.3 互联网

互联网始于 1969 年美国国防部的一项研究计划，ARPANET（Advanced Research Projects Agency Network）。1985 年，美国国家科学基金会（National Science Foundation，NSF）接管后命名为 NSFNET，到了 20 世纪 90 年代，NSFNET 覆盖的范围从大学和研究机构扩大到商界，逐步发展成为唯一覆盖全球的互联网（Internet，即因特网）。各种接入方式，如有线、

Wi-Fi、移动网络等，都可以连接到互联网。我国于 1986 年以中德合作启动的中国学术网为起点，1994 年电信公网开始建设互联网。我国目前已是互联网应用最广泛的国家。

7.3.1 TCP/IP

早期的 ARPANET 的组织者可能没有想到一个试验性的网络会覆盖全球，而文特 • 瑟夫（Vint Cerf）和鲍勃 • 卡恩（Bob Kahn）可能没有想到，他们在 UNIX 中编写的一段程序代码将成为这个巨大网络的核心，这个程序就是 TCP/IP。2004 年的图灵奖授予了这两位科学家，以表彰他们对互联网做出的杰出贡献。

最初，TCP/IP（Transmission Control Protocol / Internet Protocol，传输控制协议/网络互连协议）只是两个协议。IP 定义了数据包的格式和传输方式，TCP 将 IP 数据包组成数据流并负责连接服务。互联网中的路由器负责为 IP 数据包指定传输路径。随着互联网的发展，越来越多的应用协议伴随着应用发展，它们都是基于 TCP/IP 的，因此人们将互联网的协议集（IPS）统称为 TCP/IP。

1. 互联网结构

互联网也是层次结构，分为 4 层，如图 7-15 所示，即 TCP/IP 模型。实际上，图中的第一层并不是互联网定义的，它是架构在局域网（如以太网，但不限于以太网）基础上的。也就是说，TCP/IP 模型没有定义物理层，原始数据的包格式也是由局域网定义的。

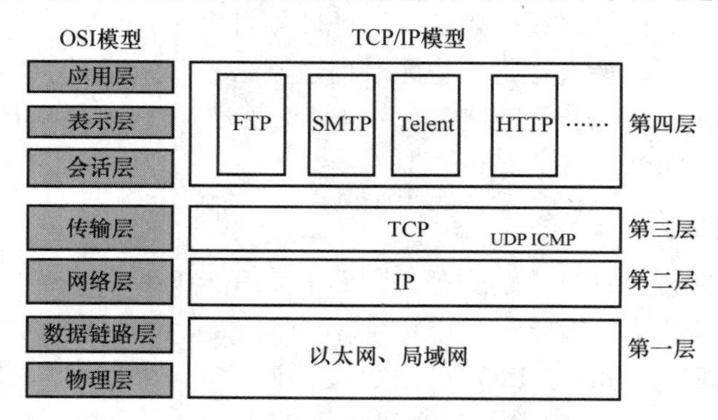

图 7-15　OSI 模型和 TCP/IP 模型

TCP/IP 模型的第二层是 IP 层，IP 给数据包指路。连接到互联网的局域网都有自己的数据包格式，这些数据包在交付 IP 的时候需要转换为 IP 包，接收方收到 IP 包后需要转换为局域网的数据格式。因此，局域网和 IP 来来回回互相转换数据包。

TCP/IP 模型的第三层是传输层，执行的协议主要是 TCP。TCP 负责为 IP 数据包提供可靠的通信。在图 7-15 中，与 TCP 位于同一层的还有 UDP 和 ICMP。大多数互联网应用使用的是 TCP，但对不要求双向传输的数据，如流媒体视频、某些在线游戏、互联网域名解析等应用，使用 UDP（User Datagram Protocol，用户数据报文协议），能够获得高效率的传输。ICMP（Internet Control Message Protocol，控制报文协议）在主机、路由器之间传递网络连通、主机是否可达、路由是否可用等网络控制消息。ICMP 不传输用户数据，起到保障数据传递的作用。

TCP/IP 模型的第四层是应用层，换句话说，应用层以 TCP 为基础进行应用设计。

互联网的逻辑结构可以类比邮局，如图 7-16 所示。写信是应用层，投入到公共邮筒是进入传输层，需要按规定写信封（TCP）。邮筒到邮局的过程是由邮政局的网（络）决定的，这是网络层（IP）。封装是指邮局（LAN）的工作，包装邮袋（数据链路层）。通过邮政车或飞机完成传输的是物理层。互联网的物理层是手机、PC 或者各种联网的设备和连接线路。

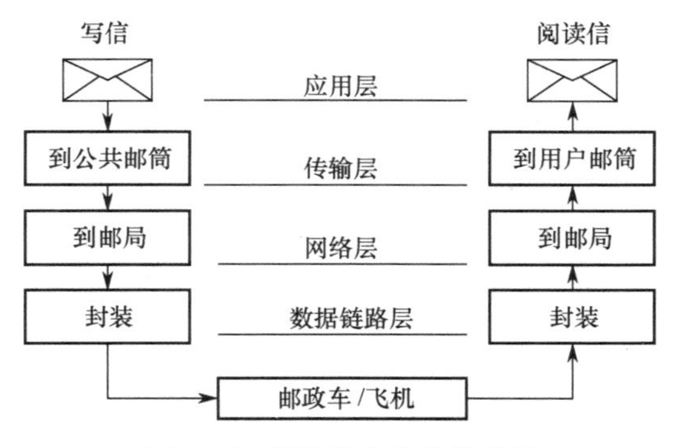

图 7-16　邮局收发信件的示例

2. IP

IP 是互联网的核心。互联网提供数据包的传输服务是“不负责任”的：每个 IP 数据包都是独立的，IP 包之间也没有联系，IP 也没有规定存储功能，也就是说，一旦数据包传输出去，本地就没有这个包的信息了。

看上去 IP 不可靠，但实际情况还是很不错的。IP 数据包传输出错，其处理方法非常简单：错了就错了，大不了再来一次。IP 有一种特殊的模式：IP 数据包可以被复制，因此接收方可能收到多个同样的包。

IP 数据包可以容纳最大的数据量是 65 KB，因此可以根据需要拆分成小一点的数据包。类似以太网数据包，IP 包也有自己的格式：

版本号	类型	头长度	总长度	TTL	源地址	目标地址	校验	数据（最大 64 KB）

其中，TTL（Time To Live，生存时间）是 1 字节，在发送时设置一个初值，每经过一个路由或网关的转发就减 1，如果减到 0，这个包就丢弃，并给发送方一个报错的数据包。测试网络连通的命令 ping（在 Windows 命令窗口执行）可以获得 TTL 值。TTL 的作用是防止数据包在网络中无期限地漫游。

IP 不能保证传输质量，也不能保证传输速率。互联网通过大量的缓存保证数据的流动性。缓存也是搜索引擎、Web 等互联网服务常用的技术。

注意：IP 数据包在网络中传输的路径不一定是最短的，也许要绕道，甚至经过很远距离的传输。一个数据包从出发地到目的地，中间要经过很多个转发节点（路由），如果有转发节点是位于美国的，美国安全局会借此记录全世界的网络数据①。

3. TCP

因为 IP 的不可靠，所以 TCP 的作用是将这种不可靠变成可靠。TCP 很神奇：为用户提供可靠的双向数据流，数据在两个连接点之间不管距离多远，看上去像一条直通线路，且延迟

---

① 这是公开的秘密。此处文字引自美国普林斯顿大学 Brain W. Kernighan 教授的 *Understanding The Digital World* 第 9 章。

小、出错少。

TCP涉及的内容比较复杂，我们简单介绍其基本原理。TCP采用报文（datagram）格式，不必介意"报文"这个词，与"数据包"没什么区别。TCP报文格式如下：

源端口	目标端口	序列号	应答	校验	控制	其他信息

TCP将数据流切片成报文段，每个报文段都与数据一起被封装在IP包中传输。每个报文都有一个序列号，作用是判断是否丢包。接收方需要对收到的每个报文做出应答，如果在一个预设的间隔内没有收到应答信号，则意味着这个包丢掉了，再发一次。

TCP允许接收方收到一组包后只给出一个应答，也允许发送方不等对方回答就接着发下一个包。在网络畅通时，这种机制可以提高传输速率，而在出现网络堵塞导致丢包时，发送方以较低的速率一送一答，一答一送。

互联网有许多服务，如Web、电子邮件等。IP包中给出了收发双方的地址，但没有给出传输的数据究竟是哪一种类型，这个工作由TCP承担：使用端口表示独立的会话。端口有点像收发双方的口令，TCP用端口区别是哪一种应用。例如，Web通常使用80端口，邮件发送使用25端口，邮件接收使用110端口，WebMail服务器的端口为8080，这样收发双方都能够准确地将数据包传输给相应的处理程序。

3. 高层协议

TCP提供了通信双方在互联网中可靠的通信方式，确保数据在两台计算机之间进行传输。基于互联网的服务，如电子邮件、Web、实时通信等，使用TCP作为传输机制，但也有自己的特定协议。例如，使用浏览器访问Web，在地址栏中前段有"http"或"https"标记，是指Web使用的超文本传输协议。这有点像邮局的多种服务：普通信函、挂号信、EMS，还有包裹，每种邮寄服务的规则（当然还有收费）不一样。

因为互联网服务位于TCP的"高层"，TCP/IP是信息的载体，信息是由各种高层应用提供的，高层协议就是各种互联网服务的规则。

尽管现在有令人眼花缭乱的各种互联网应用程序，但是互联网的结构、协议、端口等仍然是在互联网刚建立时设计的。

7.3.2 互联网基本概念

IP是负责通信传输路径的一个协议，但是由于各种互联网服务都需要传输，因此它也成了互联网技术的代名词，也可把互联网直接称为IP网。就用户而言，IP地址、域名、内网和外网都是互联网中的基本概念。

1. IP地址

类似电话号码，IP地址就是联网计算机的标识，以便与网络中的其他计算机（统称主机）区分。IP规定，每台联网的主机必须有一个唯一的IP地址（IP Address）。IP地址为32位或128位二进制数。32位的IP地址是IPv4（IP协议第4版）制定的，用4字节标识联网的机器。128位IP地址是IPv6（第6版的IP协议）制定的。

IPv4是1981年发布的，现在仍然占据主流地位。IPv4的每字节的取值范围为十进制的

0～255，字节之间用“.”隔开。如浙江大学 Web 主页服务器的 IP 地址为 61.164.42.190，如图 7-17 所示。在互联网中，路由器根据 IP 地址传输数据包。

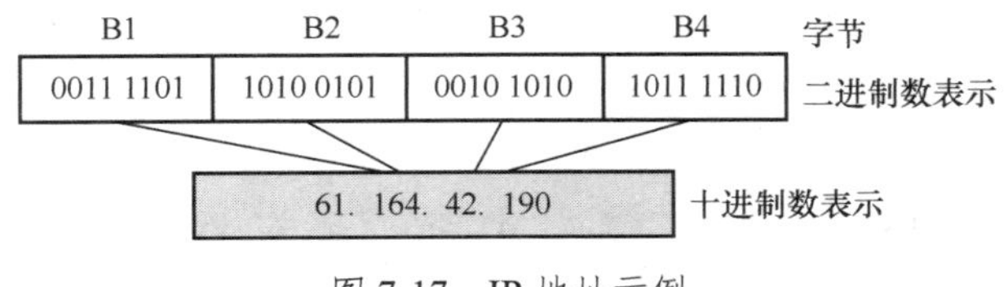

图 7-17　IP 地址示例

用十进制数表示 IP 地址只是因为十进制比二进制、十六进制更好记忆。早前有过 IP 地址按照网络规模分类方案，现在已经不用了。IP 地址预留第 1 字节的 10，第 1、2 字节的 172.16～172.31 和前 3 字节的 192.167.0～192.168.255，作为内网或 VPN 使用。

台式机的 IP 地址是固定的，移动设备如笔记本电脑、平板电脑和手机使用动态 IP 地址：一旦与互联网建立连接，就分配一个 IP 地址，退出时地址会自动取消。这是公共网、Wi-Fi 等使用的 IP 地址分配方式。动态地址分配也有协议，称为 DHCP（Dynamic Host Configuration Protocol）。

国际 IP 地址原来是美国政府商务部下属机构管理的，后来在不断要求中立化的压力下，移交给了美国加州的一个民间非营利机构 ICANN（Internet Corporation for Assigned Names and Numbers，互联网名称和数字地址分配组织）。ICANN 将某一个区段的地址分配给某个（国家）网络，再由网络的管理员将地址分配到每台机器。我国互联网管理的类似机构是中国科学院下属的互联网信息中心（Computer Internet Network Information Center，CNNIC）。CNNIC 每年发布两次《中国互联网发展报告》。

2. IPv4 和 IPv6

人类的想象力和创造力之间的矛盾在互联网的设计方面再次得到非常奇特的呈现。最初设计者设想的 4 字节 IP 地址已足够为整个世界所用，现实却是 IP 地址已经出现了资源危机：不够用了。为缓解危机，目前使用的是无类别域间路由（Classless Inter-Domain Routing，CIDR）的方案，放弃了过去的分段、分类方法，将 IP 地址以可变大小块的方式分配，而不管这些地址原来是属于哪一类的。

IPv6 有望解决 IP 地址的这个危机。IPv4 的地址只有 40 多亿，而 IPv6 地址总数的数量级为 10^{38}，“能够给地球上的每粒沙子分配一个 IP 地址”。IPv6 不仅给出了 IP 地址方案，还改进了数据报文格式，支持更多的服务。

目前的操作系统已经支持 IPv6，使用的是类似 IPv4 动态地址技术的“节点自动配置”功能，用户不需要地址配置就可以上网。当然，这要求网络路由器也支持 IPv6。

从 IPv4 过渡到 IPv6 可能是必然的选择，问题是代价过大，更换已经非常庞大的 IPv4 网络设备是一件复杂而费钱的事情。

3. 域名

IP 地址是一串数字，显然人们记名字比记数字更容易。为此，互联网采用了域名系统（Domain Name System，DNS）。域名由 2～5 段字符串组成。网络中有专门的计算机负责解析域名，称为域名服务器，负责把域名转换为 IP 地址。域名服务器是互联网中的重要设备。域名通常由 4 部分组成：

主机名.子域名.所属机构名.顶级域名

域名组成中的“主机名”用来标识计算机。例如，提供 Web 服务的主机可取名 WWW，邮件服务器取名 E-mail 等。“子域名”表示机构名称，“所属机构名”是一个通用域名，用 3 个字母表示机构或组织的属性，各字段用“.”（有“从属”之意）隔开。“顶级域名”用两个字母表示，代表一个国家或地区。例如，浙江大学的域名为 www.zju.edu.cn，可知这台主机名是 www，属于浙江大学（zju），机构性质是教育（edu），顶级域名是中国（cn）。表 7-2 列出了部分顶级域名和机构域名。互联网发源地美国的顶级域名 us 可省略。

表 7-2　常用的顶级域名、机构域名

顶级域名代码	国家或地区名称	机构域名代码	机构名称
cn	中国	com	商业机构
jp	日本	edu	教育机构
fr	法国	gov	政府机构
uk	英国	int	国际机构
ca	加拿大	mil	军事机构
de	德国	net	网络服务机构

域名只是一个逻辑表达，不受地理位置、主机数量的限制。域名需要与 IP 地址绑定，通过域名服务器将域名翻译为 IP 地址。但是，域名与 IP 地址并非一一对应的关系，通过技术手段可以使域名对应多个 IP 地址。例如，阿里、百度等大型互联网公司不可能只有一台提供服务的主机（服务器），但是用户只需要使用公司域名就可以访问。大型机构需要有多台服务器，通常在主页中提供访问不同主机的链接。

互联网还有托管服务，个人或者小型企业只需要在网上使用免费空间或者租用服务器，如个人或初创企业网站、博客等。托管服务的一台机器（只能有一个 IP 地址）也可以对应多个域名。

4. 内网和外网：Intranet

许多建有内部网（局域网）的机构，内网用户需要连接到互联网。一个显而易见的问题就是用户不希望使用两套系统分别使用内网和外网，因此一个好的方案是：内网采用与互联网同样的技术，即以 TCP/IP 作为内网的核心，被冠以一个新的名字“Intranet”（也使用 internet，首字母小写）。它与 Internet 只有一个字母之差，含义也不同。

严格意义上，Internet 不是一个物理网络，而是基于网络的一种应用。Intranet 使用的是 IP 内网地址，这是各机构内网都采用的方案，因此内网地址不是唯一的。内网用户访问外网需要有专门的代理服务（proxy），实现内外网的通信。实际上，代理服务是为内网用户提供到外网上获取信息而“跑腿”的。

Intranet 和代理服务已是一个常用技术。例如，一个家庭有多台机器，都可以访问互联网，本质上家用路由 DSL（如果是电话公网）就将家里的多台机器组成了一个 Intranet，大多数家用路由器使用的是 IP 内网地址段 192.168.*.*，但连接到公网，只有这个路由器有一个合法的外网 IP 地址，因此它兼具代理功能。

5. 网络命令

TCP/IP 也包含了许多实用程序，用于互联网的检测、维护和查看有关网络信息。这里介绍的几个命令，需要在命令行下执行。例如，打开 CMD 命令窗口，在提示符下输入相应的命令，回车后执行命令。

Netstat 命令可以检测本机接收端口、发送端口状态。Netstat -n 命令可以查看所有与本机连接的计算机的 IP 地址；ARP -a 命令可以确定对应 IP 地址主机网卡的 MAC 地址；Route 命令进行有关路由操作，Route Print 显示路由表中的项目等；Tracert IP 地址显示到达 IP 地址所经过的路由器列表。图 7-18 是在杭州市内对同城的浙江大学的主机的路由跟踪结果，访问距离只有不到 12 km，路由节点经过了 8 次转接。

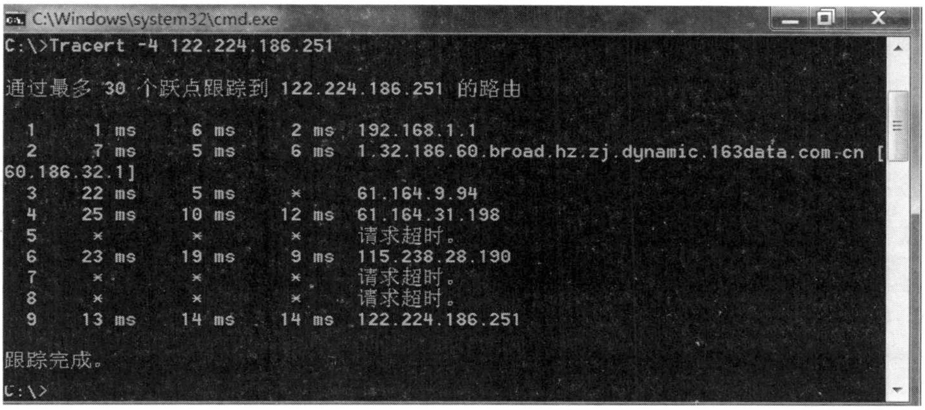

```
C:\Windows\system32\cmd.exe
C:\>Tracert -4 122.224.186.251

通过最多 30 个跃点跟踪到 122.224.186.251 的路由

  1     1 ms     6 ms     2 ms  192.168.1.1
  2     7 ms     5 ms     6 ms  1.32.186.60.broad.hz.zj.dynamic.163data.com.cn [
60.186.32.1]
  3    22 ms     5 ms     *     61.164.9.94
  4    25 ms    10 ms    12 ms  61.164.31.198
  5     *        *        *     请求超时。
  6    23 ms    19 ms     9 ms  115.238.28.190
  7     *        *        *     请求超时。
  8     *        *        *     请求超时。
  9    13 ms    14 ms    14 ms  122.224.186.251

跟踪完成。
C:\>
```

图 7-18　路由跟踪

其中源地址是一个发出跟踪命令的机器的局域网地址，第 9 个是目的地 IP 地址。参数“-4”是要求强制使用 IPv4，出现的“请求超时”是因为跟踪的节点不响应 Tracert 数据包。

使用较多也非常实用的两个命令是 ping 和 ipconfig。ping 是 Packet InterNet Groper 的缩写，名字来源于潜艇声纳发送回声的侦查术语。ping 命令用于确定本地主机是否能与另一台主机交换数据包。

ipconfig 命令显示当前的 TCP/IP 配置参数，一般用来检验人工配置的 TCP/IP 设置是否正确。如果计算机使用了动态 IP 地址，这个程序所显示的信息也许更加实用。

7.3.3　万维网 Web

其实，万维网是 Web 的中文译词。也许大多数用户并不知道什么是 Web，什么是 HTTP，但他们知道“上网”，而“上网”几乎就是 Web 的代名词。今天的 Web 已是互联网中最大的应用，成为互联网综合信息服务系统。互联网的另一个大型应用是社交软件，如微信、QQ 等，这些社交应用都有 Web 版本。网络中数据量最大的也是 Web 数据。

1. 超文本和超链接

访问 Web（World Wild Web，WWW），浏览网页，页面上有文字、图、表、动画、视频，形式多样，内容丰富。鼠标指针移到页面中带有下划线的文字上，鼠标指针的形状会变成一个手型的“链接选择”，点击就可以进入新的页面。也就是说，有下划线的文字“链接”了一个新页面（page），同样新页面中也会有链接（link），这样可以不断引导用户去访问期望的页面，有的链接还有下载功能。

Web 页面也称为超文本（hypertext）页面。超文本的意思是它不仅是文本，还是多（超）媒体。网页上的链接也称为“超链接（hyperlink）”，就是超文本链接的意思。

2. 浏览器

用户使用浏览器（brower）访问 Web 服务器。Web 服务器，也称为 Web 网站，保存多个 Web 页面，以超链接方式构建了页面之间的关系。Web 服务器也可以提供程序、文档和数据库服务。图 7-19 是访问新华网（http://www.xinhuanet.com/），点击页面上的超链接可以进入一个新页面。Web 浏览器在客户端和服务器之间建立 Web 通信。

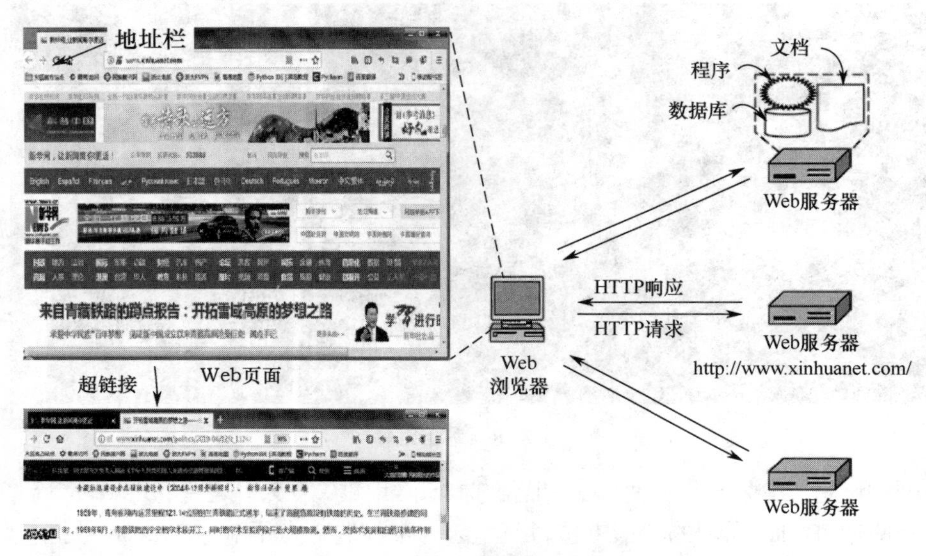

图 7-19 Web 浏览器访问服务器

点击链接过程，浏览器需要执行的任务是，建立一个端口为 80 的 TCP/IP 连接，然后用其上层的 HTTP 发送一个请求到 Web 服务器，要求得到链接的页面数据。Web 服务器返回带有 HTTP 格式的数据包后，浏览器解开数据包并显示出来，用户看到的就是链接页面的信息。

浏览器被认为是一个 App，但它实际上是一个语言翻译器，从服务器上获得的并不是展示的页面数据，而是用 HTML 编写的页面的程序代码，由浏览器执行该代码，执行的结果就是 Web 页面。

浏览器为了显示动态网页及播放音频、视频、动画等，有时需要安装插件（plug-in），如 Flash 插件用于视频播放和动画显示。插件一般是第三方软件，提供了浏览器不能提供的特殊功能。插件确实为用户带来了更好的浏览体验，但在安全方面存在很大的隐患。

3. HTML 和 HTTP

HTTP（HyperText Transfer Protocol，超文本传输协议）将网页代码数据打包，经过 TCP/IP 传输给浏览器。编写网页代码的语言是 HTML（HyperText Mark Language，超文本标记语言，1.6 节和 5.2.4 节中曾经提及），它是一种格式化的命令语言，代码以文档的形式保存，也称为

Web 文档，是互联网中存量最大、增量最快的数据类型（见 7.4 节）。

通常，一个页面就是一个 HTML 文件。Web 服务器上保存着这种格式的文件，并按照 Web 浏览器的请求，将页面文件用 HTTP 进行打包后，发送给客户端浏览器。HTTP 处于互联网协议的高层，它的任务相对简单（见图 7-19），即 HTTP 请求和 HTTP 响应。HTTP 请求由客户端的浏览器发到 Web 服务器，HTTP 响应由 Web 服务器发到用户浏览器。HTTP 请求中还包含相关的请求方式，相应的模型也会开启多种处理方式。为了应对多个请求，也会建立 Web 缓存。有关协议的细节不再细述。

有观点认为，HTML 虽然有正规的语法和语义，但它没有编程语言中的循环和程序状态，不能实现算法，因此算不上编程语言。如果从“程序=语言+算法”定义的角度看，它确实算不上是编程语言。浏览器解释页面文档（执行语句）并用另一种处理方式将文档标记的内容显示出来，因此从浏览器的工作方式看，HTML 也可以算是一种编程语言。

HTML 版本从最早的 HTML0.9 版、HTML1.0 版到现在的 HTML5.0 版，减少了对扩展功能的插件的依赖，支持图形和视频，浏览器的安全性得到了提升。

4. URL

在浏览器的地址栏（见图 7-19）中，地址是 Web 页面的 URL（Uniform Resource Locator，统一资源定位符/统一资源定位器）。URL 是互联网协会于 1994 年发布的关于 Web 网页采用的“命名”方法。URL 也称为网页地址，简称网址，它是 Web 网址的标准形式。

在浏览器的地址栏中输入网址，浏览器将对应的网址数据装入 HTTP 请求。浏览器在接收 Web 数据包后，也要检查是不是所要求的页面。URL 同域名一样，便于记忆。例如，希望了解浙江大学或准备到浙大读书的学生，需要通过浙江大学的 URL 访问浙大的网站，该网站是由很多浙大信息的 Web 网页组成的。URL 的格式如下：

```
协议://web 主机名/目录路径和文件名
```

例如，浙江大学英文版主页的 URL 是“http://www.zju.edu.cn/english/”。其中，english 是指浙大网站服务器上的英文版页面。如果不指定页面，在一般情况下，目录路径和文件名默认 default，或 index，或 main。通过链接访问的页面都有一个 URL。

细心的读者会注意到：URL 中的“Web 主机名”就是 IP 网中的域名或者 IP 地址。严格说来，Web 是域名下的一种服务。只要是相同域名或 IP 地址，可以用不同的协议，如文件传输协议、邮件协议，来引导用户访问域名下的多种互联网服务（见 7.3.4 节）。

5. Cookie

与 IP 一样，HTTP 也是一种不负责任的协议：它向客户端发送数据包后，就不管不顾了。也就是说，HTTP 服务器不记录客户端发来的请求，也不管对方有没有收到。这种设计的原因之一是 Web 服务器不能确定用户的访问是连续的还是断续的，也许用户访问过网站后，可能隔了好长时间才再次访问，时间跨度可能大也可能小，要 Web 服务器为每个访问过的客户做记录的确有困难。

1994 年，解决这个问题的方案被发明——Cookie，即：每次服务器发给用户浏览器数据包的时候，附加一个不超过 4 KB 的文件块，存放用户访问该网站的相关状态记录。这个文件块就是 Cookie。如果用户再次访问该网站，会把上次的 Cookie 放到 HTTP 请求中。服务器收到用户的请求，检查 Cookie 的内容，根据其中的 ID 到 Web 服务器的数据库中获取用户访问过的信息。

Cookie 是最初的名字，互联网标准给出的名字是 HTTP 状态管理机制（HTTP State Management Mechanism）。这是一个聪明的解决方案：Cookie 只存储了访问 Web 服务器的相关信息，存放在用户的浏览器中。

如果用户使用了多个设备（台式机、笔记本电脑、手机）的不同浏览器访问过某个网站，网站会为用户的每个浏览器建立与 Cookie 对应的数据库记录。每个 Cookie 都有名字，网站可以为用户每次的访问建立多个 Cookie。Cookie 不是程序，本身不会执行任何主动行为，也不会跑到其他地方，而且过一段时间 Cookie 就会自动失效。

但有时候确实有被恶意使用 Cookie 的事情发生。令人不快的是浏览行为被跟踪且会被推送广告。令人害怕的是，有黑客能够借助 Cookie 入侵用户的账户。如果网上支付网站保护不力，Cookie 就存在极大的风险。

为了提高 Cookie 的安全性，最新的 Cookie 规范重新设置了一些规则（RFC6265）。当然，为了消除隐患，用户可以设置每次退出浏览器时清除 Cookie。不过，再次登录注册网站，又要输入用户名和密码等登录信息。在用户计算机上可以查看 Cookie。

7.3.4 互联网服务

万维网是互联网最大的服务，如下所列的都是曾经很有影响的互联网应用，现在大多数都可以在 Web 上运行，就是浏览器支持的多种互联网服务。

1. 电子邮件

电子邮件是互联网第一个应用。过去用户使用电子邮件需要邮件客户端软件，如 Outlook、Foxmail，现在大多数邮件服务都提供 Web 版本：直接登录邮件服务器，用户的邮件都存放在服务器上，而不用下载到自己的计算机中。

电子邮件发送使用 SMTP（Simple Mail Transfer Protocol，简单邮件传输协议），使用 POP3（Post Office Protocol version 3，邮局协议第三版）接收。使用 E-mail 必须有一个电子信箱（E-mail Box），其格式如下：

用户名@邮件服务器域名

电子信箱由电子邮件服务的机构提供，是网上存放邮件数据的磁盘区域。收发电子邮件可以使用客户端工具软件，如 Outlook、Foxmail，也可以通过 Web 直接访问邮件服务器。

在标题中应把邮件的主题显示出来，且把自己的名字作为邮件发送者，使接收者能很快注意到邮件；另外，英文邮件不能全部使用大写字母，这意味着对收件人吼叫。

电子邮件可以附加其他文件，统称为附件（attachment）。严格意义上，电子邮件客户端往往是一个 PIM（Personal Information Management），包括邮件，也包括通信录、日程安排等功能。

2. 新闻组、文件传输、Telnet、BBS

这几种曾经都是互联网的服务，现在差不多已经淡出或者只有较少的用户在使用。

互联网的新闻组（Usenet，User's Network）以特定的主题、为特定的用户群服务。新闻组通过电子邮件客户端软件下载主题信息。

文件传输服务用文件传输协议 FTP（File Transfer Protocol）命名。FTP 的主要作用是支持上传（upload）和下载（download）文件。浏览器支持文件传输的 URL 格式为

```
ftp://文件服务器名
```

Telnet 原是 UNIX 中的一个命令，也是一种访问互联网的方法。远程登录的命令格式为

```
telnet  远程主机名
```

用户也可以通过 Telnet 进入 BBS（Bulletin Board System，电子公告牌）系统。例如，在 Windows 命令行中输入“telnet bbs.zju.edu.cn”，登录的是浙江大学 BBS。在 Windows 中，Telnet 不是默认程序，需要在“控制面板”的“打开或关闭 Windows 功能”中选择 Telnet 客户端。

3. 社交网络和即时通信

互联网中最为热门的应用可能就是社交网络（Social Network），如国外的“脸书”（Facebook）、“推特”（Twitter），国内的博客（Blog）、QQ、微信（Wechat）等。社交网络改变的不仅是人与人的交往方式，也给社会服务、社会政治带来了很大的冲击。

“时间是两点间最远的距离”，互联网缩小了时间的距离。过去，即时通信（Instant Messaging，IM）被定义为在互联网上使用文本、语音、视频等信号形式同步交流。现在，这个概念也开始变了，这种变化是将即时通信和社交网络服务连在一起，即使对方不在线也可以留言。因为这些信息是经过网络服务器转发的。

4. 移动互联网

智能手机可以通过 Wi-Fi 和移动数据网访问互联网，“能够永远在线”，因此移动互联网成为了更多人的选择，也是互联网最大的用户群。2018 年，全球智能手机销量达 14 亿台，而 PC 销量不到 2.6 亿台，只有手机销量的 18.6%。

移动上网的另一个特点是“定位服务”。低空运行的地球卫星可以快速、精确地测量地球上的目标位置。美国 20 世纪 70 年代开建的、以低空 24 颗卫星组建的“全球定位系统”（Global Positioning System，GPS），最初为美国的军事行动提供定位支持和通信。后来，GPS 也用于航海、航空、地面交通等民用领域。现在，“定位服务”（Location Based Service，LBS）的网络应用是将 GPS、智能终端（包括手机、PDA、笔记本电脑等）和互联网结合起来，以确定终端用户的位置信息，为用户提供地图导航及周边的各种商务、生活、旅游设施的信息，甚至提供用户在该位置的朋友的信息。LBS 是互联网中的一个应用。但它引起的争论较大，主要涉及隐私保护问题。

我国成功研制的卫星导航系统“北斗”（BeiDou navigation satellite System，BDS），已经开始提供各种定位、导航等服务。

5. 搜索引擎

“重要的是得到信息，更重要的是知道如何获得、从何处获得信息。”搜索引擎（Search Engine）正是为了解决用户的查询问题而出现的。搜索引擎可以看作信息的导航台，因此被称为“信息服务的服务”。有统计表明，搜索网站是被访问次数最多的网站。

搜索引擎通过软件代理（有时称为蜘蛛、软件机器人或者 bots）巡视互联网的所有 Web 网站，检索新的页面信息并将其添加到搜索数据库中。因此，用户搜索得到的结果是存在搜索服务公司的巨量 Web 数据库中的结果。搜索方法主要有按内容的分类查询和关键字查询两

种。新的搜索技术支持语言查询服务。

关键字查询是大多数人选择的查询方法，如果需要查找的关键字有多个，可以使用引号将其括起来。

知名的搜索引擎有百度（Baidu）、谷歌（Google）、必应等。谷歌在开发互联网应用方面是前行者，其Google地图、Google计算、Google视频、Google翻译等都是Google实验室开发的应用服务，而Google地球（http://earth.google.com/）能够查看地球上的任何位置的地理地貌甚至建筑物。百度也有地图、视频、MP3、翻译等网络服务。

6. 电子货币和电子商务

电子商务也是互联网的一种应用。刚刚跨进21世纪，就发生了第一次"网络经济"泡沫的破灭，因此电子货币和电子商务一度被冷落。实际情况是，它们从来没有被遗忘，现在则更加火爆：中国已经是世界上最大的网购市场。2018年，中国电子商务整体交易规模达28.4万亿元，网上零售超过9万亿元，占社会零售的25%。

20世纪70年代，EDI（Electronic Data Interchange，电子数据交换）出现，因为减少了交易成本，提高了交易效率，所以得到了快速发展。20世纪80年代中期，联合国制定了EDI的国际标准。电子商务伴随的是电子货币（Digital Currency或E-Money）。2011年，中国颁发了27家企业的电子支付业务许可证，电子（网络）支付在中国已经是一个很普及的应用。

网络个人购物称为电子商务的B2C模式（Business to Customer），企业之间的商务活动称为B2B（Business to Business）。目前，越来越多的企业在网上销售自己的产品，传统的零售业也开始经营网店。

7.3.5 5G和物联网

互联网的重要性不言而喻。现在有许多互联网的应用，实际上都不是新技术，是基于50年前的IP技术。因此，互联网应用技术研究就是建立更新、更快的通信技术。2001年，美国正式启动了第二代互联网的研究。第二代互联网的设计数据传输速率为9.6 Gbps以上（亦有文献说是10～20 Gbps），参与这个工程的大学和研究机构希望借助第二代互联网建造虚拟实验室、数字图书馆、远程医学研究和医疗及远程教学。

第二代互联网的概念提出了已经20年了，现在还是一个概念。发展迅速的是移动网络的传输技术。已经开始建设的5G（5 Generation）被称为具有"网络革命"的新一代移动通信技术，大多数人对5G的概念就是快：传输速率可达1 Gbps，而4G的传输速率为100 Mbps。

对普通移动网用户而言，4G足够快了，很容易实现"永远在线"的人与人的连接。如果仅仅是语音通信，那么移动语音就能满足要求。将5G赋予"革命性"意义的是，它在极其高速的连接下，能够实现"物与物"的连接：物联网（Internet of Things，IoT），就是物物相连的互联网。有科学家预言，物联网才是互联网的未来。这个想法来自网络将覆盖地球而成为地球的皮肤：传感器标记地球上的各种物体，就像地球披上了一层皮肤，物体的信息被实时上传到网络上。

这是一个伟大的想法，也即将成为现实的、伟大的技术。互联网改变的是人与人联系的方式，物联网将改变人与物的关系：人对物的控制将变得很容易，可以通过手机、相机、摄像头将拍摄的照片、视频传到网上，实时直播不再是电视台的独有服务；可以通过手机、摄像头监测家居环境和控制家里的电器、控制互联网灯泡；可以使用车载网络系统毫无延迟地下载位置信息和传感器的数据实现自动驾驶；越来越多的带有嵌入式处理器和 Wi-Fi 功能的设备、装备的出现，使"控制"变得随心所欲。由于 5G 和其支撑的物联网，社会形态也将重新构建，因此它是具有革命性的技术。

可能出乎很多人的预料，5G 不仅是一项先进的通信技术，也成为国家间的竞争。目前，我国的 5G 研发和技术处于世界领先地位，我国提交的 5G 国际标准文稿占比 32%，主导标准化项目占比 40%，5G 标准和网络建设的推进速度、质量均位居世界前列[①]。

形容互联网，科学家的语言远不及作家和艺术家，特别是电影导演和科普作家。著名科幻作家儒勒•凡尔纳在它的小说中大胆幻想的许多神奇事物，在其后的百年间都变成了现实。而现代通信卫星也是科幻作家阿瑟•克拉克最先预言的。因此我们借用一位作家的评论来形容互联网："网络空间，是全世界数以亿计的计算机使用者所体验的交感幻觉……无法想象的复杂性，就像人类的大脑这一非空间世界中充斥的思想和大量数据一样。"

有研究者期望能够生产"电子生物"，期望它们能够"帮助人类而不是伤害人类"。持这种观点的人被称为"圣塔菲学派"[源于圣塔菲研究所（Santa Fe Institute）]，他们认为，如果这种事情发生，那时网络就具有了部分适应能力和生命体的自我防卫能力，当预知地球有危险时，如强风暴、地震等，网络能够提醒并帮助人类抗击灾难。

7.4 网络数据

网状的数据结构形式被称为网型数据（diagram）或网络数据。本节介绍的网络数据（network data）是指在计算机网络中传输、存储和产生的数据。网络数据是所有数据源中数据量最大、类型最多、最为复杂甚至最混乱的数据。我们不能一一列举和介绍网络中所有的数据类型，本节主要介绍网络数据方面的一些知识。

1. MIME 和 Internet RFC

MIME（Multipurpose Internet Mail Extensions）是描述消息内容类型的 Internet 标准，从名字上看，似乎与邮件有关。的确，它最初是为邮件传输而定义的，后来被 HTTP 扩展到互联网服务。MIME 通过指定的扩展名规定文件（数据）类型，被 RFC（Request For Comments）作为标准发布，序号分别为 RFC822 和 RFC2045～RFC2049，如 RFC2046 是媒体类型（Media Types）的标准。浏览器在访问这些文件时就会指定相应的应用程序打开这些数据文件。

互联网的广泛应用产生了许多文件类型，为了交换的需要，有关互联网的通信协议和需要讨论的标准等都被 RFC 收集和发布，因此几乎所有的互联网通信标准、数据类型和格式都被收录在 RFC 文件中。RFC 是一个编号文件序列，由 IETF（Internet Engineering Task Force，互联网工程任务组）发布，可以访问其官方网站（www.ietf.org）获取 RFC 的详细信息。RFC1 是有关主机软件的标准，现在最新的编号是 8624，是关于域名解析算法的实现要求及使用指南（Algorithm Implementation Requirements and Usage Guidance for DNSSEC）。

① 数据来源于中国国家互联网中心发布的第 43 次中国互联网发展状况统计报告。

如果要对数据进行分析、处理，就必须清楚数据的类型、格式和对应实体的相互关系。从 RFC 文档序号就知道在互联网中的数据有多么庞杂，要处理网络数据的难度有多大！

2. Web 文档数据

与结构化数据不同，Web 的数据是文档，也叫网页数据。Web 数据量非常庞大，据 CNNIC 报告，2018 年我国网页数量为 2816 亿个，网页总字节数达 20PB。

文档是带有格式的文本数据，但不是结构化数据。Web 中文档的格式就是标记（markup）。Web 文档是用 HTML 编写的程序，是通过标记“< >”告诉浏览器如何显示相关信息。图 7-20 就是 RFC1 的 Web 文档。

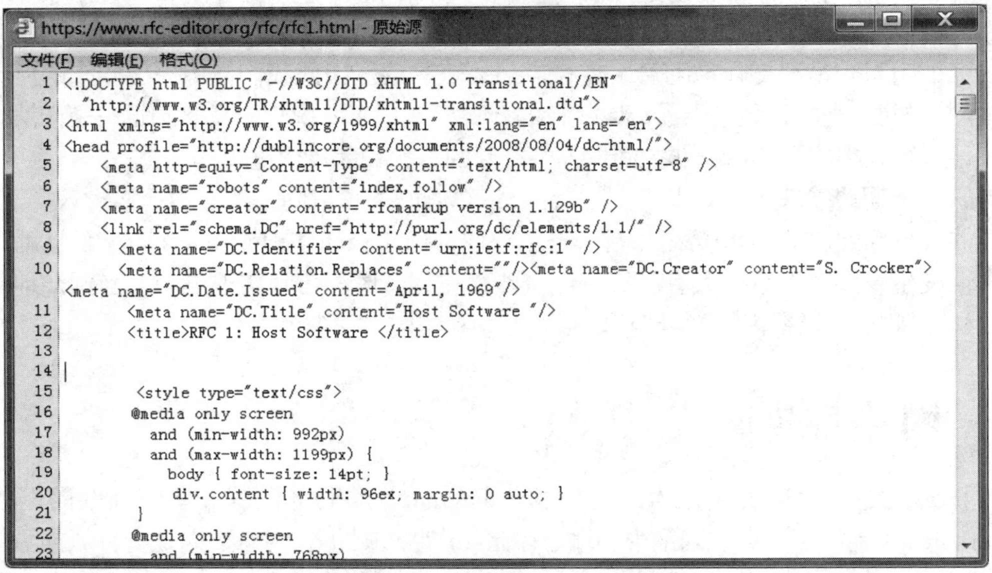

```
https://www.rfc-editor.org/rfc/rfc1.html - 原始源
文件(F)  编辑(E)  格式(O)
 1 <!DOCTYPE html PUBLIC "-//W3C//DTD XHTML 1.0 Transitional//EN"
 2   "http://www.w3.org/TR/xhtml1/DTD/xhtml1-transitional.dtd">
 3 <html xmlns="http://www.w3.org/1999/xhtml" xml:lang="en" lang="en">
 4 <head profile="http://dublincore.org/documents/2008/08/04/dc-html/">
 5     <meta http-equiv="Content-Type" content="text/html; charset=utf-8" />
 6     <meta name="robots" content="index,follow" />
 7     <meta name="creator" content="rfcmarkup version 1.129b" />
 8     <link rel="schema.DC" href="http://purl.org/dc/elements/1.1/" />
 9       <meta name="DC.Identifier" content="urn:ietf:rfc:1" />
10       <meta name="DC.Relation.Replaces" content=""/><meta name="DC.Creator" content="S. Crocker">
<meta name="DC.Date.Issued" content="April, 1969"/>
11        <meta name="DC.Title" content="Host Software "/>
12        <title>RFC 1: Host Software </title>
13
14
15         <style type="text/css">
16        @media only screen
17          and (min-width: 992px)
18          and (max-width: 1199px) {
19            body { font-size: 14pt; }
20             div.content { width: 96ex; margin: 0 auto; }
21         }
22        @media only screen
23          and (min-width: 768px)
```

图 7-20　Web 文档

第一行给出了文档的类型是 HTML，文档标题为<title>RFC 1: Host Software</title>。<>是开始标记，</>是结束标记。在浏览器中单击右键，然后选择“页面源代码”或“查看源”命令，就可以显示页面的 HTML 文档。

Web 文档中还能够定位图像、图形、音频等非文档数据，因此必须告诉浏览器这些媒体数据的文件存放在什么地方、媒体文件的名字。如一个图片的文件名是 image1.jpg，存放在主机存储器的 image 目录下，因此需要在 Web 文档中插入：

```
<img src = "C:\image\image1.jpg" >
```

浏览器读取这个 src 标记，会发出数据传输请求，将从 Web 服务器的存储器上获取 mage1.jpg 文件数据，并以图像显示的方式展示。当然，Web 文档需要定位信息，告诉浏览器这个图像显示的位置。

Web 文档实际上是一个文本文件，可以通过文本编辑器打开、编辑，但只能通过浏览器解释执行。如果需要进行交换，如在不同的系统（Windows、iOS、UNIX/Linux）之间、在不同的软件之间（购物和支付）、不同的设备之间（手机和工作站）进行，就需要以“标准”格式进行传输。这个标准就是 XML。

3. XML

网络中的文本/文档数据是在计算机中占据很大比重的数据。尽管现在文档采用的编码是标准的，但各种技术之间存在差异，会导致数据不能被交换使用，这与网络的共享目的是相违背的。因此需要通用的标记标准（Standard Generalized ML，SGML），而 XML 就是其中的一种标准。

XML（eXtension Markup Language，可扩展标记语言）作为通用标记语言，并不是指编程，只是给出了表示文本、数学公式、多媒体等数据形式的一个记号系统，只要是符合这个系统的文档，都可以被用于在不同的系统、不同的程序之间交换。因此，它也被作为网络交换的数据格式标准。

XML 用来定义传输的数据，不是表现或展示数据，所以 XML 用途的焦点是它说明数据是什么，而 Web 文档的 HTML 用来表示数据。

由于 XML 的制定迟于 HTML，因此 Web 文档并不是严格按照 XML 标准的。但 XML 的优点是，它不像计算机通用语言那样严格语法，而允许使用新的标记。因为互联网中用于 Web 一类的标记标准都是根据标记单词的语义而不是单词本身制定的，所以 Web 的方向是朝着“语义”网发展。

XML 广泛运用在非 Web 系统。第 6 章介绍的数据库是结构化数据，它有数据存储和使用的优势，但也因为格式化，同样的数据在不同的数据库中可能类型不同，因此不能互相直接交换。XML 可以很好地解决这个问题。在数据库系统建设时，可以将一些现在还不能确定的非结构化数据用 XML 表示，今后需要重新定义也比较容易。

4. 网络日志数据

日志（log）用来记录系统操作事件，也包括网络操作。在计算机中，操作行为被记录到日志文件中。日志文件被用来记录活动和故障的诊断，尤其是服务器上的日志文件对系统运行更为重要。数据库用日志文件为数据恢复和事务回滚操作保存记录。这类日志数据称为系统日志，一般不会传输到网络上。当然，某些攻击者，如黑客，可能利用这些日志信息。

另一种数量巨大的日志类型是消息日志，它是网络访问记录和状态数据。网络中的聊天数据，如 BBS，都有各种消息自动记录的日志数据文件。消息日志基本上是文本格式数据。凡是使用过这类软件的用户，再次登录聊天页面，往往会重现以前的聊天信息，也有较大型的聊天系统采用数据库来管理聊天信息。安全日志产生的数据量也很大，安全管理依赖日志所记录的各种网络访问数据。

大部分日志都是文本数据的记录，由于各系统日志的格式并不一致，一部分应用系统并不采用文本格式，需要专用的程序，否则很难读懂其中的日志信息。为此，网络日志制定有协议，如 syslog，即系统日志协议，是将网络上各种设备日志收集到日志服务器的一种数据协议。几乎所有的网络设备都支持该协议，包括路由器、交换机、网络打印机等，甚至服务器也可以产生 syslog，以记录用户的登录、防火墙事件等。这种日志的信息收集是通过工具软件完成的。

网络日志文件通常包含主机的 MAC 地址和 IP 信息，支持 IPv4 和 IPv6。因此，网络日志包括敏感数据，这也能回答为什么用户在网络搜索了某个信息后，Web 页面会不断向用户推送类似的信息，因为日志记录了用户的行为，“智能”的推荐程序会跟踪这些行为数据并向用户推送相关信息。7.3.3 节中介绍的 Cookie 也是带有日志性质的数据文件。

5. 其他网络数据

上述 Web 数据、日志数据是网络运行中需要或产生的，但有大量的数据是以网络为载体传输的。无论哪种互联网服务，如电子邮件，大多数用户在客户端下载后会在服务器上保留副本。与 Cookie 和日志相比，这种邮件副本的危害性更大，因为邮件中往往有更重要的信息，泄露邮件的情况一直在发生。

大型的网站使用网络数据库保存数据。除了搜索引擎，电子商务、网络支付都有庞大的数据库。这些数据库为各种网络服务提供了支撑。例如，打车、订餐、购物、网游等都是将用户的相关记录用数据库记载下来，为用户提供持续的服务。

网络数据已经被作为资源使用。大数据分析的很多数据源就来自网络。因此，网络计算成为计算的新领域，也是最能产生经济效果的计算。

从数据类型看，网络数据特殊类型较多。其中有结构化的数据，如数据库，也有非结构化的数据，如文本，也有介于两者之间的半结构化数据。另外，网络数据不仅类型多，历史数据和无效数据也很多，这给网络计算带来了难度，也产生了需求，也是网络计算发展的动力。如云计算就是这种动力所推动的结果。

7.5 云计算

第 1 章介绍的计算模型是基于单台计算机的。一个用户有多台计算机，包括台式机、笔记本电脑、PAD 和手机，如果需要交换数据就有点麻烦，除非所用设备彼此是兼容的：可以通过复制操作在几台设备之间交换数据和文件。另一个麻烦的是，用户必须随时进行复制，否则会导致在办公室的机器上的文件不能被及时获得。如果不是同一个操作系统，就更麻烦了，这就是为什么有人是苹果全系列：苹果与其他系统的兼容性不好。

网络是另一种计算模型，允许各种类型、各种操作系统的计算机连接在一起，访问网络的方式相对统一，不管哪种计算机都使用浏览器，而浏览器之间的兼容性是软件系统中最高的，电子邮件也对操作系统没有任何特定要求。这种网络模型现在被一种计算模式所用，就是云计算。

由于传统的计算已经不能满足需要，20 世纪 80 年代就有了“网络就是计算机”的观点。2006 年，美国亚马逊公司首次推出计算云服务，其后谷歌启动云计算项目并开始部署。随着许多大公司的跟进，云计算得以快速发展。国内也有多家网络公司，如阿里、腾讯、百度等，都提供云计算服务。云计算与物联网、大数据（见第 8 章）、人工智能（见第 9 章）并称为新一代信息化的四大技术基础。

本质上，云计算是基于网络的一种计算模型：能够为不同的系统、不同类型的机器、不同的计算机应用提供一个平台：用户的各种数据，如照片、视频、通信录、文件、应用程序等，都可以放置在提供云存储服务公司的“云端”，如图 7-21 所示。

图 7-21 的中间部分是一个“云”的图形，这个云图形被大量用于表示公网和互联网，云计算用其命名也寓意其环境是互联网。云计算为用户提供硬件、软件、存储服务的网络服务，按使用量计费。云计算成为热点，既有用户需求，也是网络传输速率、移动通信普及等外部

条件的成熟所致。今天，大多数智能手机用户对云计算不陌生：手机也能接入“云端”，将手机中的数据备份到云上。与真正的云计算有区别的是，手机厂商为其用户提供的免费“云”服务只提供了云端的数据存储功能，大多数没有计算服务。

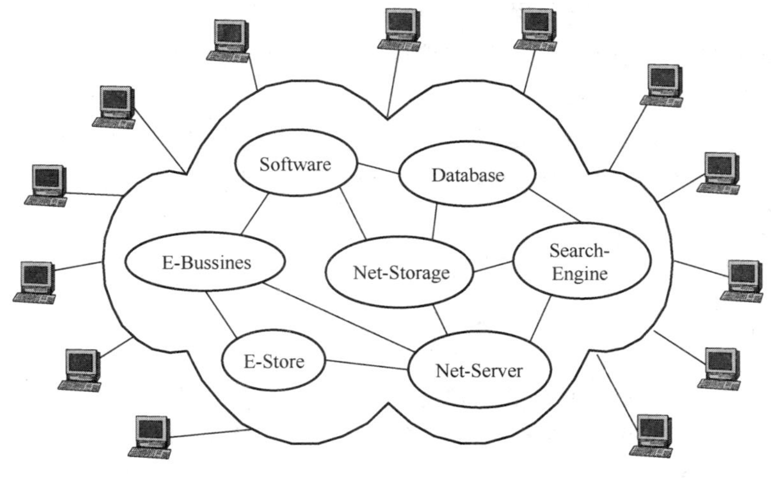

图 7-21　云计算示意

实际上，云计算提供的服务不只是备份，还有计算。用户可以通过计算机、智能终端等设备接入云计算数据中心，进入可配置的计算资源共享池，这些资源就是图 7-21 中所列举的，用户可按自己的需求进行计算。

云计算虽然是互联网服务，但不是传统意义上的网络信息服务，它提供的是计算，通过将庞大的计算任务自动分拆成无数个较小的子程序，再由多部云服务器所组成的庞大系统搜索、计算分析后，将处理结果回传给用户。无论用户的计算任务多么复杂，云计算都能提供极为快速的计算服务。因为它本身就是一个构建在互联网上的超级计算机系统。

云上包括软件、网络存储（Net-Storage）、数据库（Database）、网络服务器（Net-Server）、电子商务（E-Bussines）、网上商店（E-Store）等资源，任何一个互联网用户都可以得到这些资源提供方的资源。例如，某互联网用户（可以是个人，也可以是企业）需要建立一个在线服务系统，可以申请云服务主机，将其应用程序放置到云主机上，使用由云提供的数据库。这样系统的建设成本大大降低，且任何终端设备可以在任何地方上网，随时访问数据库。

计算机的计算是基于特定的操作系统的，而云计算能支持不同类型的操作系统的计算任务。近年来，许多企业通过云计算服务节省了运行成本（较少的付费获取服务器设备、办公软件、操作系统等），提升了企业的竞争力。例如，谷歌的 Google Docs 就是一个云办公系统，功能与微软的 Office 差不多，也包括文字处理、电子表格和演示程序。微软当然有理由对此担心：微软的 Office 是它的主要收入来源之一。国内的百度、腾讯和阿里提供的云服务几乎囊括了本书提及的所有计算：网站服务、存储、数据库、安全管理、人工智能、大数据，甚至区块链（blockchain）。

区块链源于网络上的虚拟货币“比特币（bitcoin）”发展而成的一种新技术，具有“不可窜改、匿名性”等特性，按照时间顺序，将数据区块以顺序相连的方式组合成的一种链式数据结构，并在网络上多节点分布式存储。区块链的安全特点表现在不可窜改和不可伪造：因为没有任何一个节点保存单独的数据。由于区块链的特殊性，中国国家互联网信息办公室专门下发了《区块链信息服务管理规定》。

阿里巴巴公司以电子商务而众所周知，也是仅次于亚马逊、微软的世界第三云服务公司。2018 年，阿里的云计算服务收入超过 200 亿元，比 2017 年增长超过 90%。中国的云计算技术有独特之处，其硬件以 x86 服务器为主，硬件标准化程度和软件异构能力强，也是 LINUX、CNCF（云计算基金）等开源组织的积极参与者，并发布了自研的云产品。云计算的应用也在政务、金融、工业领域开始发展。

技术带来了进步，也带来了新问题。在我国，云计算的安全事故仍然频发，占网络安全事故的 50%以上。另外，用户存储在云端的数据，谁掌握了就可以随时查看它。那么，如何保护隐私和安全呢?

7.6 网络安全

从技术层面看，网络安全就是信息安全。信息安全是广义的概念，我国已经将信息安全纳入国家安全的范畴。信息安全的因素除了自然灾难、系统缺陷，也包括病毒、黑客攻击等。前者有硬件损坏、软件错误等，会导致数据丢失；后者则是恶意为之。

7.6.1 病毒和黑客

随着网络的普及应用，病毒感染的机器数量庞大，病毒制造者攻击网络更有“价值”或使用网络传播病毒、植入后门企图窃取信息，使得网络安全的形势变得更加复杂和难以预防、控制。有一组数据也许能让我们更加认识信息安全：2017 年，我国有超过 2000 万台计算机感染网络病毒，2018 年也有 600 多万台计算机感染病毒。2017 年和 2018 年被黑客攻击植入后门的网站分别约为 4.4 万个和 3.2 万个。

1. 病毒

病毒源于医学词汇，借用它描述计算机的某种程序具有生物学特征：破坏性和缺少消灭它的手段。计算机病毒是一种程序，或者是嵌入其他程序中的可执行的代码，它们是恶意代码，通过计算机文件复制或者网络下载进入计算机，导致计算机感染病毒。病毒对计算机的祸害很大，一旦中毒，计算机就不能正常运行。严重的病毒能够损害计算机的硬件、删除计算机文件和数据，包括操作系统的引导文件。还有一种类似病毒的恶作剧的代码，虽然不对计算机进行实质性的破坏，但它搅乱程序的正常运行，如破坏显示窗口、弹出杂乱的信息等。

根据《中华人民共和国计算机信息系统安全保护条例》对病毒的定义，病毒是“计算机程序中插入的破坏计算机功能或者破坏数据、影响计算机使用并且能够自我复制的一组计算机指令或者程序代码”。通常认为，病毒具有破坏性、传染性（自我复制）。

“计算机病毒”一词最早出现在一部科幻小说中。真正的计算机病毒最早出现在 1984 年，是“巴基斯坦”病毒，它最初的目的是防止非法复制。到 2000 年，被列出的最具破坏性的病毒有数十种之多，以感染可执行文件为主。后来的病毒可以通过 Office 的文档感染，到了 2005 年，被专业检测病毒机构发现的病毒超过 5 万个，我国曾经有 80%的计算机被感染过。曾经臭名昭著的病毒有熊猫烧香、求爱信病毒、冲击波病毒等。CIH 病毒可以通过无休止地对计算机引导程序的存储器进行读写而导致芯片损坏。现在仍然活跃的、通过邮件传输的勒索病毒给被感染计算机的所有文档加密，要支付一定的赎金才提供解密的密码。据监测报告，2018年9月，勒索病毒对数百万台计算机发动了数千万次的攻击。用户一旦中毒，专家也对之无奈，无法杀毒。2019年3月据说发现了另一种新的勒索病毒。

如今的操作系统和第三方公司，如百度、腾讯和360，都提供免费的杀毒软件，计算机启动后就一直在内存中运行，实时监控病毒，一旦发现病毒，就立即向用户报警并启动杀毒、隔离等措施。

计算机安防专家给用户的建议是安装杀毒软件、不访问恶意网站、不下载未经认证的程序、不打开莫名的邮件等。防止病毒的侵袭缺少非常有效的手段，常识告诉我们，杀毒只能针对已知病毒，然而每天都会有新的病毒出现，其特征码被发现才能被杀毒软件识别、预防、拦截和清除。这就是为什么杀毒软件都有病毒库的更新操作：有新发现的病毒了。

2. 网络黑客和攻击

当网站被植入一段恶意代码，会引导用户访问恶意网站，或者通过超链接让用户在没有提防的情况下下载了病毒或者恶意代码。因此，操作系统和杀毒软件有时候会识别这些恶意网络访问，阻止或提醒用户将要访问的网站或者下载的文件有病毒之类。但是，这类警告会对未经注册的网站也加以屏蔽。当然，用户确信这个网站是没有问题的，即使有警告也无妨。

网络中，另一类恶意行为是黑客借助网络侵入联网的计算机，窃取用户信息的恶意行为，也是犯罪行为。例如，臭名昭著的木马（Trojan）病毒就是通过网络下载、打开网站等方式，将病毒程序植入用户的计算机，用来窃取用户的个人信息。因此，木马病毒也被称为黑客木马，传统上窃取用户信息的行为是黑客行为。

黑客（hacker）原意是指对计算机技术有特殊技能的人，后来有人借用来指通过网络窜改、盗取数据（如银行账户）、窃取用户的个人信息。恶意网络攻击是指攻击者通过攻击代码堵塞网络。攻击操作比较简单，就是多台机器给某些特定的网站不停地发送访问请求但拒收响应数据包，被攻击的机器不停地响应这些恶意请求，无法响应正常的通信请求，主机处于“僵尸”状态，类似一个占线的电话总是处于“正忙”的状态。这种攻击在特定的时期往往成为一种示威的手段。不但有银行被攻击，而且有大型网络公司被黑成了僵尸，影响特别巨大，甚至成为“网络战”，有些国家就组建了网军司令部。

我国是受网络攻击危害较大的国家。中国国家计算机网络应急技术处理协调中心（CNCERT）发布监测数据，我国受攻击的次数逐年增长，其中来自北美的攻击占境外攻击的58%。例如，2018年北美境内的1.4万余台木马或僵尸网络控制服务器，控制了中国境内334万余台主机，比2017年增长了90.8%。

防止网络攻击需要采用多种技术，防火墙技术是主要的防范手段。防火墙（firewall）是在两个网络之间的一道屏障，对非法用户进行阻隔。单纯通过隔离攻击服务器的IP地址还不足以防止黑客攻击，因为攻击者可以通过技术手段变换IP地址，伪装成其他地域或国家的IP地址。因此，网络安全需要有一套防范体系，需要有预警机制和专业人员对网络攻击行为的严密监控。对个人用户来说，虽然操作系统和杀毒软件都带有防火墙功能，但对网络攻击和木马、病毒等有足够的知识和防控意识，也是极为重要的。

7.6.2 隐私保护

“过去最富想象力的科幻作家才能够想象出无处不在的监视，已经被科技实现了。”这是记录美国国家安全局雇员斯诺顿的作品《无处藏身》(有同名电影)中的一段话。另一位著名IT企业的CEO曾经说过：“反正你也没有隐私，忘了它。”这些话足以让人惊悸，但隐私保护的现实就是如此：几乎每个有手机的人都接到过推销、诈骗电话和短信，却不知道这些准确的个人信息是何时、何地被何人泄露的。

安全和隐私是难以分开的。安全意味着对生命、财产的保护以免受到不法侵害，而隐私主要是指不希望被他人知道的个人信息和生活细节。如果读者希望自己有很好的安全意识和隐私保护的措施，就必须好好学习计算机，学习科技知识。没有什么是绝对安全的，也没有什么是能确保隐私不被侵犯的。

世界各国都有相关的网络安全、隐私保护方面的法律、法规。有些隐私保护是法律问题，如倒卖个人信息。有些是恶意的，如黑客攻击窃取数据后获得的个人信息。稍有常识的人都知道，这不能完全震慑那些作恶者，也无法预防善意的行为被误用。

一个健全的安全防范的机制有时比安全本身来得更重要，隐私保护则更难：这是新技术的副产品，尽管为保护隐私有许多策略，但构建在网络上的那些数据也许不直接泄露用户的隐私，但数据挖掘仍然可以从蛛丝马迹中得到很多“有用”的隐私信息。

一个例子是美国一个在线网站公布了可供数据分析研究的一批用户访问网站的日志数据样本，大约有2000万条，涉及3个月内访问该网站的65万用户。当然，数据是经过“脱敏”处理的。出乎所料的是，很快就被人从中挖出了很多敏感的隐私信息：通过访问网站被随机赋予的ID(Cookie中使用过这种方法)，就容易挖出某个人查询过网站的什么内容，从而有可能确定查询人的身份。如果有人查询过自己的名字、身份证号、地址等信息，搜索相关性分析暴露出来的信息比想象得要多得多。问题出现后，该网站迅速撤下样本数据，但它已经在网络上流传了无数个副本。

阅读了上述文字的读者，你认为这是恶意泄露隐私吗？这个例子至少说明：匿名化的数据对隐私保护也没有作用。出于保护隐私的目的，网站保留用户访问信息的时间应该尽可能短，矛盾在于执法要求保留的时间应该尽可能长。

保护自己的计算机不被非法侵入，对隐私保护而言真没什么作用。大多数隐私泄露是因为用户访问过某些网站、购买过某些物品、在网络上咨询过某些问题、搜索过某些信息，在与网络的连接中，个人信息会被网络转发过程中的任何一个节点截获。

大多数网络系统都有用户名、登录密码，这本身就是一个不安全因素，但出于有比没有好的想法，可能是出于信任，也可能是无奈，只能根据要求填写用户的真实姓名和住址、身份证号码，还需要通过手机验证，那么用户的真实的个人信息就这样被一个个App所拥有。一个与手机通讯录、手机位置毫无关系的App，也要求用户提供这些访问特权，甚至要求授权它访问用户的相机、电话、短信等功能。仔细想想还真有点不可思议——不同意就别想用这个App。

过去有过口令猜测、网络钓鱼、伪装成另一个用户等“欺骗”手段获取隐私数据，进而实施网络犯罪，而通过“合法”手段窃取用户信息，则预防就无从谈起了。

闻之色变的“后门”已经成为公开的秘密：某些App，在装入系统后就会自动启动一个扫描功能，定期将设备的某些信息发往某个网站。最早的后门确实是为了测试：开发者可远程收集应用程序的运行数据，了解系统运行状态，可以远程维护和修复问题。这个后门慢慢演变成了“小偷”：收集与应用程序毫无关系的数据，包括个人信息。更可怕的是，即使用户不在线，“后门”也可以启动用户的网络连接，发送完它要的信息再将连接断开：因为设备运行速度很快，传输的数据也不多，因此这个过程很短，用户很难发现。要检测是否存在后门，非常简单：关闭网络，过一段时间去查看一下有没有发生流量！当然，有的应用程序并不是恶意程序，它有“正门”，只要运行了该程序，就会自动收集用户信息，还会定期更新！

7.6.3 密码保护

隐私保护确实很糟糕，但对普通人而言也不是什么大事，小心防范还是可以避免遭受损失的，虽然这种小心防范并非人人都能做到。隐私保护问题没有人比政府更关心了：政府有责任保护公民不受非法侵害，因此就有了网络警察。

但对大多数网络应用，系统开发人员一直在研究和使用防范侵害的技术措施。例如，一个机构的邮件系统采用加密方法，用户通过密码收发邮件，邮件数据在传输过程中被加密。机构内部严格使用防火墙、杀毒软件，使用加密数据传输。借助外网传输，使用 VPN 并加密，对加密的密码再加密，这些技术确实管用。当然，对明火执仗的侵入（如上述的“正门”）还只能通过建立防范和惩戒机制来进行安全保护。

一般认为，在计算机系统中，软件工程需要“确保某些事情一定要发生”，而安全工程则要“确保某些事情一定不能发生”。安全工程的主要技术主要是使用密码。理论上，对恶意攻击、非法入侵一类的安全保护可以通过密码学、可靠性技术、安全印证和认证、审计等实现，问题是普通人缺乏运用这些技术的知识和经验。

传统的密码学假定敌方不知道用了什么加密方法，无法破解密码。这种隐匿式的安全策略已经被证明，只要有足够的时间，密码一定会被破解。所以，安全专家反复建议用户要定期或不定期更换密码。现代密码学是假定攻击者知道密码原理，而将安全性基于攻击者无法解出密钥（secret key）。如区块链，加密原理大家都知道，但确实很难被攻破。

个人无法使用区块链给自己的个人计算机或者手机加密，原因很简单：加密工具太贵了。加密和保密也需要有价值考量：没有人愿意花费 100 元去保护价值 50 元的资产。传统的加密方法有两种：密钥加密和公钥加密。

1. 密钥加密

密钥加密也称为对称密钥加密：加密和解密使用相同的钥匙（密码）。“对称”一词便于对这种加密方法的理解，而密钥一词容易区别“公钥”加密方法。

另一种技术也被有效应用，即给加密的密码加密，使用最多的是 AES（Advanced Encryption Standard，高级加密标准）。这里不解释这个复杂的算法，我们只给出这个算法安全性的简单介绍。

现代加密方法考虑的是解密的开销：加密算法人人皆知，但是解密不了，或者可以解密，但要花费很长时间，就是无法解密了。

根据可计算性（见 9.5.2 节），确实存在某些问题要么无解，要么需要的时间开销特别大。

如果一个加密算法公开了，确实找不到破绽，就只能采用一种算法解密：穷举所有可能的密码，直到找到用来加密的那个密钥，穷举时间与密钥的位数相关，n位密码穷举的时间为2^n。解码开销也与密码的设置有关，有一种叫“字典攻击法”，容易找到有规律的字词、数字表示的密码，如“12345”“mima123”等。

20世纪70年代到21世纪初，最常用的密钥加密算法是IBM和美国国家安全局联合开发的DES（Data Encryption Standard，数据加密标准），使用56位密钥。1999年，小型的专业计算机只要一天就可以解密，因为用穷举法需要尝试的密码数目是2^{56}。所示，更长密钥的新加密算法AES被设计出来，它是目前应用较多的加密算法。

AES有3种密钥长度可供选择：128位、192位和256位。1997年，美国标准技术所在全世界搞了一个算法竞赛，比利时密码学家提交的Rijndael算法获胜，2002年被美国政府确定为新的密钥加密国家标准AES，开始在全世界流行。普通小型机的计算能力大约为10^{13}（大约是普通PC的100倍，见9.1节），100万台这样的机器每秒大约可计算10^{19}，3年大约10^{27}，而128位密钥的组合大约有10^{38}，可见使用穷举法很难解密，即使使用目前世界上最快的计算机也需要几年时间。

问题是，AES真的安全吗？答案可能是不一定。问题不是出在加密解密算法，而是密钥的分发：参与通信的每方都需要知道所用的密钥，也就是说，需要把密钥送给通信的另一方；如果是一个群，就需要分发给群里的每个人，这就是AES的安全隐患。如果保证系统内彼此没有联系的人使用不同的密钥，分发就更加困难：分发也需要通过网络。因此，密钥加密的困难导致了另一种加密机制的诞生：公钥加密。

2. 公钥加密

2015年，计算机图灵奖授予斯坦福大学的两位教授菲尔德·迪菲（Whitfield Diffie）和马丁·赫尔曼（Martin Hellman），因为他们在1976年提出了公钥加密方法。这与密钥加密的思想完全不同：有效地解决了密钥分发存在的问题。HTTPS（HTTP Secure）协议采用的就是公钥加密算法。

为了叙述方便，这里假设A、B是通信的两方。密钥加密是对称的，A、B有相同的密钥。公钥加密的方法是A、B各自有一对密钥，其中一个是公用的（public），一个是私有（private）的。公钥是公开的，任何人都可以获取。这对密钥是有数学关联的整数：A用B的公钥加密发送，B用自己的私钥解密；B如果回复A，要用A的公钥加密后再回送。

使用最多的公钥加密算法RSA是由MIT的3位计算机科学家于1977年发明的：罗纳德·李维斯特（Ron Rivest）、阿迪·萨莫尔（Adi Shamir）和伦纳德·阿德曼（Leonard Adleman），算法的名称取自3人的姓的首字母。RSA实验室自1991年公布了RSA合数，悬赏能够解开合数的人。截至2007年停赛，分解的最大合数为64位二进制。

合数是指能够被其他数（除了0和1及自身）整除的数。由算术定理可知，任何合数可以分解为质因子之积，质数也称为素数。RSA的原理就是生成一个很大的合数（如超过200位），这个合数有长度差不多的两个质因子，分别作为生成公钥和私钥的基础。因为公钥是公布于众的，解密就需要找到另一个质因子。

已经被证明的是，尽管公钥是公开的，通过穷举法寻找另一个质因子，只要密钥的位数足够长，这种蛮力攻击试图解密几乎是不可能的。随着密钥长度的增加，蛮力攻击耗费的时间成指数级增长。发明 RSA 算法的 3 位科学家因此获得了 2002 年图灵奖。

因为通信双方的公钥都是公开的，任何人都可以通过对方的公钥加密信息来发送，而不需要告诉对方解密的密钥，这就解决了密钥加密发放过程中存在的密钥可能被窃取的问题。

公钥加密算法的复杂性导致加密算法速度很慢，而密钥加密速度很快，因此实际上很少使用公钥加密算法加密整个传输的数据，而是采用混合加密方法；用公钥加密算法加密一个临时会话的密钥传给对方，数据包使用 AES 加密；接收方收到公钥加密的临时会话密钥，使用 AES 算法解密数据。整个过程既能保证密钥安全，又实现了快速传输：加密解密临时的密钥所需时间开销有限。

HTTPS 就使用了上述加密解密过程。如果在浏览器的地址栏上看到如图 7-22 所示的锁型图标，就表示目前该网站的连接使用了公钥和密钥两种方法的混合加密。

图 7-22　经过混合加密的 HTTPS 传输

现在较多的网站使用 HTTPS 作为默认的传输协议，如我国的购物网站。虽然因为加密算法导致收发会产生一些延迟，但随着网络传输速率的提升，已经感觉不到明显的延迟，不会导致用户体验变差，重要的是，它增加了访问这些重要网站的安全性。

还有一个问题，使用这种加密传输的方式需要用户做什么？不用担心，这些都是通过程序自动完成的。例如，访问 HTTPS 网站，用户只需要输入登录信息，浏览器和网站服务器会完成整个通信加密操作。另外，如果网站或应用程序本身是恶意的，那么这种安全对用户而言确实意义不大。

7.6.4　电子签名

签名的目的是不可抵赖和不可伪造。但电子信号的数字传输，虽然有无法破解的加密方法，但接收方无法确定是不是真的：没有眼见，难以为实。此时，公钥加密有了另一个用武之地：数字签名。我国在 2005 年就颁布了《电子签名法》，确立了电子签名（包括但不限于数字签名）的法律效力，对我国电子商务、网络服务起到了强有力的推进作用。

根据《电子签名法》，电子签名包含数字签名。实际上，电子签名是一个法律概念，而数字签名是一个技术手段，要确认数字签名者的真实身份，还需要一个独立第三方的见证：数字证书。这几个概念很有意思，也很重要：上网购物、网上转账、发红包等高度依赖上述法律保障、技术手段和第三方论证的支持，建立了完全真实、可靠的连接和交易。

1. 数字签名

如果用户需要通过网上银行查询账户余额，银行网站会发出一个消息给查询者。但查询者怎么知道这个消息就是银行发的而不是假冒的钓鱼网站发的？

为了证明确实是银行发出的，银行通过用户的公钥加密这个消息，然后用银行的私钥签署加密后的一个结果：一串无法被伪造的数字，即数字签名。用户使用自己的私钥解密银行的消息，再用银行的公钥验证签名结果，确认这个消息是银行发送的。即使有人也用银行的公钥解开了签名，但不知道银行究竟发了什么消息。为了让用户相信，银行会用私钥加密将签名发布出去，任何人都可以使用银行的公钥解密签名，但私钥在银行，没有别人知道，因此接收者可以确定这个消息是正确的。这个通信过程就可以作为数字签名的技术方案。

尽管有如此复杂、可靠的加密技术，前提是私钥没有被泄露。如果银行或者购物网站的私钥被解密（可能性很小）或泄露（有可能），那么再完备的安全方案也是无效的。一旦私钥泄露，所有消息就是明文，数字签名证书无法起到证明的作用。大多数密钥方案中包含生成时间和失效时间，但宣布一个密钥从此失效却很困难。对高可靠性要求的通信而言，可采用"前向保密"技术：使用一次性密码，用后即失效。如果密码也是通过公钥加密算法生成的，那么即使以前的密码被破解，也无法用于其后的通信。

2. 数字证书

另外，用户怎么知道银行网站真的就是真的？银行如何知晓用户就是在银行开户的那位用户呢？解决这个问题的方法是建立第三方权威机构的论证机制。首先，银行需要到第三方权威论证机构登记，获取官方授权论证的数字式证书。当用户访问银行网站时，网站会把这个数字证书发给访问者，浏览器用第三方权威论证机构的公钥来验证网站的合法性。

理论上，这可以让用户相信这个网站确实就是他开户的银行。用户需要被证明是真实的。上过购物网站、网上银行的用户对这个过程肯定有体会：你的身份证是公安机关论证的，你的手机也是实名登记的，采用生物验证如指纹甚至采用人脸识别（还要求眨眼）可以与你的身份证上的照片进行匹配，确保你的身份的合法性。

在我国，电子商务认证中心归属商务部、工业和信息化部、国家资产管理委员会领导，负责对电子商务（购物）网站进行真实性审查、信用状况评估、信用行为巡查等全面的第三方信用服务，并颁发数字证书。银行业的认证由中国金融认证中心负责，它是中国人民银行下属的机构。中国电子认证服务产业联盟的成员单位超过百家。

浏览器作为用户通信的一方，负有验证用户访问网站合法性的职责。也许你会惊讶，任何浏览器都包含很多证书：可以通过查看浏览器的选项"隐私与安全"中的"证书"，证书颁发机构都用来证明网站的合法性。

最后提醒：在安全系统中，最不安全的因素不是技术而是参与者。

本章小结

计算机网络也称为数字网络或数据网络，Internet 是一个全球覆盖的通信系统。

网络需要通过 Modem 完成信号传输。联网的介质分为有线和无线。有线介质主要是专用的双绞线和光纤。无线通信有 Wi-Fi、移动（无线）电话线路和通信卫星。

衡量网络通信的主要技术指标有传输速率和带宽等，单位是比特率（bps）。为提高传输效率，通常网络数据采用压缩数据，并通过校验确保传输数据的正确性。

网络访问有 C/S 方式、B/S 方式、点对点方式、移动访问等。网络以数据包格式传输，也称为分组交换。

网络类型主要有个人网、局域网、广域网。目前，局域网主要采用的是以太网数据包交换技术。无线网是基于局域网的。多个局域网互联就成了广域网。

组建一个网络需要利用网络硬件，通过介质实现互联，主要是网卡、交换机、路由器、调制解调器等。目前最主要的设备就是路由器。路由器的主要工作是寻找一条最佳传输路径，并将数据传输到目的地。

网络协议也称为通信协议，是指网络的通信双方必须遵循的规则、标准。不同的网络协议是为了适应不同的通信方式和通信要求。局域网主要使用的网络协议是 IEEE 802 标准。虚拟网也是局域网常用的技术。

网络采用层次结构，有 OSI 的 7 层结构，主流的是 TCP/IP 的 4 层结构。

互联网连接了全世界各地的各种计算机和各种网络，是覆盖全球的最大的广域网。互联网具有高度的可靠性。

互联网的基础协议是 TCP/IP，是包含各种互联网应用通信协议的协议集。IP 是网际协议，定义数据包的格式和传输方式。TCP 是传输控制协议。互联网可以分为应用层、网络层、传输层和网络接口层。

连接到互联网的任何网络都要用 IP 封装数据包，IP 数据包在网络中被转发，最终到达目的地。TCP 用于传输控制，为网络传输提供可靠的保证。在 TCP 之上的是高层应用，也有各自的协议，如 Web、电子邮件等。

IP 称为互联网的代名词。IP 地址就是联网机器的标识，目前使用的 IP 地址有 32 位的 IPv4 和 128 位的 IPv6。IP 地址有静态和动态两种。域名是使用符号表示 IP 地址的方法。

使用域名访问互联网是最常用的方法。使用 TCP/IP 构建的局域网称为 Intranet，用户以相同的方法访问内、外网。网络命令用于检测网络的状态。

万维网是互联网最大的、最丰富的应用。Web 超文本页面使用超链接构成页面之间的联系。浏览器是访问 Web 的客户端程序，Web 使用 HTTP 和 HTTPS 两个协议，Web 页面是使用超文本标记语言生成的 Web 文档。URL 是 Web 上定位网页地址的方法。

Cookie 存储在客户端浏览器中，用于记录用户访问网站的相关信息，可以为下次访问提供快速连接，也存在被跟踪的危险。

互联网有多种服务，如电子邮件、即时通信、搜索引擎、电子商务等。

第 5 代移动数据网是新一代通信网，未来的网络将是物联网。

网络是最大的数据源。其中，Web 是文档数据，XML 是基于标记文档的标准。另一类网络数据是日志、网络数据库。网络数据是海量的，数据类型最多、最复杂，也是促进云计算技术发展的动力。

云计算是为用户提供硬件、软件、存储服务的网络服务，按使用量计费。

信息安全主要是指网络安全，病毒通过网络传播破坏用户计算机的文件，黑客通过网络侵入用户计算机，窃取用户信息。网络攻击是指恶意访问导致网络被堵塞而不能正常通信，是网络安全的最大安全问题，因此建立网络安全机制很重要。

隐私保护是网络化社会的一个现实问题。

设置密码是网络安全最重要的措施。密码保护有密钥加密和公钥加密两种方法，通常使用这两种方法混合加密：用安全性最高的公钥加密传输通信密钥，用密钥加密传输数据。

电子签名是一个法律概念，数字签名是通过加密方式确认签名者的真实身份的技术手段，而数字签名者的真实性需要第三方权威机构的认证并通过数字证书的方式予以证明。电子签名为电子商务、网络交易、网上银行等服务提供了法律和技术上的可靠保证。

习 题 7

一、思考题

1．网络数据是最大的数据源，如每天都有大量的日志数据产生。我们的个人计算机上也有大量的日志数据，在 Windows 系统中“控制面板”的“管理工具”→“计算机管理”中可以查看日志数据。试着在“事件查看器”中查看 XML 格式中记载的是什么。

2．根据一位外地朋友的邮箱地址找到邮箱服务器的 IP 地址，再通过 Tracert 命令跟踪，如果要发送邮件给这位朋友，中间经过了多少转发点？用 ping 命令看 TTL 值是多少。比较跟踪节点记录和 TTL 值，它们之间有关系吗？

3．互联网协议的简约性是它的特点，也是不安全的因素。如在数据包中加入收发双方的 IP 地址，这就给企图攻击网络者留下了隐患。解释目前的安全措施是什么，操作步骤是什么。你认为，如何才能避免攻击？

4．用智能手机登录手机生产商提供的“云”，能否发现这个“云”提供了哪些功能？是否与 7.5 节所说的“云”是一回事？

5．尝试登录阿里云或腾讯云、百度云，看看它们有哪些不同，服务价格又是如何计算的。

6．浏览器都有一个功能：可以查看当前页面的源代码。试着打开一个 Web 页面，然后查看代码，试着归纳标记格式的意义。如果修改了源代码中的几个字符，再回到浏览器显示界面，看看有什么变化。

7．大多数浏览器，如 IE、Chrome、Firefox，支持多种文本显示。例如，在其“编码”列表中，中文有 GB2312、GB18030 和 GBK 方式，分别选择 3 种方式，看看显示页面的变化情况。如果出现了变化，原因是什么？

8．浏览器因为使用了不同版本的协议，有时候兼容性会出现问题。某些早期的网站没有及时更新为高版本的 HTTP 或者 HTTPS 协议，就会出现网页无法正常显示的现象。解决方法是设置兼容性为较低版本的操作系统，为什么不是设置兼容低版本的 HTTP 呢？如何设置浏览器的兼容性？

9．试着查看计算机的 MAC 地址，有几个 MAC 地址，为什么？联网到互联网，如何查看本机的 IP 地址？

10．互联网是开放结构，那么肯定有网络是封闭结构。试举个封闭网络的例子。为什么要用封闭网络？

11．“边缘计算（Edge Computing）”是基于网络的一种应用技术，也被列为先进计算技术。请收集相关信息，展望它的未来。

12．沉迷网络已经是危害学生学习的有害因素，这是一个世界性的难题。不妨探讨一下，究竟是什么原因导致“网络成瘾”？

13．请搜索 5G 和物联网的有关信息，谈谈你对 5G 和物联网的期待。

14．我国的阿里巴巴、腾讯、百度等互联网公司都有云产品，请比较他们的云计算服务与亚马逊、微软的云服务。

15．在我国，智能手机用户数量已经超过 PC 用户数量了吗？其实，早在 10 多年前有人预言 PC 会消失，但至今仍然具有很大的市场。你认为，PC 会消失吗？为什么？

16．在信息社会，由于获取个人信息的途径有很多，因此已经很难保护隐私了。你认为，隐私该保护吗？如果你居住地的进出口和主要道路都有摄像头，你认为这是否有侵犯隐私的嫌疑呢？

在社会安全和隐私保护之间应该如何做才能双赢？

17．公钥加密中有一项技术是“消息摘要”，因为公钥加密的算法很慢，所以不直接对传输的数据进行签名，而是在原始数据中“摘出”很小的一部分数据，用公钥加密方法对这部分摘出数据（就是摘要）加密。创建消息摘要的算法是将任意长度的二进制数据流转换为固定长度的二进制序列，具有如下特性：无法通过其他算法得到相同的二进制序列。这个二进制序列作为检测数据，如何证明摘要所在的那些数据没有被窜改呢？也就是说，如何得知这个数字签名没有被假冒？

18．数字签名、数字证书目前来看是有很高的可靠性，这种可靠性来自哪些技术措施？你相信购物网站和网上银行的安全性吗？

二、选择题

1．网络在空间上缩小了地域上的距离，也缩小了________的距离。

A．人类　　B．数据　　C．商务活动　　D．时间

2．网络的传输速率是指单位时间内传输的二进制位数，称为__________。

A．BPS　　B．Bps　　C．bps　　D．MIS

3．网络的另一个技术参数是______（bandwidth），是指线路的传输能力。

A．线路　　B．通道　　C．带宽　　D．宽带

4．网络使用介质在计算机之间连接，常见的介质分为______两类。

A．有线和无线　　B．通道和线路

C．带宽和宽带　　D．电的和光的

5．有线通信介质主要是电话线、双绞线和______。

A．电缆　　B．光缆　　C．铜缆　　D．电力线

6．无线通信也是网络中常用的一种方式，常用的包括______、通信卫星和移动网。

A．Wi-Fi　　B．可见光　　C．无线电　　D．激光

7．Modem 是一种网络设备，用来在______之间进行转换。

A．数字信号和模拟信号　　B．有线信号和无线信号

C．电话信号和网络信号　　D．计算机信号和网络信号

8．数字信号需要通过模拟信号传输。傅里叶定理指出，任何以时间为变量的函数都是多个不同______的正弦或余弦函数之和。

A．系数和角度　　B．幅值和频率

C．角度和频率　　D．系数和幅值

9．数字信号经公网的线路传输，需要经过______。

A．调制　　B．解调　　C．Modem　　D．Media

10．香农被誉为信息理论的奠基人，他给出了______的最大传输速率的计算方法。

A．频率　　B．速率　　C．信道　　D．通信

11．按照网络规模，网络可以分为广域网、________和个人网。

A．公共网　　B．移动网　　C．令牌网　　D．局域网

12．目前，局域网主要的结构形式是______。

A．树型　　B．总线型　　C．令牌网　　D．ATM

13．网卡实现网络的物理互连。网卡上有一个唯一的标识码称为______（MAC）地址，与网卡连接的介质有关。

A．存储访问控制　　　　　　　　　　　B．介质访问控制
C．城域网访问控制　　　　　　　　　　D．速度访问控制

14．现在的网络主要的互连设备是______。

A．路由器　　B．集线器　　C．网桥　　D．网关

15．路由器可以实现______类型的网络的互连，构成更大型的网络。

A．相同　　B．相似　　C．不同　　D．相近

16．网络协议是网络通信双方遵循的______。

A．规则　　B．方法　　C．原则　　D．原理

17．台式机访问互联网，此时所需的 IP 地址是_____的。

A．固定　　B．动态分配　　C．TCP　　D．IP

18．Wi-Fi 访问互联网，此时所需的 IP 地址是_____的。

A．固定　　B．动态分配　　C．TCP　　D．IP

19．TCP/IP 是网络实际的工业标准，是_______层结构。

A．4　　B．5　　C．6　　D．7

20．按照 IEEE 定义，在局域网上的服务器与其他机器是_______ 关系。

A．平等　　B．主从　　C．控制与被控制　　D．层次

21．以太网是局域网的主要结构形式，所采用的数据交换技术为_______。

A．包交换　　B．虚电路交换　　C．文件交换　　D．无连接交换

22．LAN 协议大部分由网卡完成。例如，______标注有适用 IEEE 802.11 协议。

A．有线网卡　　B．交换机　　C．路由器　　D．无线网卡

23．租借公共线路组网的技术称为______。

A．动态主机　　B．虚拟主机　　C．虚拟电路　　D．虚拟专网

24．网络中节点可以是一台计算机、服务器或设备，它们统称为______。

A．终端　　B．主机　　C．服务器　　D．交换机

25．互联网的基础是 TCP/IP，广义上它是______。

A．单一的协议　　B．两个协议　　C．三个协议　　D．一个协议集

26．在互联网的通信中，TCP 负责______。

A．将数据传送到目的主机　　　　　　B．确定传输路径
C．管理主机　　　　　　　　　　　　D．数据打包、解包

27．在互联网的通信中，IP 负责______。

A．管理主机　　　　　　　　　　　　B．确定传输路径
C．确保传输质量　　　　　　　　　　D．数据打包、解包

28．使用互联网技术构建的内网称为______。

A．Ethernet　　B．RingNet　　C．BusNet　　D．Intranet

29．Web 是互联网中最丰富的资源，是一种______。

A．信息查询方法　　　　　　　　　　B．搜索引擎
C．文本信息系统　　　　　　　　　　D．综合信息服务系统

30．Web 是一种______的互联网服务。

A．文本　　B．超文本　　C．文本和图形　　D．文本和文档

31．使用 IP 命令程序 ping 可以侦查网络的______状态。

A．连接　　B．链接　　C．传输速率　　D．带宽

32．使用______可以查看计算机的 TCP/IP 配置参数，包括网卡的 MAC 地址。

A．ping　　B．Tracert　　C．IPconfig　　D．ping /all

33．互联网即时通信是指可以在互联网上在线进行______。

A．语音通话　　B．视频对话　　C．文字交流　　D．以上都是

34．搜索引擎是互联网服务的服务，搜索方法主要有分类查询和______。

A．模糊查询　　B．指定查询　　C．关键字查询　　D．栏目查询

35．物联网是______的互联网，是互联网的未来。

A．网–网　　B．网–物　　C．物–物　　D．人–网

36．网络数据（network data）是指在计算机网络中传输、存储和______的数据。

A．产生　　B．交互　　C．交换　　D．计算

37．Web 的数据是______，通过标记给浏览器提供信息显示的指示。

A．文本　　B．文稿　　C．文件　　D．文档

38．如果文档数据需要在不同系统之间传输，需要使用______标准进行传输。

A．ASCII　　B．Unicode　　C．HTML　　D．XML

39．网络聊天记录被______日志所记录下来。

A．消息　　B．系统　　C．维护　　D．更新

40．记录计算机运行的为系统日志，而______日志记录的是网络访问数据。

A．消息　　B．系统　　C．维护　　D．更新

41．浏览器中的______是保存网站浏览记录的数据块，也是潜在的安全隐患。

A．Cookie　　B．Milk　　C．Cocky　　D．Cracker

42．云计算为用户提供硬件、______、存储服务的网络服务，按使用量计费。

A．软件　　B．资源　　C．信息　　D．数据

43．URL 是______地址的标准形式

A．IP　　B．E-mail　　C．Web　　D．HTTP

44．从技术层面看，______安全就是信息安全。

A．软件　　B．数据　　C．网络　　D．计算机

45．病毒是一种计算机______，计算机一旦被感染，数据会被破坏。

A．程序　　B．数据　　C．工具　　D．攻击

46．黑客是指通过网络窜改、______数据。网络攻击是另一种网络危害。

A．复制　　B．盗取　　C．修改　　D．攻击

47．木马病毒，或者称为黑客木马，主要目的是______。

A．破坏计算机数据　　B．盗取个人信息

C．遥控他人计算机　　D．堵塞网络

48．为了防止计算机数据被病毒侵害和黑客攻击，除了在计算机中尽量不存重要的信息，还要______。

A．备份数据　　B．设置口令　　C．安装防范软件　　D．以上都是

49．电子签名是一项有关______、数字证书有效性的法律保证。

A．电子印章　　B．数字印章　　C．数字签名　　D．数据签名电子

50．为了证明实体身份的真实性，需要有独立第三方的认证，并颁发______。

A．电子证书　　B．数字证书　　C．数字签名　　D．电子签名

51．在安全研究中可以有更好的加密算法，也可以有更坚固的防火墙，但是安全最薄弱的环节是______。

A．密码　　B．黑客　　C．病毒　　D．安全的参与者

第 8 章　大数据

大数据（Big Data）是这几年的热词之一。有人将大数据与互联网相提并论，认为大数据是继互联网之后影响最大的计算机应用。大数据涉及许多数学知识，限于篇幅，我们不能展开讨论。本章从数据和计算的角度为读者提供关于大数据的基本概念和知识。

8.1　大数据概述

大数据的概念早在 2001 年就有研究机构发表报告，预测数据的海量增长（Volume）、类型多样（Variety）、数据迅速生成和快速处理（Velocity），被称为大数据的 3V 特性。其后，雅虎、IBM、谷歌等企业开始关注和研究大数据。国际数据集团（IDC）在 2011 年发表报告，将 Value 加入其中，认为大数据具有高价值但密度低，需要挖掘其隐藏的价值。这是比较公认的大数据 4V 特点，如图 8-1 所示。因此，大数据被定义为：无法在一定时间内用传统方法进行处理的海量数据，需要新的工具和技术进行存储、管理和分析其潜在的价值。

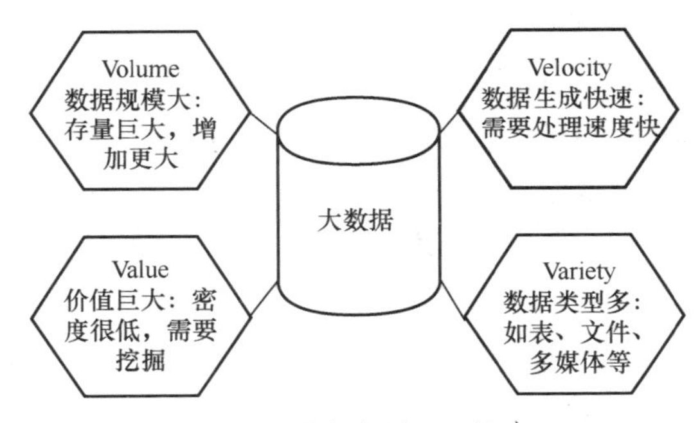

图 8-1　大数据的 4V 特点

现在大数据相关的理论、技术、应用层出不穷，有大数据决策、大数据分析、大数据框架、大数据环境等。以大数据为特征的数据科学的建立，各种数据分析报告，从网络销售形势分析到假日交通预测，从气候变化到政治选举结果，无不套上大数据的光环。提法也有更新，如“数据思维”。大数据的意义所在，正如著名咨询公司麦肯锡认为的：“大数据真正重要的是新用途和新见解，而非数据本身。”

今天的社会，数据及其运用不仅改变了社会交流及生活方式，也改变了千年来人们对计算的认识。统计学具有模糊特点，这在科学界广为人知，但今天的大数据也改变了统计学：海量的数据、超强的计算能力、新的计算方法，得到的分析结果更加准确，尽管结果未必是精确的。

统计学是社会科学研究最为常用的分析方法，传统的是抽样数据。今天的大数据能够通过网络收集到超量的样本甚至全样本数据。例如，电子商务公司本身就有海量的销售数据。一个金融机构可以将沉睡多年的数据“唤醒”，用来分析市场趋势，为金融新产品做测试。显然，这些就是大数据带来的“新用途”，能够得到的也是“新见解”。

同样，从模糊到精确，也是大数据的特点之一。如运用大数据进行机器学习，当数据量足够大、训练足够多、计算速度足够快，就能够通过对已有的实例进行简单比对、查询，并得到期望的、智能的计算结果。典型的例子就是AlphaGo下围棋。

有大数据，就有小数据（Small Data）。如果说大数据的特征之一是数据量特别巨大但不那么精确，那么小数据的数据量小且精确，用于特定个体的分析处理。进一步，市场整体性的趋势预测需要大数据，那么产品设计针对的是特殊的客户群，需要的是小数据。例如，大数据改变的是当代医学，如揭秘蛋白质、基因测序、药物研究，那么小数据关注的是个体健康，通过收集个人生活习惯、饮食规律等数据，为个人健康和医疗提供方案。

有观点认为，如果采用大数据方法去处理、计算、分析，那么即使数据量不是很大，也属于大数据范畴。有关大数据的观点已是众说纷纭，各有各自的视角去解释。但从数据与计算的角度，大数据有其特定的处理过程、方法和工具，已经有很多较为成熟的大数据相关的（工具）软件。例如，R就是一种流行的数据分析工具。

8.2 R简介

R被称为语言，也被称为软件，它源于S语言。S语言是美国AT&T贝尔实验室开发的一种用来进行数据探索、统计分析和作图的解释型语言。R作为语言，有通用语言的赋值、条件、循环语句，有自定义函数和输入输出功能。作为软件，R有有效的数据存储和处理、强大的数组（矩阵）操作、完整体系的数据分析工具，可为数据分析和显示提供强大的图形功能。由于它是可编程的，用户可以根据需要扩展其功能。R有可以直接使用的一些数据处理和统计的方法，因此它比商业统计软件SPSS、SAS等更受欢迎。Hadoop-R可以处理海量的大数据。许多大学已经将R列为数学、管理、经济、金融、财务、统计、社会学等专业的重要课程。下面将用R展示几个数据分析方面的例子。

R通过命令操作完成。在Windows中运行R后出现的控制台（Console）窗口如图8-2所示，可以从中输入R语句或命令，执行后即刻得到输出，也可以建立R脚本文件。脚本是解释性语言程序的一种叫法，就是将程序以文本方式编辑保存，不需要编译就可以调用执行。使用控制台窗口中的“帮助”菜单，可以获取相关命令的使用信息。

在图8-2中，提示符“>”所在的就是输入命令的位置，因为它是行输入，所以也将其称为命令行。Windows之前的计算机系统使用的就是命令行。R的命令行具有文本的编辑功能。R使用图形、矩阵等操作需要导入相应的程序包。导入程序包，打开R控制台的“程序包”菜单项，“加载程序包”或“安装程序包”，选择从最近的镜像网站上下载。R有很多镜像网站，中国国内也有。R主网站位于奥地利。下面演示的ggplot2就是一个作图的程序包。下载并安装ggplot2后，再使用命令library(ggplot2)加载到当前控制台环境中。

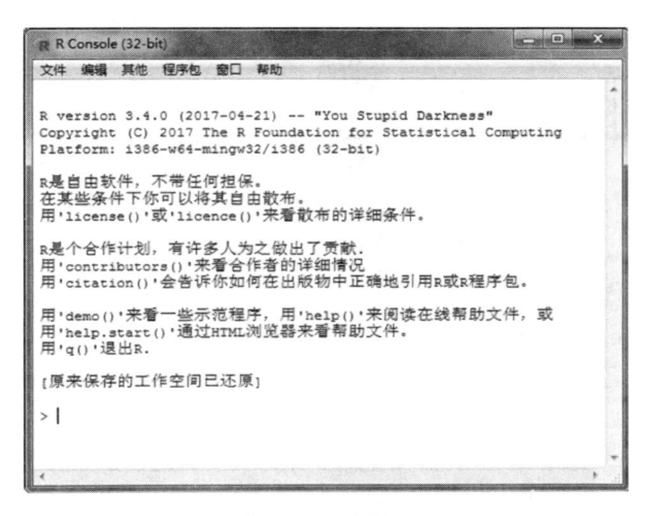

图 8-2 R 控制台

R 支持多种格式的数据文件，常用的文件格式是使用分隔符“,”的 CSV（Comma-Separated Values）文件（见 6.5.2 节）。如存放了 50 个(x, y)的点数据文件 myDemo.csv 在 E 盘根目录下，导入该数据文件的命令为

```
>data1 = read.csv("E:/myDemo.csv")
```

data1 是导入文件赋值的对象（变量），符号“=”或“<-”为赋值操作运算符。命令在控制台中输入，执行成功，提示符换到下一行，否则会显示错误或警告提示信息。

head()函数可以检查数据导入是否成功，默认显示最前面的 6 行数据。使用 x=data1$X 和 y=data1$Y 分别将两列数据赋值给变量 x、y，执行输出操作：

```
> plot(x, y, main="The Demo")
```

R 生成的散点图（scatter diagram）在弹出的窗口中显示，如图 8-3 所示。散点图在数据处理的回归分析中非常有用。散点图也可以直接使用输出命令：

```
> plot(data1$X, data1$Y, main= "The Demo")
```

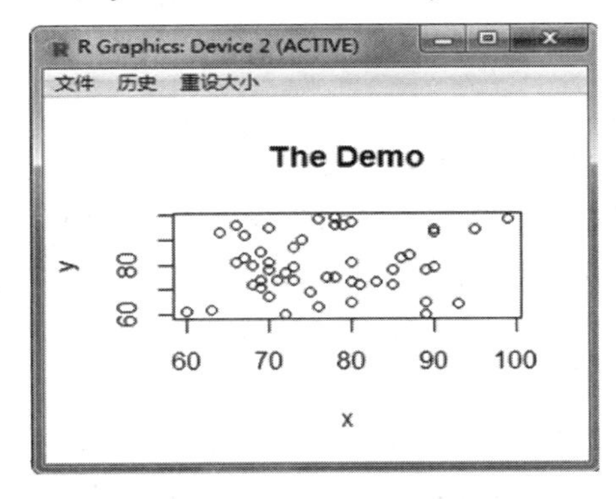

图 8-3 散点图示例

与上一个 plot 命令执行结果唯一不同的是坐标轴上的标注。因此，准备好数据，使用 R 函数或命令就可以方便地得到数据处理结果。

R 用柱图（histogram，也叫直方图）显示数据分布。myDamo 的柱图如图 8-4 所示，可以直观地看出，尽管 x 和 y 的规律性不明显，但 x+y 的柱图呈现数据按正态分布（两头小，中

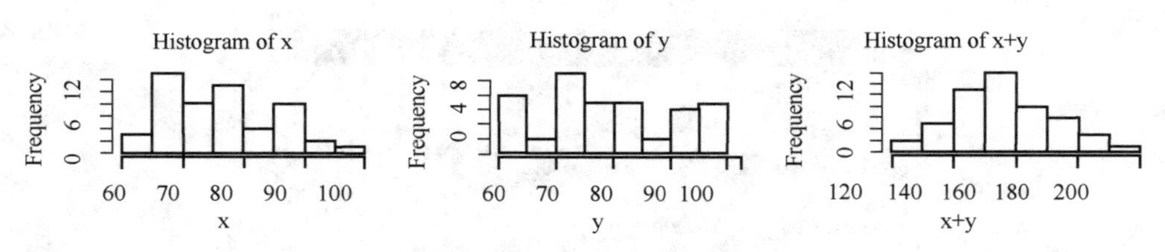

图 8-4 示例数据 *x*、*y* 和 *x*+*y* 的柱图

间大)。而实现上述柱图的函数为

```
hist(variable, breaks=10)
```

其中，variable 是变量名，图 8-4 中从左到右分别为 x、y 和 x+y，breaks 是间隔，也叫柱宽度。柱图是数据分析中经常用到的一种图。

注意：在退出 R 时，要保存当前工作空间，下次打开 R 会自动加载以前装载过的程序包。

限于篇幅，本章只使用 R 的几个命令和函数，来展示有关数据分析方法的实现。更多的内容，读者可参考 R 的帮助信息或访问 R 官方网站，本书不进行更多的介绍。。

8.3 大数据预处理

大数据不是所有数据，而是某一类数据。数据源主要有网络数据、传感器数据、医疗数据、视频监控、人口及经济活动数据等。数据质量是大数据处理和分析的重要基础。因此，大数据的第一项工作是评估数据源数据质量，对数据源进行分析，通过审计、清洗、变换、继承、标注等处理，使数据形态符合某算法的要求，以达到降低其复杂度和实现预期的计算效果。

数据质量主要源于源数据中存在数据不一致的问题，常见于半结构化、非结构化数据中。在结构化数据中没有建立严格的约束，也会有不一致的、错误的、虚假的、无效的数据。发现数据中问题的主要方法是数据审计。数据审计解决缺失数据（如职工记录表中缺少身份证号）、异常数据（如错误的身份证号）、不一致数据（如不同表中身份证号码不同）和非完整性数据（如身份证号还是第一代的 15 位编码）、重复的数据等。所谓“审计”（Data Audit），就是对数据的一种评价方法。现在有很多种审计方法，如通过可视化审计，将源数据以图形方式展示处理以发现其中的问题，有问题的数据被称为“脏数据”（Dirty Data）。

脏数据需要通过清洗方法加以处理。数据清洗（Data Cleaning）是在数据审计的基础上，将源数据中的“脏数据”清除出数据源。有些情况需要多次审计、清洗才能得到干净数据。

数据抽取后经过清洗，需要经过变换得到符合处理算法要求的数据。有很多方法用于变换，如通过平滑处理过滤数据中的噪声。噪声是指错误的、虚假的和异常的数据。通过特征构造将源数据中原有的属性用新的属性替换，也可以使用“聚集”处理将源数据中的某些数据进行“粗粒度计算”，如按日期的销售数据被计算为按旬或月的销售数据，粒度变换从精细到较粗。变换还包括规范化，将某些数据属性按比例放大或缩小，如某些金融机构的数据可以使用千元、百万元等作为单位，也可以将数据进行分段处理的离散化，如按照青年、中年、老年将数据中的年龄数据进行标注。

尽管大数据用于是处理海量数据，但是预处理需要尽可能减小数据规模。这可以通过数据规约（Data Reduction）进行。数据脱敏（Data Masking）是一项重要的工作，如在处理销售数据时，需要将购物者的个人敏感信息进行替换、过滤或者删除。

有些预处理需要对数据进行排序、合并、重新格式化等，使之符合计算要求。预处理数据需要对处理后的数据进行评价，确保数据是干净的。干净的数据主要体现在数据的正确性、完整性和一致性等方面，有些处理还需要评价其时效性、精确度等。

预处理后的数据通常以数据仓库的形式存储。数据仓库（Data Warehouse）是单一类型的数据存储，为进行数据分析和决策支持所建，是数据库技术中的分析功能的基础。数据库的许多技术也是大数据处理使用的技术。ETL（Extract-Transform-Load，抽取、转换、加载）是创建数据仓库的工具，现在被用在大数据预处理中。数据审计、清洗工具有很多，如 Openrefine（Google Refine）、Data Wrange、Hadoop、Alpine Miner 是数据准备阶段的常用软件。另外，Matlab、R、Python 语言中都有数据分析的相关功能（函数），可以进行数据预处理和后续分析，包括数据挖掘和可视化显示等。

8.4 数据分析方法

传统的数据分析是指用合适的统计方法对数据进行分析，寻找其规律。大数据也是对数据进行分析处理，因此源于计算机和统计学的数据分析方法被使用到大数据处理中。这里介绍几种在大数据中常用的数据分析方法。

8.4.1 聚类分析

聚类分析（Cluster Analysis）是根据数据属性寻找数据间的相似性，将某些属性一致的数据归为一类。例如对我国市场按区域进行划分，可以按照东、南、西、北归类，也可以按照南北分类，也可以按照东西分类。实际上这些分类都在使用，但不可能存在一个最佳的市场划分。如果将这种分类与人口、收入等数据结合起来，就有助于回答有意义的问题。

聚类分析主要用于发现数据中的隐含的特性，作为进一步深入分析的基础。聚类分析不作预测，是一种没有训练数据的无监督式（no supervised）学习，经常被用于市场营销分析、经济分析和自然学科中，多作为进一步进行数据分析的基础性处理。

聚类分析有多种，如合并、分解、划分聚类、谱聚类等。K 均值（K-Means）是一种较为常用的聚类分析方法。

对给定的数据集，使用 K 均值聚类的算法如下：

<1> 从数据集中任意选择 K 个对象，作为初始簇（cluster）中心点（质心）。

<2> 计算每个数据与所有质心的距离，根据每个数据与质心的最小距离划分新的簇，如增加或减少 K 值。

<3> 对新 K 值（有变化）簇，计算簇内数据间距离的算术平均值，得到新质心。

<4> 循环<2>到<3>，直到每个簇不再发生变化为止，即簇内误差（With Sum of Squares，WSS）变化较小。

要得到 K 均值需要经过多次迭代，尝试各种 K 值的聚类结果。

我们以一个计算机课程的成绩为例介绍聚类分析。这是 1000 个学生的计算机课程成绩，有多列数据，包括学号、姓名、专业、性别及成绩。这些成绩数据已经进行了预处理，去除了缺考、缓考数据，得到的是一个数据子集，只包含学号和成绩，且仅对成绩数据进行聚类处理。设数据文件 computerGrades.csv 存放在 E 盘根目录下。处理过程如下（其中，“#”后为注释文字，不是 R 的执行代码）。

```
> data = read.csv("E:/computerGrades.csv")      #导入数据
> head(data)                            # 显示前 6 个数据，检查导入数据，第一列输出序号
     StudentID    CompGrade
1    3100001      66
2    3100002      75
3    3100003      91
4    3100004      79
5    3100005      64
6    3100006      68
>kmdata = data[,2]                      # 只需要成绩数据，从源数据中挑出第 2 列数据
>wss =15                                # 存放每次 K 均值的变量，取值 15
# 取 K=1, 2, …, 15，对数据进行 K 均值聚类迭代，将每次计算得到的 K 均值存入 wss
# 其中，kmeans()为 R 计算 K 均值聚类的函数
>for(k in 1:15) wss[K]<-sum(kmeans(kmdata,centers=k,nstart=25)$withinss)
# 画出 15 次迭代计算得到的 K 均值的图形，图形类型为曲线图
> plot(1:15,wss,type="b",xlab="number",ylab="wss")
> km=kmeans(kmdata,3,nstart=25)    # 聚类 3 个簇的 K 均值，迭代 25 次
> km                                    # 输出 km 值
# 得到 3 个簇包含的数据数量（sizes）
K-means clustering with 3 clusters of sizes 378, 370, 252
Cluster means:                          # 输出簇均值
     [,1]
1    90.01587                           # 簇 1 质心
2    71.40811                           # 簇 2 质心
3    53.45238                           # 簇 3 质心
……                  # 此处列出了 1000 个数据分别是在哪个类中的向量值 1、2 或者 3，省略
# 余下的为与 K 均值相关的数据
Within cluster sum of squares by cluster:
[1] 11265.90 10521.38 18642.43
# 组间的距离平方与整体距离平方和的比为 83.6%，即各聚类间的距离达到最大
(between_SS / total_SS =  83.6 %)
```

R 还列出了 K 均值聚类函数 Kmeans()用到的组件。从图 8-5 中可以看出，当簇大于 3 时，WSS 的变化是接近线性的，其后增加簇的数量，如 K=4, 5, 6, …WSS 的变化不大。因此将可选择 K=3。从 WSS 曲线中识别 K 值称为找 WSS 的“肘”。就这个例子而言，K=4 也是一种选择。我们把这个问题留给读者，请读者将 K=4 的相关 K 均值数据与上述介绍的 K=3 的结果数据进行比较。

注意，本例中用到了 R 的多个程序包，有 plyr、graphics、grid、gridExtra、lattice、cluster、ggplot2，在执行前需要导入这些程序包，并用 library()函数将它们分别加载到 R 中。

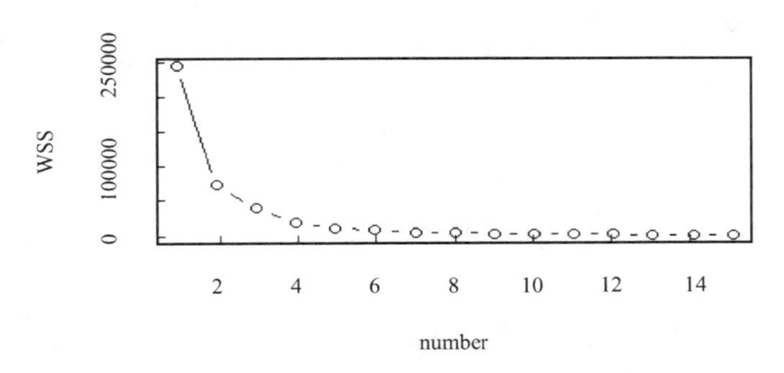

图 8-5　学生成绩数据的 WSS 图

K 均值聚类是一种简单而直接的聚类方法。一旦簇的数量被确定，就可以进一步进行分析和运用。例如一个新的数据加入进来，可以根据其与质心的距离确定这个新数据属于哪个簇（与这个簇质心的距离最短）。这种处理方法克服了主观性和随意性。例如，一个银行新客户容易通过聚类方法确定他属于哪个类型的客户，归入相应的客户服务部门。再如，移动通信企业可以通过用户账单、电话次数和时长、短信数量、入网时间等数据进行聚类分析，根据分析结果采取营销策略，增加销售或减少用户流失。

一个数据对象可能具有的属性是多项，如学生有很多门课程成绩数据。聚类分析要尽可能使用较少的数据属性，因为多个属性可能导致某些属性的作用被夸大、某些属性的作用被低估。因此，聚类分析不是一个精确的方法。

计算（确定）数据到距离最近的质心有多种函数，如欧几里得函数、余弦相似度、曼哈顿距离函数等。欧几里得函数就是两点距离（d）为点坐标（x、y）的平方和之开方值：

$$d = \sqrt{(x_1 - x_2)^2 + (y_1 - y_2)^2}$$

余弦相似度函数是通过计算两个向量的夹角余弦值来评估它们的相似度，常常被用来比较两个文档是基于每个单词在文档中的相似度（如红楼梦的前 80 回与后 40 回的比较）。对一个数据点具有多个属性，可使用曼哈顿函数。显然，不同的距离函数，得到的 *K* 值可能不同，因此有更多的研究提出了不同的问题类型，使用更有针对性的距离函数。

K 均值聚类方法虽然不能处理分类数据，但可以根据数据属性差异的数量进行聚类计算，例如，一个数据集中有 4 个属性，其中一个数据有全部属性(a, b, c, d)，另一个数据则为(a, b, b, b)，则这两个数据的“距离”为 2（b 的差值为 2），那么这种聚类称为 *K* 模式（*K*-Mode）。R 提供了 *K* 模式函数 kmodes()，在 klaR 程序包中。

R 还提供了 PAM 划分函数 pam()，在 cluster 程序包中。另一个函数 pamk()在 fpc 程序包中。使用 pam()函数查找最优 *K* 值。PAM（Partitioning Around Medoids，围绕中心点的分割算法）围绕中心点进行簇划分，簇中位置最中心的对象作为质心，中心点到簇内其他点的距离之和大致上是最小的。

K 聚类还有两个方法：凝聚层次聚类和密集聚类。这里不再介绍，有兴趣的读者可参考有关聚类分析方法的资料。

8.4.2　关联分析

关联分析（Correlation Analysis）是一种简单而实用的数据分析方法，也是描述性而非预测性的方法，用于发现大量数据中隐藏的关联性或者相关性，因此也称为相关分析。分析结果用于指导对行为的选择。例如，从购物数据中可以发现某些商品可能会被一起购买，那么可以将这些商品捆绑销售。再如，数学成绩高的学生可能编程课程成绩也高，也许可以选择与计算机相关的专业。

关联分析有很多算法，其中生成规则最基本的算法是 Apriori 算法，也是最早的关联规则算法。Apriori 采用由底向上的迭代，先确定所有可能的关联项，再寻找关联频繁项。关联规则需要验证，也就是说，如果某些迭代参数导致生成的规则是没什么意义的，那么需要改变这些参数。“频繁”由支持度决定。简单地说，支持度（support）是出现的概率。另一个参数是置信度（confidence），其意义是如果 x、y 都是数据项，那么 x 和 y 同时出现的概率与 x 出现的概率的比值。它是反应关联性的重要指标。

R 提供了一个食品店的交易数据集 Groceries，下面以其作为示例，简单介绍 Apriori 关联分析。R 代码如下：

```
> library(Matrix)                          # 装载 Matrix 程序包
> library(arules)                          # 装载 arules 程序包
> data(Groceries)                          # 使用 data()函数装载交易数据集
> Groceries                                # 通过数据集名检查数据集
transactions in sparse format with
 9835 transactions (rows) and              # 数据集中的记录（交易）总数
 169 items (columns)                       # 有 169 列（属性，产品种类）

> summary(Groceries)                       # summary()函数给出数据集中一些数据的汇总
transactions as itemMatrix in sparse format with
9835 rows (elements/itemsets/transactions) and
169 columns (items) and a density of 0.02609146
```

这个交易数据集是事务型（Transaction），构成的数据矩阵（Item Matrix）为 9835×169。其中，交易密度（Density）是 0.02609146，也就是说，有 9835×169×0.02609146=43367 件商品销售出去，因此可以用销售商品数÷交易次数得到每次交易有 4.409 件商品被购买。这些基本数据都通过 summary()函数被计算出来。还有多项统计数据，此处省略。

Groceries 商品有两个层次：level12、level11，其中 level12 是 level11 的子集。使用 Groceries@itemInfo 命令可以显示 169 种（Item）产品的商品和层次信息。

```
> itemInfo(Groceries[,1:6])                # 这里显示前 6 个商品(标签)和层次
  itemInfo[1:6,]                           # 输出信息
         labels              level12         level11
1        frankfurter         sausage         meat and sausage
2        sausage             sausage         meat and sausage
3        liver loaf          sausage         meat and sausage
4        ham                 sausage         meat and sausage
5        meat                sausage         meat and sausage
6        finished products   sausage         meat and sausage
```

从以上输出信息可以看出，香肠（sausage）是第二层，肉类和香肠（meat and sausage）是第一层。使用 inspect()函数可以查看交易记录，下列语句查看前 5 次交易记录：

```
> inspect(Groceries[1:5])              #不使用[]，则显示全部的交易记录
  items
[1] {citrus fruit,semi-finished bread,margarine,ready soups}
[2] {tropical fruit,yogurt,coffee}
[3] {whole milk}
[4] {pip fruit,yogurt,cream cheese ,meat spreads}
[5] {other vegetables,whole milk,condensed milk,long life bakery product}
```

在 R 中，由 apriori()函数计算频繁集。默认是执行全部的迭代，其中最重要的两个参数 support 和 confidence 的默认值为 0.1 和 0.8。语句如下：

```
>apriori(Groceries)                    # 如下为执行 Apriori 关联分析的结果
Parameter specification:
confidence    minval   smax    arem    aval   originalSupport maxtime support
0.8           0.1       1      none     FALSE       TRUE           5     0.1
minlen        maxlen           target   ext
1             10               rules    FALSE

Algorithmic control:
filter    tree     heap          memopt       load         sort      verbose
 0.1      TRUE     TRUE          FALSE        TRUE           2        TRUE

Absolute minimum support count: 983

set item appearances ...[0 item(s)] done [0.00s].
set transactions ...[169 item(s), 9835 transaction(s)] done [0.00s].
sorting and recoding items ... [8 item(s)] done [0.00s].
creating transaction tree ... done [0.00s].
checking subsets of size 1 2 done [0.00s].
writing ... [0 rule(s)] done [0.00s].
creating S4 object  ... done [0.00s].
set of 0 rules
```

从上述结果可知，这个推理结果是无意义的，因为得到的是 0 关联（set of 0 rules）。其原因是算法控制（Algorithmic Control）要求商品必须至少销售 983 次（支持度 0.1），这是不太可能的事情。因此，使用 apriori 算法进行推理需要不断调整支持度，直到满足分析要求。

这里重新设置 support=0.005，confidence=0.25，minlen=2。minlen 是关联商品数，取值为 2，是要求每次交易至少包含 2 种商品，符合上述条件的交易数据被认为是频繁项。

```
> rules1 <- apriori(data = Groceries,parameter = list(support = 0.005,
                   confidence = 0.25,minlen = 2))
> rules1
set of 463 rules                   # 满足条件的有 463 个频繁关联项
```

读者可以试着通过改变支持度、置信度、最小和最大关联数（上例中最大关联数 maxlen 使用默认的 10），并分析这些参数对算法结果的影响。

进行 Apriori 分析前，为了使计算结果不至于偏离预期过大，可以先通过频率图的可视化了解支持度。

```
>itemFrequencyPlot(Groceries,support=0.1)   # support = 0.1
```

执行结果如图 8-6 所示。

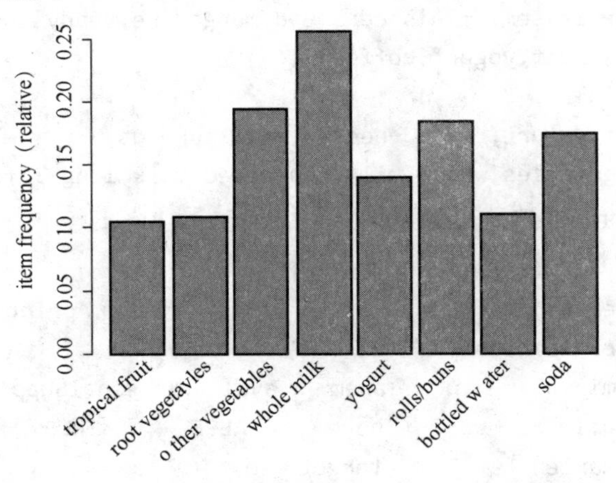

图 8-6 支持度的频率图

由图 8-6 可知，只有 8 种商品满足支持度 0.1，销售最多的是全脂牛奶（whole milk），支持度是 0.25。考虑其他商品一起销售，因此整个交易记录中的支持度不可能很高，这就是为什么没有任何商品交易数据满足支持度 0.1。

itemInfo()和 inspect()分别显示属性（列）和商品交易（行）数据，itemFrequency()函数显示商品的交易频率。itemFrequencyPlot()函数可以用图形形式展示商品的交易频率，如 itemFrequencyPlot(Groceries, topN = 10)显示排在前 10 的商品销售频率。

Apriori 算法容易理解和实现。如上例所示，如果参数选择不是很合适，那么生成的规则可能没什么用处。因此除了支持度、置信度，需要提升度和杠杆率等用来改进算法。进一步介绍超出了本书的范围。

8.4.3 回归分析

在数据处理中，回归分析（Regression Analysis）是应用很广的方法。回归分析就是通过一组输入变量（input/independent variable，也称为自变量）去解释另一组变量（dependent variable，因变量）。这种因变关系在数学中就是函数。

回归分析是一种解释问题的工具，可以识别对结果影响最大的因素（输入变量）。对其的理解与分析有助于期望通过改变输入变量来改进结果。回归也是很复杂的工具，有多种方法。依据自变量和因变量的函数关系，回归有线性的和非线性的。线性回归依据自变量（数学中也称为元）的数目分为一元回归和多元回归。回归有很多算法，也涉及很多参数及分析。

回归的结果是得到一个回归计算的公式，并可以使用这个公式去进行预估。以 R 的回归算法示例作为有关回归分析的简单介绍。数学函数中的线性方程，可以用下列公式表示：

$$y = a_0 + a_1x_1 + a_2x_2 + \cdots + a_nx_n + \varepsilon$$

其中，y 是因变量，$a_0, a_1, a_2, \cdots, a_n$ 是系数，$x_1, x_2, \cdots, x_n$ 是自变量，ε 是残差项。假设一个人的收入是其所受的教育程度和年龄和性别的线性函数（仅仅是假设），那么有

$$\text{income} = a_0 + a_1E + a_2A + a_3F + \varepsilon$$

其中，E 以上学的年数作为教育（education）程度，A 为年龄（age），系数 a 和 ε 都是未知，需要经过计算才能得到。这里模拟了包括年龄、上学年数、性别和收入的一组数据，并存放在 pay.csv 文件中。下面对这组数据运用线性回归计算，对回归结果进行分析后修正回归模型，得到一个较为接近实际的线性公式，并用这个回归结果（公式）去预估一个人的收入。

```
> pay <- read.csv(" E:/pay.csv" )
     ID    income    education   age   gender
1    1     150000    18          60      1
2    2     91000     20          45      0
3    3     130000    21          56      1
4    4     80000     14          49      0
5    5     67000     10          24      1
6    6     95000     18          43      1
7    7     74000     15          44      0
8    8     76000     15          47      0
9    9     58000     15          35      1
10   10    55000     14          26      1
```

同样，使用 summary()函数可以获取基本统计信息。我们知道，散点图可以观察变量间的相互（定性）关系，因此我们用 R 函数 aplom()画出 pay 数据的散点图矩阵，如图 8-7 所示。

```
>library(lattice)              # 转载 lattice 程序包
>splom(~pay[c(2:5)],group=NULL,data=pay,axis.line.tck=0,axis.text.alpha=0)
#画出散点矩阵
```

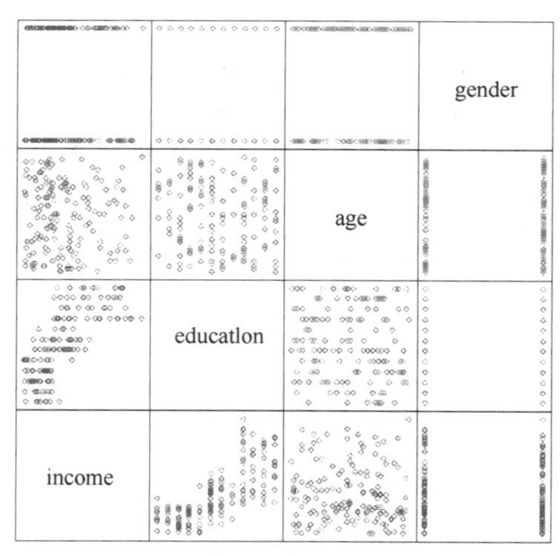

Scatter Plot matrix

图 8-7　pay 的散点矩图阵

可以看到，上学时间（education）与收入（income）之间有线性关系。而性别、年龄与收入没什么明显的关系。在上述定性分析的基础上需要做定量分析。以上述收入和年龄、上学年数、性别的公式作为回归模型的公式，直接用 R 的线性模型（linear model）函数 lm()进行相关分析。

```
> result <-lm(income~education+age+gender, pay)
> result                               #直接输入 result，查看计算结果。
```

```
Coefficients:
(intercept)        education        age        gender
-33614.9           6631.5           31.5       1357.4
```

result 给出了回归计算得到的变量系数（Coefficients），其截据（intercept，公式中的 a_0）是−33614.9，其后为教育、年龄和性别的叙述，由此可以得到收入与其他变量相关的线性公式。

用 summary 得到 result 的分析数据如下。

```
> summary(result)
Call:                                    # 给出调用的函数式
lm(formula = income ~ education + age + gender, data = pay)

Residuals:
  Min        1Q        Median     3Q        Max
-44284     -13273     -1699      12978     61000

Coefficients:
               Estimate      Std. Error     t value     Pr(>|t|)
(Intercept)    -33614.9      9602.8         -3.501      0.000606 ***
education      6631.5        489.8          13.541      < 2e-16 ***
age            31.5          126.8          0.248       0.804122
gender         1357.4        3119.1         0.435       0.664016
---
Signif. codes:  0 '***' 0.001 '**' 0.01 '*' 0.05 '.' 0.1 ' ' 1

Residual standard error: 19700 on 156 degrees of freedom
Multiple R-squared:  0.5407,    Adjusted R-squared:  0.5318
F-statistic: 61.21 on 3 and 156 DF,  p-value: < 2.2e-16
```

summary()函数给出了更详细的数据，包括残差 Residuals（剩余误差，即公式中的 ε）、对各参数的系数需要进一步分析，确定结果的置信度。

相关分析的结果是否准确取决于源数据的可靠性，或许存在误差。结果中的 Std.Error（标准误差）提供了每个系数相关的抽样误差。使用 T 值是 T 分布检验的结果（这里不再进一步介绍），而 p 值（$\Pr > |t|$）用来检验系数的显著性水平，如果 p 值很小，则意味着变量之间存在明显的线性关系。因此，从上述数据中可知，影响收入的主要是教育。因此，可以将年龄、性别从原公式中去除。新的线性回归计算如下。

```
> result <-lm(income~education, pay)
> summary(result)

Call:
lm(formula = income ~ education, data = pay)

Residuals:
  Min        1Q        Median     3Q        Max
-43581     -13181     -1444      12415     62381
```

```
Coefficients:
              Estimate    Std. Error    t value    Pr(>|t|)
(intercept)   -31467.0    7771.9        -4.049     8.04e-05 ***
education     6615.9      485.9         13.617     < 2e-16 ***
---
Signif. codes:  0 '***' 0.001 '**' 0.01 '*' 0.05 '.' 0.1 ' ' 1

Residual standard error: 19590 on 158 degrees of freedom
Multiple R-squared:  0.5399,    Adjusted R-squared:  0.537
F-statistic: 185.4 on 1 and 158 DF,  p-value: < 2.2e-16
```

比较两次回归计算的结果，证明了年龄和性别对残差及教育变量系数的影响都很小。那么我们可以得到结论：收入取决于受教育的程度。再次申明：这仅仅是根据假设数据得到的结论，没有任何现实意义。

对预期结果的置信分析，R 提供了 predicπ()函数获取预期结果的置信区间。假设一个年龄 35 岁、受过 16 年教育的人，他或她的预期收入可以使用下列 R 语句得到：

```
> age <-35
> education <-16
> gender <- 1
> newpay<-data.frame(education, age,gender)  #新的职工数据
> newpay
    education       age       gender
1   16              35        1
> maypay<-predict(result,newpay,level=0.9,interval="confidence")
> maypay
    fit             lwr         upr
1   74387.64        71812.32    76962.96
```

预期值是 74000 多元，90%的置信区间是 lwr 到 upr。

线性回归模型中使用的是一个连续变量。回归模型还有非线性的，包括逻辑回归。非线性回归需要建立非线性函数，而逻辑回归需要创建逻辑函数的模型。

由于对回归分析及其结果验证等需要更多的统计学、数学知识，这里不再进一步介绍。有兴趣的读者可参考相关书籍和资料，包括 R 回归分析方面的资料。

数据分析的方法有很多，如因子分析、A/B 桶分析等，不再一一介绍。实际上，上述方法多被认为是传统的数据分析方法，也被用在大数据技术中。而且，为了适应不要的应用分析，有相应的改进的方法被研究出来，因此某个方法可能适用于一种问题，而对另一个问题的分析需要使用另一种方法。这不仅是数据科学家们要研究考虑的，也需要数据用户对此有很清晰的认识。

8.5 数据挖掘

如果说大数据是最热的词，伴随大数据的另一个热词就是数据挖掘（Data Mining）。20 多年前，数据库发展迅速，企业、机构运用数据库构建信息系统，处理与生产、市场、管理等

相关的事务处理，而数据库的数据分析相对不那么被重视。当时就有研究者认为，数据中含有大量的有用的信息，需要通过挖掘的方法去发现这些有用的信息，并将其比喻为挖掘“数据矿藏中的软黄金”。十多年前，情况开始有了改变，大型数据库厂商如 Oracle、IBM、微软等在其数据库产品中增加了“商务智能”，就是提供数据库的分析、处理，为决策提供数据分析支持。

简单地说，数据挖掘的本质是就是数据分析。今天的大数据中，结构化的数据只是其中的一部分，更多的是非结构化、半结构化数据，因此需要能够支持复杂数据的数据分析方法和工具。也有观点认为，数据挖掘是进行更深入的数据分析，是从大量不完整的、有噪声的、模糊的、随机的（大）数据中提取隐含其中、人们不知道的但有巨大的、潜在价值的那些信息和知识。因此，数据挖掘是高级数据分析，能为用户从数据中提取有用的知识。

目前，数据挖掘已经初步建立了较为完整的分析理论和方法，也有了强大的工具。数据挖掘之所以被称为高级数据处理技术，就是运用了人工智能的研究成果和方法，如决策树、贝叶斯法则、自相关、自回归、文本分析等。智能计算将在第 9 章介绍。本节简单介绍数据挖掘中的分类、时间序列和文本分析。

8.5.1 分类

分类是数据挖掘中的一种基础方法。分类（Classification）与聚类不同，聚类是无监督的，即不对数据贴标签，而分类是有监督的，通过对一组已经贴上标签的数据开始，这些数据被用作训练的数据集。通过分类算法构建的分类器，经过这些训练数据集的学习，再去观测未分类的新数据，并给新数据贴上标签。

分类广泛用于预测，在统计学、生物学、社会科学研究中都有很好的应用。例如，可以根据某种疾病的数据分类用来诊断患者是否有这种疾病，根据电子邮件的内容判断是否是垃圾邮件，根据历史气象数据预测天气趋势等。分类法也有多种实现方法，如决策树（Decision Tree）和朴素贝叶斯（Naive Bayes）。这里简单介绍决策树。

决策树也称为预测树（Prediction Tree），用树型结构描述结果。树型结构也是计算机中重要的构造数据类型。图 8-8 是一个人的（部分）信息树。

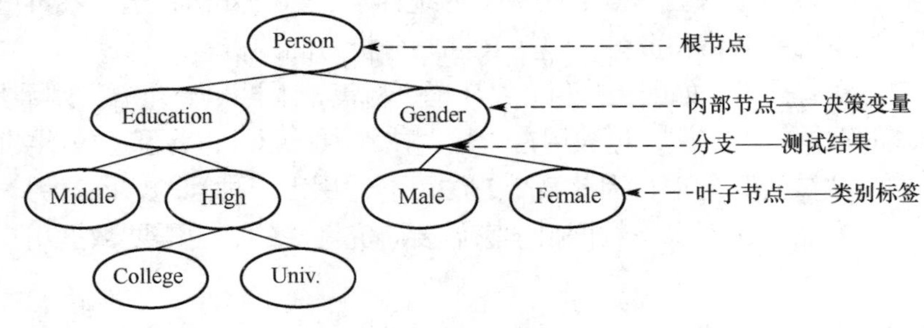

图 8-8 信息树

通常，一棵树可能有很多内部节点，根节点到内部节点的最长距离称为深度。树的遍历有沿着深度进行的，称为深度搜索。访问所有的节点称为遍历（Traverse）。如果是在用一个级别的内部节点上，称为广度。搜索树算法有两种：深度优先和广度优先。

如果一棵树的分支只有两个及以下分支，这种结构的树称为二叉树，否则称为多分支树。

树型结构常用于决策，所以被称为决策树。这里不对树的构成和树的算法做更多的介绍，通过模拟数据创建一个训练数据集 TrainingData 为示例，介绍 R 中的决策树算法。在 R 中，rpart 程序包用来对决策树建模、绘制树。

```
> library(rpart)
> library(rpart.plot)                      # 从奥地利主网站上下载程序包 rpart.plot
> tree1 = read.csv("TrainingData.csv")  # 导入训练数据集文件
> tree1                                    # 训练集数据集
     Training    Outlook    Temp.    Humidity    Wind
1      yes       rainy      cool     normal      FALSE
2      no        rainy      cool     normal      TRUE
3      yes       overcast   hot      high        FALSE
4      no        sunny      mild     high        FALSE
5      yes       rainy      cool     normal      FALSE
6      yes       sunny      cool     normal      FALSE
7      yes       rainy      cool     normal      FALSE
8      yes       sunny      hot      normal      FALSE
9      yes       overcast   mild     high        TRUE
10     no        sunny      mild     high        TRUE
```

这是一个模拟某个运动队是否进行户外训练的例子。在这组数据中，是否训练（Training）是因变量，户外状态（Outlook）、温度（Temp.）、湿度（Humidity）和风（Wind）这 4 个数据作为输入变量，其中 Wind 为逻辑型数据。注意，这只是简单示例，因为训练数据集样本太少，不具有实际意义。

使用 summary()函数对 TrainingData 数据进行概览。结果如下：

```
Training    Outlook        Temp.     Humidity    Wind
no :3       overcast:2     cool:5    high   :4   Mode :logical
yes:7       rainy   :4     hot :2    normal:6    FALSE:7
            sunny   :4     mild:3                TRUE :3
```

rpart()函数作为为分类创建了一个递归分区和回归树模型，对 tre1 的代码如下：

```
>t2 <- rpart(Training~Outlook + Temp. + Humidity + Wind, method="class",
data=tree1,control=rpart.control(minsplit=1), parms=list(split='information'))
```

这里有 5 个参数。第 1 个是将 Outlook、Temp.、Humidity、Wind 作为 Play 的训练参数，第 2 个参数 method（方法）是 class（分类），第 3 个参数是数据源，第 4 个参数是可选的，用来控制树的成长。minsplit=1 对小数据有意义。可选参数 parms 指定了 split（分裂）功能。

同样，通过 summary()函数概览 rpart()的计算结果。

```
> summary(t2)
Node number 2: 3 observations,    complexity param=0.3333333
predicted class=no   expected loss=0.3333333  P(node) =0.3
class counts:     2     1
probabilities: 0.667 0.333
left son=4 (2 obs) right son=5 (1 obs)
Primary splits:
      Outlook splits as  R-L,     improve=1.9095430, (0 missing)
```

```
        Wind    < 0.5 to the left,  improve=0.5232481, (0 missing)
```

输出中包括了每个节点的概览，难以阅读和理解，这里不再一一解释。我们可以通过rpart.plot()函数将计算结果绘制出一颗决策树（如图 8-9 所示）。绘图命令如下。

```
> rpart.plot(t2,type=4, extra=1)
```

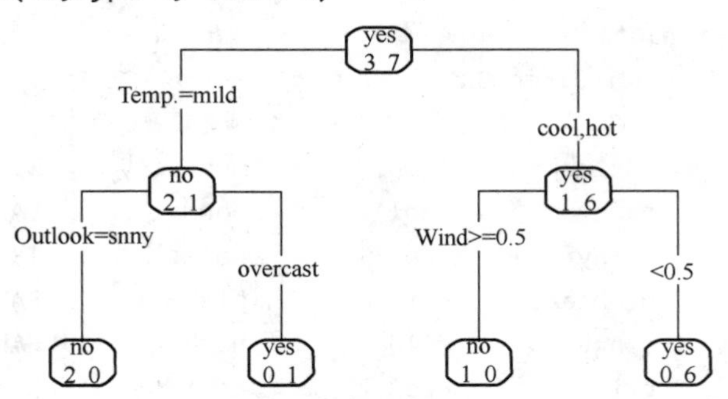

图 8-9　基于 TranningData 创建的决策树

对照图 8-8，不难解读图 8-9 中节点和连线的意义。读者可以通过在 R 控制台中输入“?rpart.plot”获取相关帮助，得到完整的 rpart.plot 的使用方法。

决策树可以预测新数据的结果，如在获取新的环境数据后，可以决定是否到户外去训练。例如，一条新的数据如下。

```
> newData = data.frame(Outlook="rainy",Temp.="mild",
Humidity="high",Wind=FALSE)
> predict(t2,newdata=newData,type="prob")
    no yes
    1  1   0
```

预测结果为概率（prob）和类（class）本身。上述类型是 prob。如果使用 class，则预测语句及输出为：

```
> predict(t2,newdata=newData,type="class")
 1
no
Levels: no yes
```

无论从概率还是分类预测，结果是这组数据所示的户外天气不适合训练。

我们介绍的分类模型是 R 自带的，用户可以根据需要自建模型。例如，袋装（Bagging）分类、提升（Boosting）分类、随机森林（Random Forest）、向量机等都是常用的方法。本书限于篇幅不能一一介绍。

8.5.2　时间序列分析

时间序列分析通过模型化的一段时间内观察到的数据的底层结构，一个时间序列 $y = a + bx$ 是在时间上具有相同间隔的有限序列。这种例子很多，如车站、机场、商场的月客流量，或者不同的假日高速车流量等。

时间序列分析的目标是：识别时间序列的结构并建模，预测时间序列中未来的值。因此，时间序列分析在金融、经济、生物、工程、商业和客流、物流、制造业等领域有很多应用。

时间序列分析也有很多模型，如 Box-Jenkins、ARIMA（AutoRegressive Integrated Moving Average，自回归求和移动平均模式）模型。各模型也有不同的实现方法，如 ARIMA 有 ACF（Auto-Correlation Function，自相关函数）和 PACF（Partial ACF，偏自相关函数）。

下面通过 R 的一个示例，对某火车站 2016 年国庆长假的客流数据进行分析。这组数据并不是准确数据，且样本数据太少，不足以进行有意义的预测，仅借此介绍在 R 中进行时间序列分析的过程。

首先，需要安装 forecast 程序包，并将其装载到 R 控制台。注意，安装这个程序包，R 会将其关联的多个程序包一起安装，安装后加载 forecast。

```
> library(forecast)
> g1 = read.csv("passagers.csv")
  g1[1:7,]
          Date          P_num
1         Oct1          92
2         Oct2          85
3         Oct3          66
4         Oct4          58
5         Oct5          76
6         Oct6          83
7         Oct7          90
8         Oct8          35
9         Oct9          36
10        Oct10         34
```

用 plot()函数画出数据图，用 ts()函数建立时间序列对象。

```
> gp1 <- ts(g1[,2])
> plot(gp1, xlab="Date", ylab="Passagess(10K)")
```

应用 ARMA 模型的数据集是需要一个平稳的时间序列，因此需要进行差分运算。差分函数为 diff(SampleData)，其中 SampleData 参数为待处理的数据集。图 8-10 右图所示的是经过差分运算后绘制的图形。

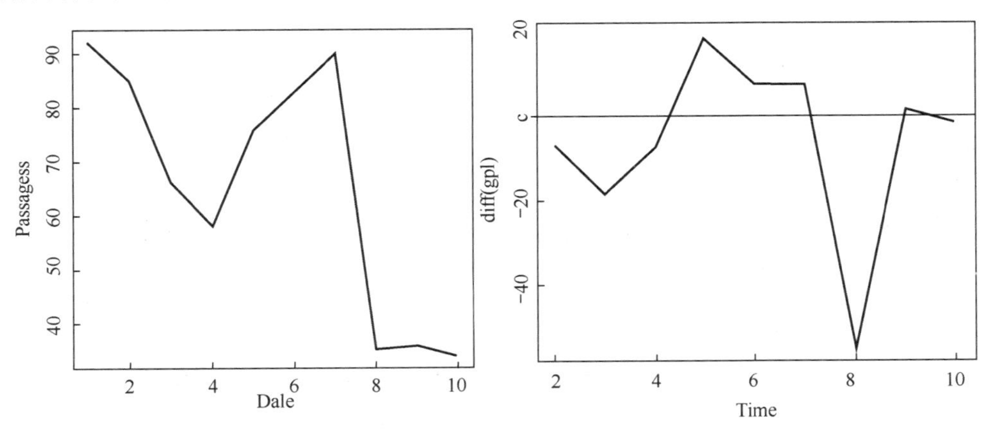

图 8-10　差分运算后的客流量时间图

其 R 语句为：

```
> plot(diff(gp1))
> abline(a=0,b=0)        #在差值为 0 的轴线上画线
```

图 8-10 的右图中，*Y* 轴为 diff（差值）。可以使用 acf()函数和 pacf()函数得到差分后的 acf、pacf 图。R 中通过 arima()函数来估计模型系数，输出为模型中的对数近似值。

```
> acf(diff(gp1), xaxp=c(1,6,8), lag.max=10, main="")
```

ACF 的结果如图 8-11(a)所示。PACF 的结果如图 8-11(b)所示。

```
> pacf(diff(gp1), xaxp=c(1,6,8), lag.max=10, main="")
```

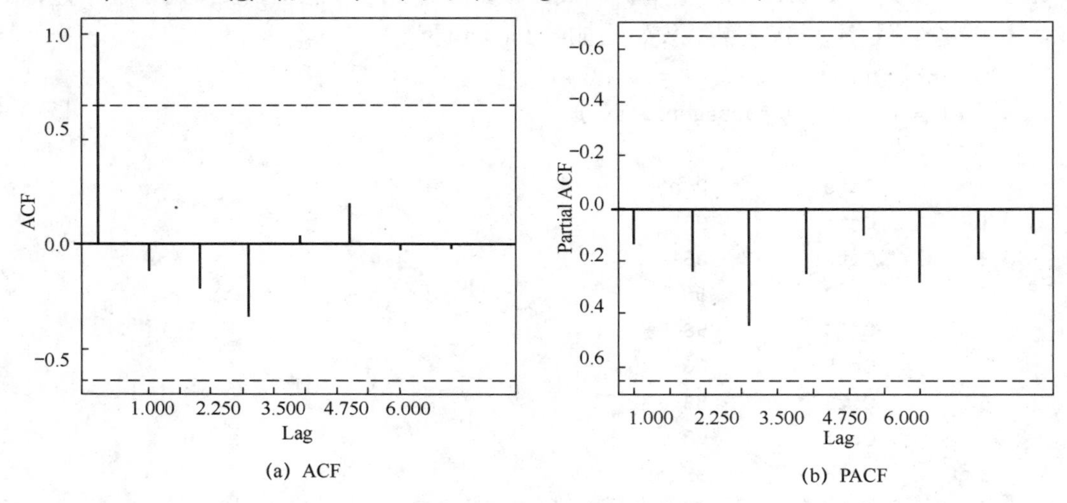

图 8-11　差分后的客流时间序列

对 ACF 和 PACF 进行对比，可以得到 Lag1 ~ Lag3 的重复值较小，而其后的差分值较大。因此需要使用 arima()函数进行区间拟合。arima()函数使用最大使然估计建立模型系数，其输出提供了几个相关的度量值，包括信息准则、校正后的信息规则等。如果创建的 ARIAM 模型符合相关预期，则可以通过拟合整个事件跨度（示例中是 10 天）预测 2017 年的客流量。predict()函数可以容易得到预测值。注意，样本数据少，拟合意义不大，因为缺少周期性特征。

解读时间序列分析结果需要较多的知识，限于篇幅不再赘述。

8.5.3　文本分析

上述数据分析基本上是基于结构化数据的。另一类庞大的数据源是文本。文本分析是对文本数据进行表示、处理和建模，并获取其内在的有用信息。它的另一个重要内容是文本挖掘（Text Mining）：在大量的文本数据集中发现内在关系和模式，即获取知识。

文本分析的一个难度是高维度。如果一本书中有 100 个不同的单词，那么这个文本的维度就是 100。无论中文、英文还是其他语言的文本，其维度都是很高的。据说英文单词超过 10 万个，而汉字常用的是几千个，扩展的汉字编码中超过 7 万个。自然语言处理（Natural Language Processing，NLP）研究中使用的谷歌语料库的单词数量超过 1 亿个。

文本（自然语言）具有多义性，而且不是结构化的，目前常用的文本格式有 TXT、HTTP、DOC、EML、LOG、XML，还有不常用的其他很多格式。数值分析有很多传统的方法可以进

行扩展，自然语言处理研究获得的进展不足以使得文本分析能够像数值处理那样更具有准确性。文本的这些特点给文本分析和文本挖掘带来了更大的挑战，从而使得文本处理成为研究的热点。近年来，在语言处理、翻译和基于文本的搜索、文本到语音、语音到文本等领域都取得了令人瞩目的成就。

1. 文本分析的步骤

文本分析一般有 3 个步骤：句法分析、搜索和检索、文本挖掘。句法分析的主要目的是将非结构化的文本处理为结构化的，为后续的处理进行准备。句法分析根据文本的类型进行解构，使用更结构化的方式表达它们。搜索和检索是在一个语料库中识别某些对象的文档，这些对象可能是断句、单词、主题或者机构名称、人物姓名、职务等。这里使用的技术与搜索引擎使用的关键字技术类似。

句法分析、搜索和检索是文本挖掘的准备工作。文本检索使用检索到的索引去发现文本中与感兴趣的领域或者问题相关领域的新的知识。事实上，只要有合适的文本表示，第 7 章介绍的聚类、分类等技术都能够被很好地运用于文本挖掘。例如 K 均值聚类中，K 均值可以用来将文本文件分组，一组就代表一种主题的文档，文档的质心距离表示文档与分组主题之间有多少联系。许多研究领域的方法被成功地运用在文本分析处理中，如统计分析、信息检索技术、数据分析技术、自然语言处理等。

实际进行文本分析，根据任务不同，可以采取不同于上述 3 个步骤的过程。例如，为一个语料库创建一个目录服务，使用的技术是词性标注、实体识别或者词干提取等文本预处理技术。目前，语料库有很多个，涉及法律、新闻等。IBM 的人工智能律师助手 ROSS 收集了大量的法律文本和案例，可以“通读法律”、收集证据、做出推论。于是，有人预言：律师这个职业将被 ROSS 这类系统所冲击。

2. 数据准备

ROSS 需要大量的法律文本数据，这也是文本分析的基础。与软件一样，数据也有其生命周期，第一阶段就是发现数据、获取数据。例如，可以对网站上生成的用户数据进行监控，也可以对网络访问的日志数据进行收集整理。有新闻出版的文本数据，也有社交网站的帖子、评论，视需要而定。需要说明的是，有很多网站向第三方开放了相关数据，申请者需要提出申请并做出承诺，网站就会筛选出研究方需要的数据。

3. 表示文本

表示文本是要求在数据准备阶段，使用文本规范化技术对原始数据进行转化，使其更结构化，为后续处理所用，主要包括将原始文本进行断句、分词、大小写转换等。例如，可以用空格、Tab 或者其他符号将文本中的一个句子拆成一个个单词（字）。分词的难度在于任何一个语言都有特殊之处，如英文的 it's 没法拆字，中文中有些成语，拆开后的意思就很难完整理解。在科学文献中，这种事情就更多，如 Wi-Fi、数学公式等，都是很难进行分词处理的。有时候需要针对不同的文本性质指定文本的规范，甚至不得不专门制定一个分词方法。

英文大小写转换也存在一些困难。有些国际组织名称使用的英文首字母大写，如 UN、WHO 等。汉字中也存在简繁转换问题。

对文本的结构化表示，简单却被广泛使用的是词袋法（bag of words）：忽略顺序、上下文、推论等，将文本表示成一组项，甚至假设每项都是独立的。文档就是项的向量集。

尽管词袋法简单，但是多年的研究表明，“从文本自身提取出的可用单词进行更复杂的组合或合并，使用单个词作为标识符的方法是可取的”。

4. 词频–逆文档频率

文本表示的另一种方法是词频–逆文档频率（Term Frequency-Inverse Document Frequency，TFIDF）：对已经获得的所有文档，根据文档中出现的每个词的重要性进行标记，是一种用于信息检索与数据挖掘的常用加权技术。

可以通过文档主题对文件进行分类，建立主题模型。有些分析需要对文本进行情感分析（Sentiment Analysis），是指使用统计方法和自然语言处理挖掘文本，从中识别出主观信息。

文本挖掘有单个文档的，有包含多个文档的文档集。文本挖掘的工具有多种，如 IBM 的 DB2 Intelligent Miner、SAS 的 Text Miner、SPSS 的 Text Mining 和 DMC TextFilter。R 中也有多个程序包是与文本处理相关的。

在大数据处理中，大型系统使用较多的是 Hadoop 和 MapReduce。

8.6 大数据处理工具

第 6 章中介绍了结构化数据和非结构化数据，第 7 章中介绍了半结构化数据。数据准备与处理既取决于数据量，也取决于数据类型，还取决于需要解决的问题的目的。像超链接也被认为是非结构化的数据，它的格式并不完全一致（取决于网站提供的链接信息），也不同于 XML 文档，被定义为“准结构化”。那么，数据有 4 种类型：结构化、半结构化、准结构化和非结构化。显然，它们在数据准备阶段都需要被处理成为带有结构信息的数据。

2011 年，IBM 的 Watson（以其创始人命名）在电视知识对抗赛中击败了该节目的两个冠军，IBM 对 Watson 的定义是“采用认知系统的商业人工智能”。同样，IBM 的 ROSS 也是基于认知系统的。为了“教育”Watson，IBM 通过 Hadoop 处理各种资源：百科全书、各种字典、新闻报刊、杂志和文献、各类书籍、电影电视、地理历史、文学、维基百科的全部内容，甚至包括各种游戏的每条线索。Watson 能够在 3 秒钟内回答任何问题。

世界上最著名的职业介绍网站 LinkedIn 采用的也是 Hadoop，它的注册用户超过 3 亿。Hadoop 的始创人也是最早的雅虎用户。2009 年，雅虎的集群部署了 42000 个节点，有 350 PB 的原始存储数据，用来对它的网页进行维护和分析、优化、过滤和即时分析。在部署之前，雅虎 3 年的日志数据需要 26 天的处理时间，而 Hadoop 集群系统只需要 20 分钟。

现在，Hadoop 被世界上大多数大型企业采用为数据处理的架构。

8.6.1 Hadoop

Hadoop 是一个由 Apache 基金会开发的分布式系统基础架构，准确地说，“Hadoop 是在计算机集群上使用简单的编程模型对大数据进行分布式处理的框架”。解释这个定义中的名词是件费力的事情，我们试着举例子说明它们。

想象有很多产品的仓库，如何存放这些产品以及对这些产品进行操作（基本的是进出）

是很麻烦的事情。这里的产品就是数据，对数据的操作肯定比出入库要复杂得多。产品仓库如果全是在一个很大的平面层，可能进出需要大型的运输机械，显然效率不会高，那么一个解决方案是多层，相应地需要解决货物存在哪里、怎么进出的问题。现在的数据存储是大型（立体）的存储系统互连而成，这些计算机的互连方式是网络互连技术。不同于网络，这些机器有 CPU，但它需要与其他节点的机器协调运行，并不独立工作。一个计算任务被分解给不同的节点（Node），再将各节点的计算结果汇总起来得到这个任务的结果。因此，有两个基本问题：数据如何存储、任务如何分解。只有解决了这两个问题才能编写相应的程序。

Apache Hadoop 就是负责解决这两个问题，我们可以认为它是一个框架（Framework）：它负责数据的存储管理以及任务分解，用户只需要按照要求编写处理程序即可。就像一个仓库系统已经有完善的存储体系和货物进出的规则，用户只需要把货物交给这个系统就完成任务了。

1. Hadoop 分布式文件系统

数据库的数据都是按文件存取的，因此大型数据系统首先考虑的是采用何种文件系统。Hadoop 是基于谷歌文件系统 GFS（Google File System）而形成的 HDFS（Hadoop Distributed FS，Hadoop 分布式文件系统），可以简单地理解为数据文件分布在集群内的不同的节点上。存储在 HDFS 中的文件按 64 KB 的大小被分成块，然后复制到多个计算机中（DataNode）。HDFS 的 NameNode 节点控制所有文件操作，包括创建、删除、移动或重命名文件。HDFS 内部的所有通信都基于 TCP/IP。Hadoop 尽可能将文件切块分别存放到不同的计算机中，默认为每个块创建 3 个副本。

2. NameNode

NameNode 是一个通常在 HDFS 实例中的单独机器上运行的软件，负责管理文件系统名称空间和控制外部客户机的访问，也就是说，它确定并跟踪数据文件的存储位置。如果用户需要访问文件，用户程序可以通过 NameNode 得到文件的存放地址，然后用户程序与文件存放地址对应的 DataNode 通信实现对文件的操作，。

3. DataNode

DataNode 也是在 HDFS 单独机器上运行的软件。Hadoop 集群包含一个 NameNode 和大量 DataNode。DataNode 通常以机架的形式组织，机架通过一个交换机将所有系统连接起来。Hadoop 的假设是：机架内部节点之间的传输速度快于机架间节点的传输速度。

Hadoop 有很多专有的、开源的工具，使得其易用性得到很大的提升，如高级数据流编程语言 Pig、类 SQL 数据访问语言 Hive、分析工具 Mahout、Hadoop 数据库 HBase。本章介绍的 R 语言就有 Hadoop-R，支持海量数据的分析、处理。

8.6.2 MapReduce

MapReduce 用于大数据的并行运算的编程，其思想体现在其名字中：Map（映射）和 Reduce（归约），它的思想来源于函数式编程语言。它的优点在于：编程人员不需要了解分布式并行编程就可以将自己的程序部署并运行在 Hadoop 上。

MapReduce 是 Hadoop 平台提供的一个简单编程模型。本节不涉及编程代码，仅仅介绍其特点，使读者对 MapReduce 有基本的了解。

简单地说，Map 就是程序的一个映射函数，其作用是对每块数据进行计算（函数）并得到结果，这个结果是这一块数据计算的中间结果。Reduce 的任务就是将各 Map 的中间结果合并，得到最终的结果。

词频统计是经常被用来解释 MapReduce 的例子。如果在收集了大量文章的数据中，寻找这几年使用最多的几个词（词频最高），最简单也是最费时的方法是编写一个统计程序，将数据中的每个词汇的出现次数记录下来，最后排序得到最高纪录的几个词。问题是，源数据量大，程序处理过程中产生的数据量也是惊人的，可能需要花费很多的时间才能得到预期的结果，典型的例子就是 8.6.1 节提到的雅虎处理 3 年日志数据的时间开销。

MapReduce 则容易解决这个问题。数据文件交由 Hadoop 管理，分布式系统处理的速度不但特别快，而且编写用户程很简单。因为如何拆分数据文件，如何在不同的节点上部署程序，如何整合计算结果，这些都是 Hadoop 定义好的，用户程序只需要定义好这个任务，其他都由 MapReduce 完成。

MapReduce 的概念早就在函数型编程语言 LISP 中存在了。直到 2004 年，Google 首先发表报告介绍了 Google 抓取网页和构建 Google 搜索引擎的方法，采用了 MapReduce 技术，因此引起了极大的关注。Apache 软件基金会项目 Hadoop 也采用了这个技术，使得成为大数据处理系统的最重要的编程工具。

MapReduce 给大数据带来了巨大的推进作用，已经成为事实上的大数据处理的“程序标准”。人们公认 MapReduce 是到迄今为止最成功、最广为接受、最易于使用的大数据编程技术。大型数据分析、处理、挖掘几乎都是采用 Hadoop+MapReduce 技术。

大数据及大数据技术还在不断的发展之中。本章所述的有关数据处理方法既可以用于大数据，也可以用于规模较小的数据集。最近，有学者将大数据列为实证、理论和计算后的最新、最重要的科学研究的方法，即通过工具采集数据，使用模拟器生成数据，使用软件处理数据，使用计算机处理和分析数据。也许是的，也许情况还在不断变化。有一点大概能够确定：会有包括智能计算在内的更多、更先进的数据处理技术运用到数据处理和大数据中。

本章小结

大数据具有海量数据、类型多样、处理速度快和挖掘价值的 4V 特性。其定义是：无法在一定时间内用传统方法进行处理的海量数据，需要新的工具和技术进行存储、管理和分析其潜在的价值。

大数据真正重要的是新用途和新见解，而非数据本身。小数据的数据量小且精确，用于特定个体的分析处理。

数据质量是大数据处理和分析的重要基础，大数据的第一项工作是评估数据源数据质量，对数据源进行分析和预处理，使数据形态符合某算法的要求，降低复杂度。

数据预处理方法主要包括审计、清洗、变换和标注。

传统的数据分析方法也被运用到大数据中，常用的有聚类分析、关联分析和回归分析。

聚类分析是根据数据属性寻找其相似性，将某些属性的数据划归为一类。K 均值聚类是较为常用的一种聚类方法。

关联分析方法用于发现大量数据中隐藏的关联性或者相关性，因此也被称为相关分析。

回归分析方法是通过一组数据去解释另一组数据，有一定的预测作用。

数据挖掘的本质是就是数据分析，在大数据中能够提取更有用的知识，运用了智能计算的研究成果和方法，是高级数据分析方法。

分类是数据挖掘中的一种基础方法，广泛用于预测；通过分类算法构建的分类器，经过这些训练数据集的学习，再去观测未分类的新数据，并给新数据贴上标签。

决策树是一种分类方法，将数据构造成树型结构，通过决策树算法得到决策树并对新数据预测结果。

时间序列分析通过模型化识别时间序列的结构并建模并预测时间序列中未来的值。ARIMA（自回归求和移动平均模式）模型是一种常用的时间序列分析方法。

文本分析是对文本数据进行表示、处理和建模，并获取其内在的有用信息。文本挖掘是在大量的文本数据集中发现内在关系和模式，即获取知识。

数据处理有许多工具。大数据处理基本上采用 Hadoop 框架，支持计算机集群上使用简单的编程模型对大数据进行分布式处理。MapReduce 用于大数据的并行运算的编程。Map 是一个映射函数，负责对每块数据采用一个函数并得到计算的结果；Reduce 将各 Map 的中间结果合并，得到最终的结果。

数据文件交由 Hadoop 管理，数据处理使用 MapReduce 方法，大型数据分析、处理、挖掘几乎采用 Hadoop+MapReduce 技术。

习 题 8

1．大数据的 Value 含义是价值密度低但潜在的价值高，需要通过数据分析、数据挖掘去发现其价值。试举例解释上述观点。

2．什么是脏数据？什么是数据噪声？什么是 ETLT？检查你的邮箱或者手机通讯录，看看有没有数据项是脏数据。

3．解释数据脱敏的意义。

4．通过网络搜索，了解 OpenRefine 的主要功能和处理流程。

5．在 R 中，x1、x2、x3 可以被称为变量，也可以称为矢量，执行以下操作：

```
> x1<-1
> x2<-2
> x3<-3
> x=c(x1,x2,x3)
> x
[1] 1 2 3
```

试解释上述代码的意义。

6．用 Excel 建一个 Demo 数据文件，第一列为 X，数值为 1, 2, …, 10，第二列为 Y，每列自取 10 个以内的正整数，保存为 Demo.csv 文件。

```
>data1 = read.csv(数据文件)                # Demo.csv 文件的存放地址
```

```
>data1
```

（1）参照 8.2 节中所述的 R 散点图绘制步骤，绘制 Demo 数据的散点图。

（2）绘制柱图的函数为 hist(变量名, breaks=值)，分别对 data1 中的 X 和 Y 绘制柱图，breaks 取值分别为 1, 2, …, 10。

（3）执行如下操作：

```
>library(ggplot2)
>ggplot(date1,aes(X,Y)) + geom_line()
>ggplot(date1,aes(x,y,group=1))+geom_line(linetype=" dotted" )
>ggplot(date1,aes(X,Y,group=1))+geom_line(linetype=" solid" )
>ggplot(date1,aes(X,Y,group=1))+geom_line(linetype=" dashed" )
>ggplot(data1,aes(X,Y))+geom_line()+geom_point(size=4,shape=20)
```

查看执行结果，观察其不同之处，再解释这些命令的意义。

7．请创建一个 Grades.csv 文件，其中的数据为：

```
85 86 90 84 81 59 51 75 58 59 55 64 61 64 56 50 58
79 95 89 99 90 62 85 86 90 53 65 64 81 73 50 73 68
63 88 94 51 67 98 85 83 58 84 66 63 58 72 60 97
```

参照 8.4.1 节的 R 聚类分析操作，对上述数据进行聚类分析。

8．如 8.4.2 节中对 Groceries 数据集进行关联分析，试对 Groceries 分别采用 support=0.05、confidence=0.4 和 support=0.005、confidence=0.4，采用 R 的 Apriori 函数进行分析，minlen=2 不变。比较分析结果。

9．对 8.4.3 节示例的数据集中的 income 按序修改为 104300、85400、60800、91800、101418、1434508、100600、56400、70200、56000，重新进行回归分析，并对一位年龄 25 岁、受教育 18 年的女性进行收入预测。

10．对 8.5.1 节中的训练数据集增加两个记录：

```
Training    Outlook     Temp.   Humidity    Wind
no          overcast    cool    high        TRUE
yes         rainy       mild    normal      FALSE
```

重建训练数据集，运用决策树对其分析，并用概率（prob）和类（class）对没风、正常湿度、温度合适、下雨天进行预测是否进行户外训练。

11．什么是语料库？试试网上检索，看看中国汉语语料库有哪些，有什么特点。

12．什么是 Hadoop 框架？归纳 MapReduce 的特点。

第 9 章　先进计算

计算能力既包括算法，也包括计算机的性能。得益于计算机性能的大幅度提升，很多过去被认为不可能计算的问题已经变得可计算了，一直被科学家们期望很高但处于停滞状态的人工智能技术近年来取得了惊人的进展。算法研究更是“已经有了，还要更好的”，因此已经无法预言计算机的未来，也许一切皆有可能。本章介绍的相关技术和发展都是计算能力的体现，它们是先进计算，更是未来计算。

9.1　高性能计算

计算机的高性能一般是指它的运算速度。设计并制造出运算速度更快的计算机一直是计算机界追求的目标，也被认为是一个国家的实力标志。我国的神威太湖之光（Sunway）是世界上第一个运算速度超过十亿亿次浮点运算的超级计算机，也标志着我国高性能计算机的设计和制造已经位于世界先进国家之列。第一台计算机 ENAIC 的加法（不是浮点）运算是 5000 次每秒，Sunway 是 ENACI 的 2 万亿倍，时间跨度是 70 年！

为了让读者对今天的计算机性能有一个量化的概念，我们用 2018 年生产的较低档 PC 和 1982 年生产的 PC 进行比较，如表 9-1 所示。

表 9-1　PC 性能指标比较

部件	1982 IBM PC	2018 一体机	性能比较
CPU 主频	4.77 MHz	2.0 GHz	400 倍
缓存	0	1 MB	/
字长	8/16 位复用	64 位	8/4 倍
内存	64 KB	4 GB	625 000 倍
外存	选配 750 KB 软盘	500 GB	666 666 倍
显示器	11 英寸黑白/文本 像素 640×200	19.5 英寸彩色/图形 像素 1280×960	

当然，还有一个重要的指标是价格。表 9-1 中 2018 年的普通 PC 的售价是人民币 2500 元，1982 年的 PC 当时在美国的售价是 3000 美元，相当于今天的 10000 美元。把 2018 年的 PC 放到 70 年前，就是那个时代的巨型机：现在 PC 的浮点运算能力可达 100G 次（10^{11}，100 亿次），100 万台 PC 的计算性能之和大约与神威太湖之光相当！

高性能计算（High Performance Computing，HPC）将中小型计算机都纳入其中，但更多的是指超级计算机。高性能计算在高科技领域特别是尖端领域有着不可替代的作用，如核模拟、环境模拟、凝聚态物理、蛋白质折叠、量子色动力学、湍流研究等。

超级计算机使用的技术包括多处理器、网络互连，集群计算等。在 Top500 中，集群系统占到了 70%以上。集群计算（Cluster Computing）运用的就是多处理器并行处理和网络互连，性价比最好。也有研究者探索电子之外的介质来设计和生产计算机，如细胞计算机、光子计算机等，被计算机科学家们最看好的未来高性能计算是使用量子技术制造的计算机，世界各国都在致力于量子计算机的研究。

1982 年，著名的物理学家费曼提出了量子计算机（Quantum Computer）的概念。其后的几十年间，科学家们一直在尝试制造量子计算机。量子计算机希望用原子或小分子状态表示信息，而且能够表示超过 0 和 1 的多状态信息。如果把电子信息当作单兵作战，那么量子计算就是大部队行动。目前，量子计算机的研究有了进展，但是处于原理机阶段。科学家们坚信，量子计算将彻底改变整个计算业态，不仅是计算机的设计、生产，许多过去被认为不可计算的问题将能够被量子计算机解决。当然，这个理想可能需要相当长的一段时间才能被证实。

9.2 人工智能

人工智能（Artificial Intelligence，AI）也叫智能计算，是这几年最热的名词之一，也是目前最热的投资方向。计算机诞生以来，科学家们就一直在研究，期望机器能模仿人类的智能、行为及其规律。近年来，人工智能取得了令人吃惊的进展，最轰动的是在机器博弈（象棋、围棋）中战胜了世界冠军。

智能计算技术的迅速发展使得今天的设想就会是明天的现实。人工智能已经上升为国家战略，我国和世界一些发达国家都制定了发展规划。2018 年，我国发布了《新一代人工智能发展规划》，有 22 个省市设置了人工智能专项。到 2018 年年底，我国申请的人工智能专利超过 14 万件，占世界同类专利的 43%，在人机交互、生物识别、智能芯片等方面都有很大进展。人工智能在医疗、金融、教育、安防等领域开始应用，发展势头良好。

9.2.1 图灵测试

"Watson 是认知技术，它可以像人类一样思考"，这是 IBM 对其人工智能机器 Watson 的宣传语。1997 年，IBM 深蓝计算机第一次战胜国际象棋世界冠军，此后 IBM 将相关技术用于人工智能应用开发，平台取名 Watson，其中用于法律服务的智能系统取名 ROSS。这两年最具轰动效果的人工智能新闻是 Google 的 AlphaGo 计算机战胜了中韩围棋世界冠军：围棋的复杂度达 10^{170}，与旅行者问题一样，曾被认为是计算机不可计算的。

"人工智能"这个词是 1956 年麦肯锡首次使用的。但有关机器智能的观点是 1950 年图灵在他的论文 *Computing Machinery and Intelligence* 中提出的，并给出了非常著名的图灵测试。

图灵测试被学界认为是人工智能的试金石。如果在测试者和被测试者之间用一块幕布隔开，发问者不知道对面回答问题的是谁，发问者只能根据对方的回答来确定回答者是人还是机器。图灵认为，只要发问的人不能根据对方的回答分辨出是人还是机器，那么这台机器就具有了人的智能。从这个意义上讲，IBM 的 Watson 就有了图灵所述的“智能”：2011 年，Watson 在美国火爆的智力问答电视节目《危险边缘》（Jeopardy）中战胜了人类智力竞赛的冠军。

尽管如此，有社会学家对人工智能存疑，根本的问题就是“计算机能够像人一样思考吗？”图灵曾预言，“到本世纪末（指 20 世纪），某人说起机器会思考将不会有人反对。”尽管计算机战胜了象棋、围棋冠军，获得了智力竞赛冠军，但科学家们一直在怀疑机器的思考能力。

思考能力被认为是人类和其他动物的主要差异，因为人类的思考产生了智能。我们知道人具有思考能力，但我们不能通过进入大脑的方法得到这个结论。相反，我们判断思考能力是通过逻辑进行的。假如机器会思考，那么如何判断呢？这就是图灵测试回答的问题。

质疑者认为，即使机器能够通过图灵测试，它也不是具有智能的机器。著名语言学家约翰·R·塞尔（John R. Searle）于 1980 年提出了一个著名的例子来反驳图灵测试，即中国屋思考试验（Chinese-Room Thought Experiment）。按照塞尔的试验，假如一个人被锁屋里，他只会英语，但不会中文。门外的人给了他一批写有中国字的纸，然后给他一些用英文写的纸，上面有一些简单规则告诉他如何使用中国字。接下来给他一些也是用中文写的问题的纸。他借助英文的规则，对这些问题进行了回答。被回答的问题可能是正确的，但是这个人并不理解中文。因此塞尔认为，即使计算机通过了图灵测试，它仍然不理解与人类进行的交流，因为它们仅仅是处理符号，尽管看起来它们正确回答了问题。

塞尔认为机器不能思考，它只是一个工具，符号识别不能够满足语义，只有大脑引起思考。塞尔的观点和引起的“中国屋争论”（Chinese-Room Argument）也一直没有停止过。问题在于，塞尔的思考试验是否能够有效地反驳机器能够思考的可能性：如果屋子里的人只是按照规则来使用中国字，那么它就不是“思考”，反之，如果它是智能地使用符号，那么它就是思考的。

第一位程序员的 Ada 的观点是：一台计算机不能执行任何未预先编程的活动。关于机器思考的争论还在持续之中，但计算机科学家并没有停止或者放弃对人工智能的研究。

9.2.2 强人工智能和弱人工智能

图灵测试一直被认为是人工智能经典的定义。已有研究人员试图用较为宽松的定义，如“人工智能就是让计算机完成看似智能的事情”或者“人工智能是如何使计算机更好地完成目前人类可以做的事情”。这种定义被称为“弱人工智能”（Week AI），是指通过编程使计算机展现出类似智能行为的推测能力。从这个角度，AlphaGo 和 ROSS 就是具有弱人工智能的机器。注意，它们是在围棋和法律这个较为狭窄的专业范围内表现出达到或者超越了人类的能力。

强人工智能（Strong AI）是指机器通过程序获得智力，即具有有意识的推理能力。有关人工智能的争论也集中在强人工智能方面。计算机科学家对人工智能的定义是：“人工智能是对计算机科学的研究，可以使计算机具有感知、推理和行为的能力。”与图灵定义相比，新定义避开了“思考”这个争论。这里的“智能”与目前有些设备或者产品被冠以“智能”的概念完全不同。例如，手机是智能的，那是语言翻译问题，它的英文原词是 Smart。

人工智能的强弱的争论实际上是计算机科学家们对人工智能研究的两个学派的观点，并非某些“百科”上所说弱人工智能是指不可能有人工智能的机器，而恰恰相反。弱人工智能学派以 MIT 为代表，认为：人造物是否使用与人类相同的方式执行任务并非重要，唯一的标准是程序能够得到正确执行。强人工智能则以 CMU 为代表，他们认为：生物可行性必须得到关注，也就是说，机器表现智能行为应该与人类表现智能行为使用方法的相同。例如，强人工智能认为，机器的视觉应该用人类眼睛那样的功能部件实现，关注其系统的结构（眼睛）；弱人工智能则认为，只需以系统的功能衡量成功与否，是否有眼睛那样的功能部件并不重要。

换个角度看强弱人工智能的区别。弱人工智能认为，不需要关注实现智能的方式，只要能够解决问题就可以；强人工智能则坚持认为，人工智能的启发法、算法和知识能够使计算机获得意识和智能。

如果使用关键词“人工智能”上网搜索，百度能够提供的搜索结果超过 3000 万条。如果检索字为“人工智能是什么”，也有 2600 万条。如果搜索人工智能的危害，也有数百万条。应该注意，网上的种种议论，计算机科学家参与得并不多。

计算机科学家们专注于对人工智能的研究，尤其是对算法的研究，有很多成果。例如，搜索算法既有传统搜索算法的改进，更有针对性很强的搜索算法被研究出来，也被应用到很多领域中。例如，使用如高德、百度等电子地图，寻找路线、定位甚至预约打车等已经很常见，但我们并不知道它们是否使用了某种智能算法，但是可以知道它们提供的路线是不是最短距离、是不是有可供选择的路线，是否为不同交通工具提供了不同的路线和达到时间的计算。现在抱怨地图胡乱导航的变少了，地图软件导航的路径和时间的计算还是相当可靠的，专家们也不能否认，正是智能计算使得电子地图越来越“聪明”。

有足够的理由相信：即使计算机不能具备智能，也会变得更聪明。

智能计算需要很好的计算机、数学知识，这超出了本书的范围。我们摘取几个主题，介绍其技术背景和相关知识。

9.2.3 哪些问题需要智能计算

如果想了解人工智能，要问的第一个问题就是“哪些问题需要人工智能”？当然，最简单的答案是简单算法（如第 4 章介绍的那些基本算法）解决不了的问题。进一步，人工智能针对大型问题的求解，其涉及的问题和领域需要有人类的大量知识，尤其是强人工智能解决的问题。

传统的算法，如数值计算、迭代、递归和数据库等，更适合求解的问题是包含精确计算的或者简单决策的问题。例如，现在被普遍运用的企业资源计划（Enterprise Resource Planning，ERP）是基于数据库的。尽管新的 ERP 带有“智能”，但是限于对数据库数据的统计、处理，并不能替代企业经营的决策。

另一类问题，如医疗诊断，需要丰富的专业知识，而且它是一个复杂的、很难用普通算法表示的问题。医疗问题有大量的规则，类似程序设计的 IF-THEN-ELSE。例如，如果（IF）一个有心脏病史的人感到胸口闷，则（THEN）会先服下早前医嘱要服用的药，然后（ELSE）去医院就诊。这些基本规则适合被计算机存储、检索和使用。相比之下，中医缺少如西医那样清晰的规则，因此中医的智能系统往往构建在一个特定的中医专家的诊疗经验基础上，不像西医的许多规则已经成功地被运用在一些医疗仪器上。

另一个备受人工智能关注的问题是棋类博弈，这是因为棋类博弈有规则可循，其次是其复杂度太高，具有传统算法的不可计算性。描述博弈复杂性，不是使用 *O* 值，而是使用状态空间复杂度和博弈树复杂度。可以想象：一个棋盘，按照规则，任何一个点都存在不同的状态（放置不同的棋），那么这些状态的组合就是状态空间（state-space）。下棋总是由一个点（根）开始，一方出一步，另一方再出一步，把他们的每步记录下来，就像一棵二叉树，同样因为不同的走棋，导致产生的博弈树有很多。国际象棋的合理布局（状态空间）有 10^{42} 种，博弈树复杂度超过 10^{120}。中国象棋比国际象棋还要复杂，而中国围棋（Chinese-Go）的状态空间复杂度达 10^{170}，博弈树达 10^{360}！

即使计算机已经战胜了围棋、国际象棋的世界冠军，但在人工智能领域仍然有人相信程序并没有比人类下得好：计算机利用了人易于疲劳、焦虑等弱点，这些下棋的程序也没有使用强人工智能方法。科学家们认为，如果计算机真的能够战胜人类，那么计算机应该能够解释其推理过程，应该具备丰富的棋类的知识，并将这些知识作为决策（下棋）的依据，并能够将计算机下棋（特殊领域）的知识进行呈现和共享。

顺便提一下，计算机下棋本身不是机器博弈的目标。计算机科学家希望通过计算机下棋得到在搜索方面更强大的能力。

如知识表示、自然语言处理、自动规划、机器人技术等都属于人工智能领域。

9.2.4 启发法

在 4.3 节中介绍过斯坦福大学 George Polya 教授提出了问题求解的一般方法，这已经在数学和计算机科学中被确认为一种标准。Polya 在人工智能领域有很重要的地位，他在 1945 年提出了“启发法”（Heuristics）的概念，并给出了算法与启发法的区别。

计算机程序是算法的实现，算法是解决问题的步骤，具有确定性且输出是可预期的。启发法则更类似人类的方法：基于知识、规则、见解、类别和简化等方法求解问题。对复杂的、非算法可解问题，启发法能够更好地修改策略，达到减少成本的目的。启发法也许得到的不是最优解，却是可接受的次优解。因为最优解很难获得，次优解已经是很好的结果。

启发法并没有一定的规则或者类似算法的求解过程，不是通过预先确定的公式求解问题，而是通过已有的经验或者“试错”进行学习，根据经验获得知识。研究者认为，棋手就是使用启发法下棋的。启发法是人类独有的，专业领域的专家更有经验。如果算法不灵了，启发法也许是一种好的选择。学习人类的启发法有一套解决复杂问题的经验可资借鉴，程序也许能够“聪明”起来。

人工智能初期，启发法很受人工智能研究者的欢迎。传说中的瓦特看到开水壶盖被蒸汽顶开、牛顿被树上的苹果砸了脑袋、阿基米德在澡盆中浮起都被视为是启发法的例子。在计算机科学中，神经网络、爬山算法、最陡爬坡法等都是启发法的例子。

这里把“水壶问题”当作启发法求解结果的一个例子，读者可以试着理解如何得到解。水壶问题是：如果有两个容积为 a 升、b 升而没有刻度的水壶，如何能够得到 c 升的水。其中 $a \neq b \neq c$。假设 $a=3$，$b=5$，$c=4$，即用 3 升、5 升的水壶测量出 4 升的水（假设为了测量的需要，可以提供的水是无限的）。请读者思考片刻，我们再给出解答。

智能计算的前提是计算，创立逻辑代数的布尔曾经表示：“使用符号语言表示推理，在这个基础上建立逻辑科学，构建其方法。最终，在研究过程中，从这些进入人类视野真理之那些不同的元素中收集一些关注人类思想组成和本质可能的暗示。”布尔代数是计算机系统的基础，也许真的能够表达人类的思想。200 多年前出生的布尔是计算机科学的奠基人之一，其著作《逻辑的数学分析》和《思维规律的研究》是计算机学科的经典之作。

现在我们再来看看启发法解决水壶问题的思路。解决水壶这类问题的过程并不复杂，只是需要考虑是如何得到结果的。按照 Polya 的启发法，应该从结果倒推。如果 a 装满 3 升水，b 装有 1 升水，那么结果就测量出来了。如何能够使 b 的 5 升水只保留了 1 升呢？好吧，可以将 a 装满倒入 b 中，这时 a=0、b=3；a 再次装满，a 倒入 b 装满，a=1，b=5；b 清空，a 倒入 b，a=0，b=1；再次将 a 装满，倒入 b，b=4。

上述步骤考虑各种可能性，就可以生成一棵搜索树。读者可以尝试其他解法。

接下来简单介绍人工智能在几个领域中的应用和进展。

9.2.5 知识表达

归根结底，人工智能是程序而不是机器。衡量一个程序是否具有某种智能，应该从 3 方面加以判断：程序具备搜索能力、能够表达知识、有学习能力。这 3 个条件是知识获取、知识表达和知识学习。有了这些基础，知识运用才有可能。因此可以认为，“人工智能是基于知识求解复杂问题，做出智能性选择的程序。”在信息时代的今天，计算机可以存储大量数据，依据数据可以建立事实（Fact），而进行决策需要知识。

知识究竟该如何表达，如何与数据、事实和信息关联，这是某些人工智能问题需要解决的问题。通常数据存储在表中，也可以将相关信息与之关联成为数据的属性，可以被迅速、准确地检索。例如，18 是数据，表达的事实是年龄，18 岁就是一个合格年龄，而与 18 岁合格年龄相关的知识有“18 岁就有了选举权和被选举权，也有了服兵役的义务”。人类就是依据数据推导事实，由事实得到信息，再由相关知识进行决策，这就是推理能力。

推理能力基于知识表示。对于特定的问题，需要特定的知识（信息）才能通过推理得到正确的结论。解决问题需要有效信息，有效信息还需要有效表达。人类交流使用的自然语言，而计算机使用符号语言。科学家们试图在人类的自然语言和计算机的符号处理之间找到一种关系，使得计算机能够具有人类的推理能力。

知识表达有许多方法，如框架法、脚本方法和语义网。Web 搜索引擎（如 Google、Baidu）就是一个简单的语义网络：可以根据关键词寻找有关的信息。

语义网是一种知识表达法。一个环境的状态可以使用状态图表示，状态之间存在某种关系，某个语义网是为了表示特定对象与外部世界关系而定义的。语义网中各种状态的变化（或者叫做规则）、状态的移动是建立在各种关系之上的，从一个状态转移到另一个状态是依据关系或者前提。例如，描述学生的语义网中包括作为学生的各种状态和学校环境的状态，能够回答学生的姓名、宿舍以及他的学号等问题，但要回答有“多少人”这样的问题就比较困难了，因为这些并没有包含在所定义的语义网中。

如果能够有算法来表示人类的行为，就不需要人工智能了。相反，人类的行为是基于所学的知识，依据事实做出估计、猜测和统计学上合理的决定，因此产生式一直是将人类进行决策行为的一种简化：IF-THEN 规则，依据条件决定行为。

现实情况是，目前的人工智能尚不能复制人类的决策过程，尽管科学家们尝试使用各种可能的方法表达知识，如采用确定的概率。AlphaGo 就是一个基于概率下棋并赢了人类冠军的例子。但无论是社会学家还是计算机程序员，很少人会认为这是 AlphaGo 有了智能：因为它没有特定的下棋的知识，下棋程序是采用了从海量数据搜索数以百亿的可能中找到一个赢棋概率最大的那个可能，是弱人工智能。如果下棋程序是依据下棋领域的特定规则构建（强人工智能）起来的：思考的棋局相对较小，也不考虑很多步之后的布局。因为人类是以此应对记忆和计算能力的限制的。

在介绍了知识表达后，再简单提一下知识的获取问题。很多知识，其不确定性是确定的：如天气预报说可能下雨，被冷风吹了可能感冒，表现出感冒的症状也不一定是感冒，飞机晚点了可能是航空管制，整个班的考试成绩不好可能是课程难度太大……这类不确定性知识太多了。当然，你不能期望人工智能能够处理这类不确定性知识，但它必须面对这些不确定性，寻找确定的可能。具备一些数学知识的读者会明白人工智能怎么做：概率。人工智能运用概率论和模糊逻辑处理不确定性。其中，如果考虑条件概率，则贝叶斯网络（理论）是常用方法。贝叶斯网络也有很多模型，这里不再赘述，有兴趣的读者容易获取更多的相关知识。

9.2.6 神经网络

准确地说，神经网络应该称为人工神经网络（Artificial Neural Network，ANN）。现在的人工智能研究已经将其归入机器学习（见 9.3 节）范畴。人工智能科学家们建议，如果想学习人工智能，就需要先研究人脑和神经系统。

有研究认为，人脑有 100～1000 亿个神经元，它们高度相连，每个神经元与相邻的数十个神经元进行通信，结果是数以万计的神经元共享信息，这种复杂结构不是计算机存储器能够比拟的。依据这个研究结果，人工智能已经设计了 ANN，希望能够解决诸如控制、搜索、优化、模式关联、聚类、分类和预测（参见第 8 章相关介绍）领域方面的问题。

人工神经网络是建立在对生物神经网络研究成果的基础上的。生物神经元的主要部分包括细胞体、树突和轴突以及细胞间相互连接的突触。图 9-1 是一种典型的神经元结构原理，信息流单向传送，即从树突输入，通过细胞体到轴突，然后输出。

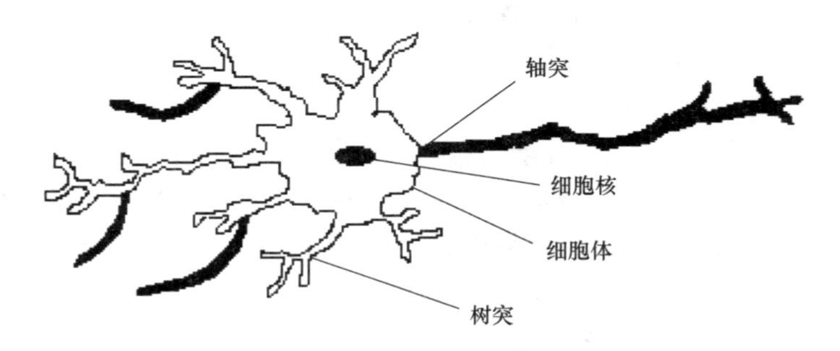

图 9-1　神经元结构原理

根据生物控制论的观点，神经元作为控制和信息处理的基本单元，具有时空整合、兴奋与抑制、脉冲与电位转换、突触延时和不应期以及学习、遗忘和疲劳等特性。

人工神经元是 ANN 的基本处理单元，一般是一个多输入/单输出的非线性器件。人工神经元模型有很多，图 9-2 所示的是 TLU（Threshold Logic Unit，阈值逻辑单元）模型。

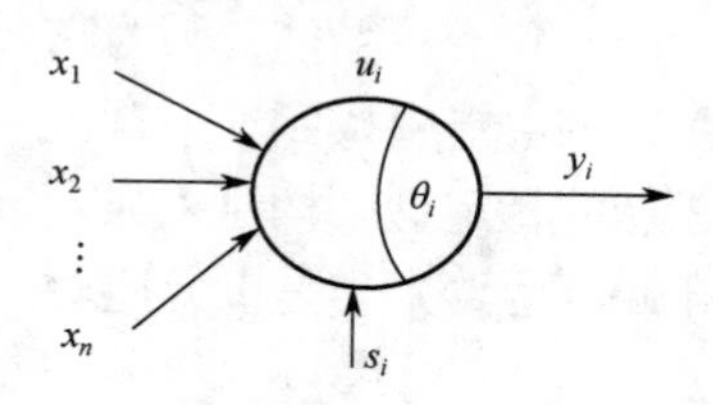

图 9-2　TLU 模型

图 9-2 中，u_i 表示神经元的内部状态，θ_i 为阈值，x_i 为输入信号，s_i 为外部输入信号，s_i 可对神经元 u_i 进行控制。图 9-2 看上去很抽象，但是它可以使用逻辑关系来实现，如输入的与门、或门都可以被模拟为一个神经单元。由此可见，逻辑不仅是计算机硬件设计和程序指令的基础，也是人工智能的基础。

类似人脑的适应性，ANN 通过改变输入 x_i 和权重 w_i 模拟出人脑的适应性。w_i 是输入 x_i 的权重。在机器学习中，学习规则通过比较网络表现和期望的表现，修改权重。ANN 有三种学习规则：感知器学习、反向传播和增量规则。这些规则比较复杂，限于篇幅，我们不再进一步介绍。

人工神经网络研究曾经一度低迷，直到 1982 年，诺贝尔物理学奖得主约翰・霍普菲尔德（John Hopfield）提出了一种联想模型，也被称为霍普菲尔德模型或霍普菲尔德网络，又重新激活了 ANN 的研究热情。

在霍普菲尔德的网络中，彼此相似或相反的模式互相关联。例如，看到一幅对你有特别意义的图片，你就会有某种联想。将霍普菲尔德模型用于处理有噪声的照片（如拍摄时移动造成的重影）可以得到一张非常清晰的照片。

人工神经网络需要有适用的应用程序，需要人们具备高等数学、学习规则方面的知识，也需要使用恰当的数据表示，更重要的是知道到哪里去获得需要的数据。设计者需要知道神经网络怎样进行学习和训练（已经有对此研究的大量成果）。

研究表明，人工神经网络不是依据规则回答或者处理问题，它像人脑一样通过试验和错误学习各种模型。当模型经常出现，神经网络就养成了一种习惯。因为它不是基于规则的，所以当神经网络给出一个结论时，你并没有办法知道它回答的依据是什么。另外，目前还不确定并行神经元是如何形成功能单元的，也许解开这个谜，人工智能的进展会有突破。

9.2.7　机器人

如果把诸葛亮的木牛流马也算是机器人，那么机器人的历史就很久很久了。不过，“机器人（Robot）”这个词的出现是在 20 世纪 50 年代第一台工业机器人在美国问世之后。现在机器人的种类有很多，直接的原因是企业采用机器人以降低人工成本的高增长。

未来的机器人可能真的很聪明、能干，不知疲倦，任劳任怨。这在某种程度上取决于人类对机器人的期望，也取决于复杂技术的综合。早期的机器人技术研究集中在运动和视觉方面，而现在的机器人技术与语言学、神经网络、模糊逻辑等人工智能领域紧密结合，科学家们期望能够赋予机器人学习能力，这是未来的机器人技术。

机器人首先需要依靠硬件，包括身体、听觉/视觉（感知环境）、动作（机械执行部件）和行为控制。尽管机器人看起来很奇特，但它的行为控制是被内置的计算机和程序完成的，嵌入式 CPU 充当了机器人的“大脑”。机器人的行为（除了研究“仿生人”）大多与其应用领域有关，它们被设计成执行特殊任务所需要的形状。如机器人的手臂可以旋转 360°，这是人的手臂不能做到的。

机器人按照任务类型分为工业机器人、服务机器人和特种机器人。一般而言，机器人移动是最基本的行为，视觉传感器为机器人移动进行导航，听觉传感器可以接受语音命令，如车站、机场的向导机器人可以与人对话。机器人的执行部件也是根据任务性质设计的，可以有滚动的轮子、走步的腿、抓举的手臂、飞行的翅膀、游泳的脚蹼等。机器人运动设计最大的问题是稳定性。

机器人技术的另一个重点是路径规划。我们已经知道这是个难题，不过限于特定场景和环境的机器人，路径规划还是很成功的。例如，货仓机器人的运动路径并不复杂。如果期望所设计的机器人要爬山越岭，要深入救灾现场，就要通过遥控方式指挥机器人的路径。科学家们期望未来的机器人能够有自主完成任务的能力。

机器人要通过“语言”实现与人的联系。计算机科学家设计了机器人编程语言，包括语言本身、语言处理系统和环境模型三部分。也有机器人开发工具可针对机器人内嵌的处理器编写控制程序。使用机器代替人进行某种特定的工作，期望它能做得更好——服务人类、仿效人类、增强人类和替代人类，这就是研究机器人的目标。人工智能技术的快速发展将使这个目标的前景变得明朗起来。

中国已经是主要的机器人生产和应用的国家之一，我国主办的世界机器人大会上（http://www.worldrobotconference.com/）就有很多新技术及未来发展的介绍。

9.2.8 自然语言处理

第 3 章中介绍了语音数据，也提及了相关处理技术。使用自然语言与计算机对话是人工智能研究的一个分支：自然语言处理（Natural Language Processing，NLP）研究运用计算机处理自然语言。自然语言处理包括语音识别、语音合成和自然语言理解。语音识别和语音合成已经有很大的进展，微机和手机中都有多款语音产品，都是依据规则进行处理，有些带有语言的理解功能，但还是初步的。

自然语言处理最难的是自然语言理解。因为自然语言中的模糊表达、多义性和上下文关联，而计算机编程语言采用的是一种完全不同于自然语言的形式化、格式化、无歧义的表达。例如，在计算机语言中，一种结构就是一种表达，只有一种意思。而自然语言可能在不同的语境其意思就截然不同。想一下“外交辞令”就知道自然语言的复杂性，而且不同的语言，如中文、英文，表达方式也有很大差异。这种深层的差异还需要进一步研究。

识别单词和理解单词是完全不同的。一个完整的自然语言处理需要建立在理解语义的基础上。自然语言特有的多义性使自然语言处理的难度很大，也就是说，无论是英文还是中文，或其他语言，一个单词可能有多个意思，理解单词的意义需要根据上下文，也需要理解它所在的语句中的位置。因此，科学家们希望能够建立包罗万象的语料库，收集尽可能多的词汇，通过大数据处理技术实现自然语言理解。

机器翻译的进展很缓慢。很早就有人尝试机器翻译，如果能够成功将是一个伟大的进步：人类的交流就不再存在语言障碍了。“自动翻译”的原理就是一个分析程序辨别句子结构、句子成分，然后用其他语言相近的词替代。一个典型的翻译系统正确翻译率只有 80%。现在一些软件，如谷歌翻译、网易有道、百度翻译等软件，在一些常用语句和词汇翻译方面已经很成功，但远没有达到智能的程度。

人机对话的进展走过了很长的路，接着要走的路还是漫长的。早在 1991 年，IBM 花费了 3 年时间编写了一个程序，10 位评委使用计算机与程序对话，最后有一半的评委认为与之对话的那个程序是人。2011 年 2 月，IBM Watson 系统在知识竞赛电视节目中战胜了人类选手的两位冠军，这也许代表着计算机对自然语言的理解有了突破性的进展。在此基础上，IBM 联手美国大学计划开发医疗辅助系统，为医生诊断疾病提供网络咨询。

也许 IBM Watson 代表的是未来一种服务模式，“通过自然语言理解（Natural Language Under-standing）技术，分析所有类型的数据，包括文本、音频、视频和图像等非结构化数据”，这是计算机现在能够做的事。“通过假设生成（Hypothesis Generation），透过数据揭示洞察、模式和关系。将散落在各处的知识片段连接起来，进行推理、分析、对比、归纳、总结和论证，获取深入的洞察以及决策的证据”，这是科学家们期望机器能够做的事情。

不过，科学家们仍然相信，只有理解了语义，机器才能具备真正的智能。

9.2.9 人工智能算法简介

机器学习也需要各种算法，每种算法都有其特定的应用场景。如蒙特卡罗算法是以摩纳哥的蒙特卡洛赌场命名的，它以概率为基础，是非确定性应用的算法。在人工智能和机器学习中，不确定场景很多且有很大的差异，因此需要更多的算法，针对不同类型的不确定性问题。本节介绍从其他学科如物理学和进化论中得到灵感的几种算法，它们也是很有意思的算法。限于篇幅，我们仅介绍其概念。

1. 遗传算法

进化计算（Evolutionary Computing）是人工智能的一个分支，遗传算法是它的一个重要算法。20 世纪 60 年代，密歇根大学的约翰·霍兰德（John Holland）发明了遗传算法（Genetic Algorithm，GA），他是受了达尔文（Darwin）的进化论的启发。生物体的种群和数量适应于其生活的环境，这就叫自然选择。如果将自然选择视为一种学习方式，那么程序能够学习如何更好地适应环境。

遗传算法将解决方案用二进制的字符串表示，这个字符串被称为染色体。遗传算法的核心是适应度函数，也称为收益函数。字符串（染色体）的适应度是衡量其解决问题的有效程度。遗传算法是一个迭代过程，在这个过程中希望能够收敛于一个解决方案（字符串）。开始的字符串被称为初始种群，在迭代过程中将遗传算子应用到初始种群，产生新的一系列种群，这些种群中可能有更好的解决方案。如果找到了最佳或者足够好的解决方案，遗传算法停止。遗传算法有三个遗传因子：选择、交叉和突变。例如，选择算子（Selection）参与形成下一个种群的个体，即字符串/染色体，选择方法有多种，其中包括“轮盘选择”，就是赌博用的轮盘，选择全凭运气（概率）。当然，遗传算法在不断迭代（进化）的过程中也有可能得不到满意的解。

遗传算法被用于很多人工智能领域，如自适应系统、机器学习、组合优化、生产调度、图像处理等。英国格拉斯哥大学开发的 EA_Demo 是一个网络程序，也是很多大学教授遗传算法所用的一个工具，如果读者对遗传算法有兴趣，可以通过这个程序学习遗传算法。

2. 禁忌搜索

搜索是智能程序的必备要素。禁忌搜索的灵感来自于社会习俗。禁忌是对人类某些行为的一种约束，防止这类行为的发生。但随着岁月变迁，某些禁忌可能就被人们接受了。由此而及的禁忌搜索（Tabu Search，TS）算法于 20 世纪 70 年代被开发。禁忌搜索算法采用两张表格：禁忌表和特赦表。禁忌表是为了防止重新访问搜索过的那些节点，也是为了防止进入可怕的无限循环。禁忌表中的节点在一定时期内被禁止，过期则允许放到特赦表中。如果搜索禁忌表中的节点可以明显改善，也可以解除禁止。

禁忌搜索成功地运用在调度和优化问题，如超大规模集成电路设计中就运用了禁忌搜索算法。

3. 退火算法

退火（Annealing）是金属热处理工艺，是物理学问题。退火过程中，金属的原子要重新排列，改变金属的某些特性以达到预期的再加工要求。模拟退火（Simulate Annealing，SA）是一种模拟物理退火的一种概率搜索算法。

人工智能解决的问题应该属于不可计算的问题或者计算开销很大的问题，如 TSP（旅行商问题）。如果找不到 TSP 的最优解，那么找到一个局部最优解也是一种解决方案。模拟退火算法依据的准则是好的解决方案可能彼此很近，如果有一个好的解决方案，也许周围还存在更好的解决方案。模拟退火将搜索空间中的节点类比需要重新排列的金属原子，以搜索空间中的某个节点开始，选择一个邻居，然后计算到达邻居节点的概率。这种“邻域”产生函数的候选解尽可能覆盖更多的空间。一旦找到一个好的解，再检查周围是否存在更好的解：探索需要具有“没有冒险就没有成功的希望”的决心。

理解模拟退火需要有很好的算法分析，本质上它属于贪心算法。例如，爬山算法就是每次都往上爬一步，也许能够爬到身边的最高的山，但全局看未必是最高的。模拟退火有点像随机爬山，每次可能向上，也有可能向下。有两种方法能够保证模拟退火达到最高点，一是增加模拟时间，二是从不同起点重新开始（与神经网络中的反向传播类似）。有意思的是，在解决旅行商问题、组合优化等复杂问题上，模拟退火有出色的表现。

虽然解决人工智能问题更多需要特殊设计，但有更多的复杂算法被设计出来，确实能够很好地解决问题，即使解决方案不是最好，但也足够好了。假以时日，更加先进的、模拟自然界和人类行为的算法会被开发出来，人工智能就会有更大的进步。

9.3 机器学习和深度学习

人具有不断获取新知识的学习能力，那么，机器是否也能够具有类似人的学习能力呢？因此，机器学习是属于人工智能领域中的一个重要研究方向。有意思的是，在人工智能领域，各种技术被交叉使用。例如，引起巨大轰动的 AlphaGo 被描述为是“运用深度学习”的研究成果，但其中涉及的技术几乎包括了 9.2 节中介绍的全部技术，进而就有人以为人工智能、机器学习、深度学习在概念上是等同的，而实际上并非如此。本节介绍机器学习、深度学习，也解释它们与人工智能的关系。

9.3.1 机器学习

“如果一个程序可以在任务 T 上，随着经验 E 的增加，效果 P 也随之增加，则称这个程序可以从经验中学习。”这个机器学习的定义是 CMU 的 Tom M.Mtichell 教授在 1997 年出版的《机器学习》（Machine LearningL）一书中给出的，也是较为公认的定义。

我们都有收到过令人厌恶垃圾邮件，而目前对垃圾邮件的鉴别就是源于机器学习。通过对垃圾邮件分类（这是 8.5.1 节中介绍的分类算法），任务 T 是指识别垃圾邮件，而 E 是已经被确定的垃圾邮件作为识别新垃圾邮件的训练集，这是监督式分类，也是监督学习问题。P 就是经过训练后程序（算法）识别垃圾邮件的正确率。

显然，当训练数量达到一定的数量级，分类越细，越精准，识别垃圾邮件的正确率就会得到提高。逻辑回归算法也是依据训练集的学习，同样依据数据中的特征提取。例如，仅仅依据发件人作为判断依据，垃圾邮件通过改变附件人和邮箱可以轻易避开垃圾邮件的监控。因此，机器学习中，特征提取是重要的环节。机器学习流程可以用图 9-3 表示。

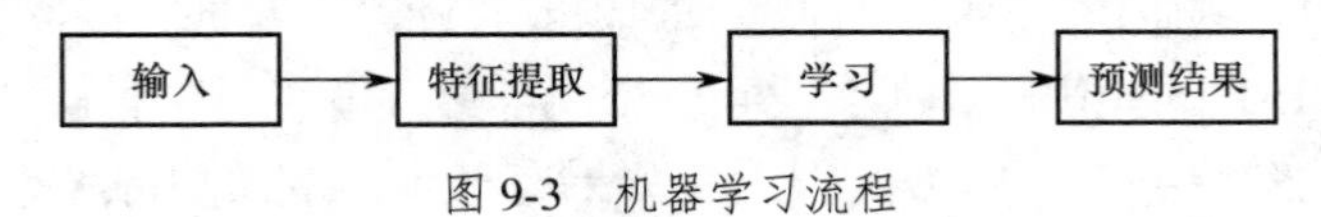

图 9-3 机器学习流程

有些问题可以使用机器学习（算法），有些问题的算法实现则很复杂。在一些较为复杂的问题上，单一的特征不具有学习的意义，因此需要通过组合多个特征，而这种组合大多数需要人工去完成。例如，我国车牌是国家统一的标准，因此其识别特征明显，而期望对汽车的型号进行识别就极其困难，无论有关汽车类型的训练集有多大，即使组合多个特征也很难判断前面这辆车究竟是哪个车型，因为有种种不确定因素使得特征很难被提取。

既然问题的特性很难被提取和组合，是否可以使用自动处理的方式从实体（问题）中提取和组合其复杂的特性呢？这就是深度学习所要做的事情。

9.3.2 深度学习

IBM 的深蓝与象棋世界冠军比赛时是当时的超级计算机，每秒能够计算 2 亿步棋。深蓝采用的是搜索树算法，也被认为是人工智能技术。由于围棋空间状态是国际象棋的 10^{128} 倍，即使用目前世界上最快的计算机，用蛮力搜索（brute-force）也不能解决围棋问题。如果说深蓝是依赖计算资源（机器的计算能力），那么 AlphaGo 除了需要计算资源，还需要算法的优势。这个优势就是深度学习（Deep Learning）或者深度机器学习。

AlphaGo 依赖的是估值（value network）网络和策略（走棋）网络（policy network）。这都是 AlphaGo 的组件。策略网络通过所收集的大量的人类高级围棋手棋谱的训练数据，预测对手下一步在哪里落子正确率超过 57%,。估值网络则通过当前棋棋盘的分析，估计黑棋赢棋的概率。估值网络的训练数据是 AlphaGo 自我博弈的棋谱。AlphaGo 通过蒙特卡罗搜索树（Monte Carlo Tree Search）将这两个网络结合起来，最终赢得了胜利，而且是绝对胜利。蒙特卡罗搜索树是一种最优决策算法。

深度学习最早用于图像识别，现在已经被成功地应用到很多领域，包括图形图像处理、语音识别、自然语言处理、生物信息处理、自然科学、查询和搜索等。AlphaGo 更是将深度学习推到了顶峰的位置。深度学习是机器学习的一个分支，也是受到神经科学的启发。现在科学家们相信，运用深度学习可以胜任很多智能性的工作，而且这方面的研究和开发进展都很快。

从算法的角度，深度学习是在机器学习流程上增加了特征提取的自动实现方式，如图 9-4 所示。与机器学习传统的流程相比，深度学习在特征提取环节需要做更多的事情。深度学习算法与大脑的原理相似，深度学习基于神经网络且已超越神经网络的框架，试图从算法层面解释大脑的工作机制，这种深入的研究被称为“计算神经学”（Computational Neuroscience）。

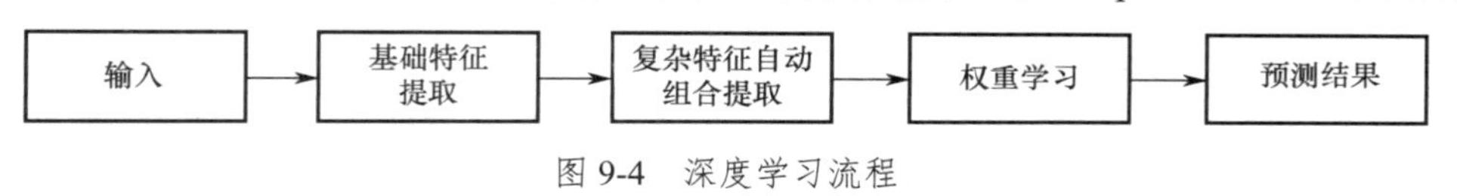

图 9-4　深度学习流程

深度学习关注的是构建智能的计算机系统，解决人工智能中的问题。计算神经学更加注重如何建立更加准确模拟大脑工作的模型。

最近十余年，计算机性能以及云计算和图形处理器等的提升，复杂计算的需求已经可以满足。随着互联网的发展，获取数据尤其是海量数据不再是困难的事情。因此，阻碍神经网络发展的几大障碍不再存在，研究人员开始把研究的重点放到算法上，使得神经网络获得了很大的发展。事实上，深度学习就是深层神经网络的另一个代名词。2013 年，MIT 将深度学习评为年度十大科技突破，2016 年，“深度学习”成为了谷歌的热门搜索词。

因此，我们可以归纳：深度学习是机器学习的一个分支，而机器学习是人工智能的一个研究方向。就目前的发展趋势而言，深度学习在很大程度上突破了传统的机器学习方法所带来的局限，使得人工智能从实验室走向了实际应用，尤其是与大数据的结合，使人工智能的前景变得更加明朗。

深度学习算法是复杂的，要将其用于解决实际问题就需要有工具，即提供集成的深度学习应用开发的工具，其中包含了深度学习的算法的具体实现，用户只需将问题分解并通过这些工具编写其应用程序。现在深度学习的工具有多种，其中影响力较大的是开源的 TensorFlow，一种深度学习应用开发的计算框架，它原为 2011 年谷歌开发为内部使用的深度学习工具，并在谷歌内部应用获得很大成功。在此基础上，谷歌于 2015 年正式发布了基于 Apache 开源协议的深度学习计算框架，并命名为 TensorFlow。Apache 是一个开源软件基金会，开源协议主要是鼓励代码共享和尊重原作者的著作权，允许用户代码修改，再作为开源或商业软件发布。

目前，工业界开始较多地采用 TensorFlow 开发产品，如 Uber、Twitter、京东等。百度也有深度学习工具飞桨（PaddlePaddle），微软公司、伯克利大学都有类似的工具系统。

9.4　虚拟现实

凡是能够与智能搭上边的都会成为被关注的焦点。虚拟现实（Virtual Reality，VR），或称为虚拟环境（Virtual Environment，VE），也是很吸引注意力的一个研究和应用。现在有些被称为 VR 的产品，如智能手环、智能眼镜等，实际上它们只是有那么一点 VR 的影子，距离科学家们期望的 VR 差距还很大。

VR是指由计算机生成的、使人具有身临其境感觉的计算机模拟环境，是一种全新的人机交互系统。虚拟环境能对介入者产生各种感官刺激，如视觉、听觉、触觉、嗅觉等，同时人能以自然方式与虚拟环境进行交互操作。VR强调作为介入者的人的亲身体验，要求虚拟环境是可信的，即虚拟环境与人对其理解的相一致。

虚拟现实强调的人与虚拟环境之间的交互操作，或两者之间的相互作用，反映为虚拟环境提供的各种感官刺激信号以及人对虚拟环境做出的各种反应动作。虚拟现实的概念模型可以看作“显示/检测”模型。显示是指虚拟环境系统向用户提供各种感官刺激信号，包括光、声、力、嗅、味等各种刺激信号。检测是指虚拟环境系统监视用户的各种动作，检测并辨识用户的视点变化，头、手、肢体和身躯的动作。

虚拟环境的概念最早源于1965年Sutherland发表的论文*The Ultimate Display*。1968年，Sutherland研制出头盔式显示器（HMD）、头部及手跟踪器，它们是虚拟环境技术的最早产品。飞行模拟器是VE技术的先驱者，鉴于VE在军事和航天等方面有着重大的应用价值，美国一些公司和国家高技术部门从20世纪50年代末对VR/VE开始研究，NASA（美国航天局）在80年代中期研制成功第一套基于HMD及数据手套的VR系统，并应用于空间技术、科学数据可视化和远程操作等领域。随着计算机图形软/硬件技术、数字信号处理技术、传感技术和跟踪定位技术与数据手套等三维交互设备的不断完善，期待相关设备价格下降，使VR/VE技术的普及成为可能。

VR/VE 必须满足很多相互矛盾的要求，如高质量的图形绘制与实时刷新的矛盾，计算速度与计算精度的矛盾，大容量数据存储与高速数据存取的矛盾，全彩色和高分辨率显示与绘制速度的矛盾等。另外，VR/VE各部件需要集成起来，以协调工作，也需要很好的解决。

虚拟环境技术结合了人工智能、多媒体、计算机动画等技术，应用领域包括模拟训练、军事演习、航天仿真、娱乐、设计与规划、教育与培训等，发展潜力不可估量。虚拟现实技术是继人工智能之后计算机技术的又一次革命。

虚拟环境技术要得以实现，目前存在着一些重大的障碍，除了计算机本身的问题，还需要在人类大脑和人类行为研究有所突破。

9.5 计算理论

前述都是有关计算复杂性问题的。事实上，计算机能够做什么和不能做什么，一直是计算机科学家们致力于研究的问题。这些问题不但复杂，而且需要更多的专业背景知识，这里仅简单介绍几个概念。

9.5.1 图灵机

图灵（Alan Turing）是计算机理论的奠基人。20世纪30年代，图灵提出了一个自动机模型，解释机器的计算能力和其局限性。图灵机是算法研究的重要工具。

图灵机（Turing Machine）如图9-5所示，由磁带、读写磁头和控制器组成。在图灵机中，其内存被认为是无限的，磁带保存一系列顺序字符，而这些字符是能够被图灵机所接受的字符。

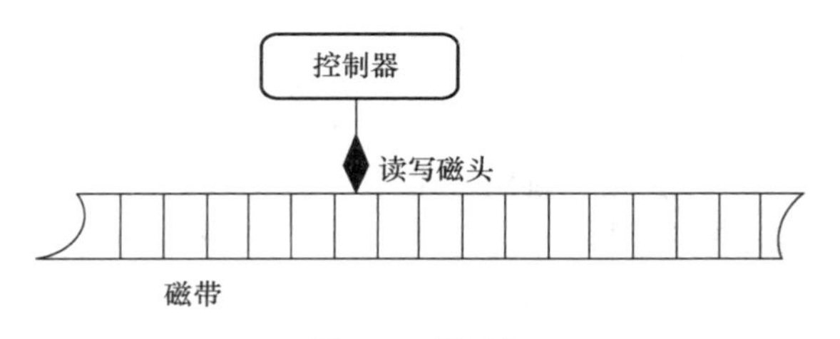

图 9-5　图灵机

图灵机是一个 7 元组，包括状态集合、字母表、输入字母表、转移函数、起始状态、停机状态、拒绝状态等。图灵机在计算过程中始终处于一个特定的状态。图灵机的控制器在理论上的作用如同计算机的 CPU，它是一个有限状态自动机，能够预置有限个机器状态（程序存储），并能够使机器从一个状态转移到另一个状态，就像 CPU 执行指令一样，执行一条指令，从内存中取出下一条指令执行。图 9-6 是由 MIT 教授、1969 年图灵奖得主马文•明斯基（Marvin Lee Minsky）[①]于 1976 年绘制的模型图。模型中执行的指令 q_1 对着磁头，任何字母、二进制的 0、1 和 B 构成了机器的状态。

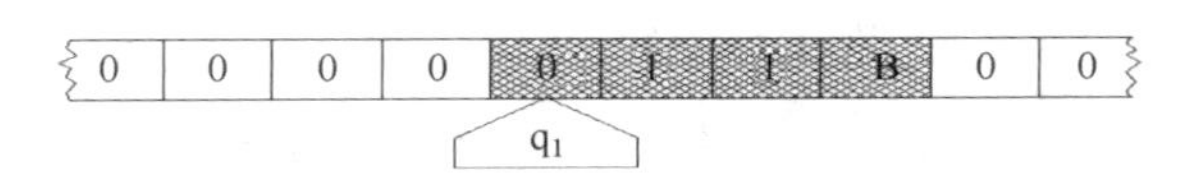

图 9-6　图灵机的模型图

在图 9-6 中，磁头读入磁带上的一个数据，如 q_1 位置的 0，转移到下一个状态。如果给每个状态赋予一个操作，那么控制器可以决定磁头的移动方向，一直运行到停机状态为止（关于停机的讨论，见 9.5.2 节）。

转移函数有当前状态、读出字符、写入字符、磁头的下一个位置和新状态，这与计算机语言编写的程序类似。

图灵提出这个模型是在现代计算机出现之前。当时图灵设想的是纸笔计算，他的目的是研究计算过程的局限性。此前哥德尔已经提出来这个问题，但是哥德尔主要研究如何理解这些局限性。也是在图灵提出它的模型机的 1936 年，Amil Post 提出了另一种模型，现在被称为波斯特产生式系统或波斯特模型，其原理与图灵机是等价的，因此后来人们将这两人的研究合并成为图灵–波斯特模型。

丘奇（Alonzo Church，美国数学家）于 1936 年发表了有关可计算函数的第一个精确定义，这是算法理论的巨大贡献。用他和图灵的名字命名的丘奇–图灵命题的基本观点是：所有的可计算的（算法）都是图灵机可以执行的。换句话说，任何计算机语言编写的程序都可以被翻译为一台图灵机，反之亦然。因此，任何程序语言都可以有效地表达各种算法。这个命题通常被认为是真的，被视为公理。

① 马文•明斯基教授是与麦肯锡齐名的人工智能科学家，他们和信息学奠基人香农、IBM 系统设计师罗切斯特，这 4 位科学家于 1956 年联合组织召开了著名的达特茅斯人工智能研讨会，被认为是开启了人工智能的元年。有意思的是，明斯基极为严厉地批判感知机器的符号处理能力，使神经网络研究中断了 20 年。

9.5.2 停机问题

以上讨论的是有关计算理论中的可计算问题。的确有大量的算法解决了大量的问题，现实世界中有许多问题是计算机无法解决的，这里有一个著名的例子即停机问题。

在介绍停机问题前，我们先介绍著名的哥德尔数。哥德尔（Kurt Gödel）被认为是继牛顿之后最伟大的数学家和逻辑学家，其最重要的贡献是“哥德尔不完备定理”。他有一句著名的表述：“我声明我说的这句话是假话”。读者不妨研究一下。这句话是真是假。

计算理论研究中使用一个用哥德尔命名的哥德尔数：编程语言的符号能够被分配一个对应的无符号数，这个数就是哥德尔数。哥德尔数蕴涵了形式系统的每个推论规则都可以表达为自然数的函数。计算机程序是一种形式语言，因此通过哥德尔数的分配，首先它使得程序能够作为单一的数据传输给其他程序，其次是程序可以通过自然数系统被引用，再次是能够证明某些不可解的计算机问题。

编程语言是复杂的，但已被证明只要简单的 3 条语句就可以描述所有的程序，这 3 条语句就是：incr（increment，加 1）、decr（decrement，减 1）和 while（循环）。表 9-2 是一个给语句分配哥德尔数的例子，使用 x 加上数字组合为变量，如 x1、x2 等。

表 9-2　简单程序语言的编码例子

符号	十六进制数	符号	十六进制数	符号	十六进制数	符号	十六进制数
0	0	4	4	8	8	while	C
1	1	5	5	9	9	{	D
2	2	6	6	incr	A	}	E
3	3	7	7	decr	B	x	F

1. 程序转换为哥德尔数

给定的程序代码，将其每个符号使用表 9-2 中对应的十六进制数表示，然后将组合得到的十六进制数转换为无符号十进制数。例如，x2←x1（将 x1 的值赋给 x2）的程序如下：

```
while x1 {                // 如果x1不等于0，则执行下面的循环
    decr  x1;
    incr  x2;
}
```

对应的十六进制数 CF1DBAF2E 转换为十进制数是 55597313838，所以这个 11 位的数与上述的程序是等价的。

2. 哥德尔数转换为程序

假设哥德尔数为 13622270，转换为十六进制为 CFDBFE，用表 9-2 中的符号替换，得到：

```
while x{
    decr x;
}
```

这是一个将变量 x 置 0 的程序。

从这个转换可知，变量 x 置 0 的操作可以用哥德尔数表示，也就是程序和它的输入组合。

哥德尔数的原定义是：任何正自然数序列 $x_1x_2x_3\cdots x_n$ 能以唯一的素数分解到素因子，即：

$$\mathrm{enc}(x_1x_2x_3\cdots x_n)=2^{x_1}\times 3^{x_2}\times 5^{x_3}\times\cdots\times p^{x_n}$$

显然按照这个表达，有许多不同的序列有相同的哥德尔数，因此需要对其进行变形处理。进一步描述不在本书的范围，我们不再赘述。

停机问题是已经被证明是不可计算的问题。按照研究者们的说法，如果图灵机执行一个程序，当它读取 a 开头的字符时（见图 9-6），它处于初始状态 q_1，其执行结果可能有两种情况，要么执行到一个停机状态，输出结果 B；要么一直运行而没有输出，即永不停机。

如何能够确定程序会不会停机，即是否预测一个程序在某种条件下执行后是否会终止？这就是著名的停机问题（Halting problem）。例如，一个程序如下：

```
while  x{
    incr  x;
}
```

程序要求在 x 为 0 时停止。设定初始条件，如果变量 x 为 0，这个程序会被终止，如果 x 的初值为一个负数，它也会终止。但是如果 x 的初值是大于 0 的数，那么这个程序将永远不会停下来。停机问题的核心在于：是否可以预测程序停机？

结论是没法预试测试程序是否会终止。推论过程是：任何程序都可以表示为哥德尔数，那么将测试停机的哥德尔数作为另一个程序的输入，如果能够测试到停机，哥德尔数是否可以作为自身的输入测试停机程序是否会停机呢？

这就是本节开始哥德尔的那句话的答案：这是一个悖论。如果那句话是真的，那么他说的是假话。如果那句话是假的，那么他说的就是真的。停机问题是不可计算的，虽然有了结论，但它还是逻辑数学中的焦点问题。

9.5.3 P 和 NP 问题

第 4 章已经介绍了有关算法的复杂性，也介绍了几种算法方法。这里再深入一点，介绍计算机科学中的世界级难题：P 问题和 NP 问题。

在计算机科学领域，一般可以将问题分为可解问题和不可解问题。不可解问题也可以分为两类：一类是停机问题（见 9.5.3 节），的确无解；另一类虽然有解，但时间复杂度很高。一个算法需要数天乃至几年，那肯定不能被认为是有效的算法，如密钥问题使用穷举法（见 7.6.3 节）。可解问题也分为多项式问题（Polynomial Problem，P 问题）和非确定性多项式问题（Nondeterministic Polynomial Problem，NP 问题）。

1. P 问题

如果一个问题的求解过程的复杂度值是问题中元素数量 n 的多项式表示，如 $O(n^2)$、$O(n\log n)$ 等，那么这个问题可以在多项式的有限时间内解决，或者说这个问题是可解的，也将其称为 P 问题。

求一个数是否为素数，曾经被认为是无解的。2002 年，它也被证明是 P 问题。P 问题包含了大量的已知的自然问题，如计算最大公约数、计算 π 值和 e 值、排序问题、二维匹配问题等。

确定一个问题是否是多项式问题，在计算机科学中非常重要。已经证明，P 问题是可解问题，除了 P 问题的其他问题，其时间复杂度都很高，即求解需要花费很多时间。例如，求解一个 $O(2^n)$ 问题，n 值比较小，如 50，使用运算速度为每秒 100 万次的计算机，大约需要 36 年，而 n 为 60，则需要 360 个世纪的时间。

理论上有解但其时间复杂性巨大的问题，科学家们将其称为难解型（Intractable）问题，对计算机来说，这类问题本质上是不可解的。因此，P 问题就成了区别问题是否可以被计算机求解的一个重要标志，对 P 问题的理解是计算机领域中的重要研究内容。

2. NP 问题

NP 问题是指算法的时间复杂度不能使用确定的多项式来表示，通常它们的时间复杂度都是指数变量的，如 $O(10^n)$ 、$O(n!)$ 等。

通常，NP 问题与最短路径问题类似，O 值非常大。P 问题已经被公认为是可解的，那么 NP 问题是否存在多项式时间算法，而我们还没有发现？这就是 NP 理论中的核心问题。

计算机科学家、数学家一直致力于寻找这个问题的答案：判断 P 问题是否等价于 NP 问题已经被简化到找到其中的一个多项式解决方法，如素数问题曾被认为是 NP 问题，研究终于发现了它的 P 问题的算法。

还有一个特殊的 NP 问题，即 NP 完全问题：是否存在这种可能，为 NP 问题找到一个多项式解决方案，那么所有问题是否都可以用这个方案解决？这就是著名的 P=?NP，也被认为是计算理论的难题。

本书在多个地方都提到，复杂问题也许没有最优解，但次优解也可以。这就是 NP 问题的另一种思路：不求最优化解，使用它的近似解，以期得到一个可接受的、明显是多项式时间的算法。那么这方面的研究不但包括如何得到近似解，而且包括解的近似度和局限性都是 NP 问题的重要研究内容。

本节主要介绍计算复杂性问题，也是想提示读者思考人工智能问题具有的复杂性，人工智能问题是否就是不可计算的？也就是说，是否将不会有真正的人工智能？

最后引用 1976 年图灵奖得主、以色列希伯来大学教授迈克尔·拉宾在颁奖会上所作的《计算复杂性》中的几段话作为本节、本章、本书的结束语。

“计算复杂性理论把本身表述为计算问题的解的定量方面。求解一个问题通常有好多种可能的算法，如代数式求值、文件的排序或者对字符串的语言分析。每个算法都有某个相关重要的费用（cost）函数，如作为问题大小的函数计算步数、对计算的空间需求、程序大小以及硬件作为实现算法线路的大小和深度……对于 P 问题，什么是好的算法？”拉宾说：“我们需要一个复杂性理论，使我们能够表达和证明，某个计算实际上在每种情况下都是不可解的。我们离建立这样一个理论相去甚远，特别是在 P=NP 还没有解决的现阶段尤为如此。”

拉宾演讲的 41 年后，2017 年 6 月，美国惠普公司的科学家发表了证明 P≠NP 的论文，当时被认为可能是这个问题的答案。目前还没有见到这个问题是否解决的最后结论。

本章小结

高性能计算机能够用于高科技领域的研究中。高性能计算系统基本上是基于网络技术的，如并行计算、分布式计算、集群和云计算等。

人工智能也称为智能计算，是指解释和模仿人类的智能、行为及其规律。尽管计算机尚不能具备人脑的思考能力，但模仿人的部分行为已经取得进展。人工智能作为计算机应用研究的重要领域，已经成为计算机科学和技术发展的一个目标。

图灵测试是判断计算机是否具有思考能力的一种方法。计算机界有人工智能的强弱学派，都是以不同的角度去解读机器的智能能力。人工智能是大型问题的求解，这些问题需要大量的人类知识。

在人工智能领域，知识表达、专家系统、神经网络、机器人、自然语言处理都是其研究领域。

机器学习是通过学习数据集的训练，使程序获取数据特征并对新数据进行判断，是人工智能的一个研究方向。深度学习基于神经网络，试图通过算法层面解释人脑的工作机制，是机器学习的分支。

虚拟现实（或虚拟环境）是指由计算机生成的、使人具有身临其境感觉的计算机模拟环境。虚拟环境能对介入者——人产生各种感官刺激，同时人能以自然方式与虚拟环境进行交互操作。

可计算理论也称为算法理论。图灵机是算法研究的重要工具。哥德尔数是指程序设计语言的符号能够被分配一个对应的无符号数，而任何程序都可以被表示为一个哥德尔数。

P 问题也叫可解问题，即可以在多项式表达的时间内解决的问题。NP 问题是非确定多项式问题，也许是可计算的，也许是不可计算的。停机问题是不可解问题。

习 题 9

一、问答题

1．请访问 Top500 网站（www.top500.org），看看 2019 年 6 月公布的世界排名前 10 的超级计算机的主要性能指标的差异。

2．关于量子计算机有许多不同的观点。你认为，量子计算是否会成功地取代现代的计算技术？

3．你在线购物使用过“人工智能秘书”吗？这被认为是逆图灵测试：计算机需要确定是与人打交道还是与另一台计算机在对话。你可以试着问问购物秘书购物之外的问题。

4．人工智能有很多方面的研究，你认为目前的人工智能，包括 AlphaGo、IBM Watson、IBM ROSS 这几个最成功的人工智能应用，是否可以证明机器具有了智能？为什么？

5．你认可中国屋试验反驳机器不可能有思考能力的结论吗？给出你的观点。

6．你认为人工智能问题与其他计算问题有和不同，请寻找一个应该让人工智能去解决的问题，并为这个问题的人工智能提出解决思路。

7．有两个没有刻度的水壶，一个 18 升，一个 8 升。试着准确测量 12 升的水，假设可任意取水。试着找出两个容量为 x 和 y 的水壶（$x \neq y$）不能测量 z 升水的 x、y、z 的值（也就是说，x、y、z 取值不是任意的）。

8．比较 Google Translate 和网易的有道、百度翻译等翻译程序的翻译功能。一种方法是用一段英文或中文让不同的翻译系统进行翻译。其次是选择不同类型的文本让它们各自翻译，比较其翻译速度、准确性和易用性等。

9．有关 AlphaGo 的评论很多，大致可以分为两种，一种是媒体评论，一种是专业评论。根据本书中有关 AlphaGo 的介绍，你觉得这两种评论有哪些不同的观点，哪一种更有说服力？

10．通过关键字"IBM Watson"搜索并登录其网站，获取有关介绍（包括一个 1 分钟的视频）。你认为类似的智能系统将会给哪些行业、产业带来哪些改变？

11．百度的深度学习工具 PaddlePaddle（http://www.paddlepaddle.org/index.cn.html）也有很强大的功能，它为多种产品提供深度学习算法。其中有很多内容是本书介绍过的，阅读并尽可能理解它们，也可以为你设定的一个问题运用 PaddlePaddle 建立处理模型或者过程。

12．假设有两个算法解决同一个问题，一个算法的时间复杂度为 n^2，另一个为 $K\times n$，那么输入数据的规模为多大、K 值是多少的时候，前者比后者更有效？

13．背包问题、皇后问题都是属于 NP 问题。解释这是为什么。

14．如果一个整数 n 在 2～$\sqrt{n}$ 之间没有整数因子，那么 n 是一个什么性质的数？这是一个 P 问题还是 NP 问题？

15．简要说明 P 问题和 NP 问题的区别，为什么？

16．为什么停机问题是不可解问题？举例说明另一个不可解问题。

17．如果最短路径问题是不可解的，那么怎样确定路径呢？

18．根据表 9-2，给出 3→X1 的哥德尔数。

19．根据表 9-2，给出 decr X 的哥德尔数。

二、选择题

1．高性能计算机的指标主要是指计算机的______。

A．体积　　B．规模　　C．运算速度　　D．价格

2．弱人工智能认为，可以通过程序展示出类似______推理能力。

A．人类的　　B．机器的　　C．智能行为的　　D．行为的

3．目前，一般认为人工智能是使计算机具有感知、______和行为的能力。

A．推理　　B．分析　　C．处理　　D．思考

4．根据测试者对问题的回答以确定测试对象是否是人，也称为______。

A．塞尔测试　　B．丘奇测试　　C．中国屋测试　　D．图灵测试

5．机器博弈的研究目标是计算机_______。

A．赢棋　　B．的智能　　C．的计算能力　　D．搜索能力

6．启发法采用类似______的方法，基于知识、规则、见解、类别和简化等求解问题。

A．智能　　B．算法　　C．人类　　D．程序

7．人工智能程序应该具备的三个条件是，具有搜索能力、______、学习能力。

A．知识积累　　B．知识学习　　C．知识表达　　D．知识储备

8．知识表达应该建立在与_____、事实和信息关联的基础上，实际上信息就是知识。

A．数字　　B．数据　　C．程序　　D．算法

9．神经网络研究的目的是研制能够像人类大脑那样工作的______。

A．软件　　B．硬件　　C．系统　　D．网络

10．自然语言处理包括语言识别、语音合成和______。

A．语言翻译　　B．语言理解　　C．语言交流　　D．语言训练

11．人工智能与机器学习是______关系。

A．平等　　B．交叉　　C．层次　　D．分支

12．机器学习与深度学习是______关系。

A．平等　　B．交叉　　C．层次　　D．分支

13．深度学习是基于______的。

A．互联网　　B．数据库　　C．神经网络　　D．知识库

14．严格意义上，深度学习需要计算资源，是在强大的计算能力基础上的一种具有智能特征的______。

A．数据训练　　B．预测　　C．算法　　D．网络

15．机器学习，包括深度学习，需要的计算资源包括计算机性能和获取______。

A．数据分类　　B．海量数据　　C．复杂数据　　D．精确数据

16．机器博弈的算法，除了 AlphaGo 的深度学习，IBM 的深蓝用于国际象棋的______。

A．关联分析　　B．回归分析　　C．搜索树　　D．聚类分析

17．虚拟环境能对介入者产生各种感官刺激，如视觉、听觉、触觉、______等，人能以自然方式与其进行交互。

A．嗅觉　　B．知觉　　C．感觉　　D．第六感

18．英制长度值转换为公制值的查表算法是一个______。

A．不可解问题　　B．可解问题

C．可计算函数　　D．不可计算函数

19．按照计算理论对算法问题的分类，停机问题属于______。

A．不可解问题　　B．可解问题

C．可计算函数　　D．不可计算函数

20．算法的复杂度主要是指______。

A．存储复杂度　　B．过程复杂度

C．空间复杂度　　D．时间复杂度

21．如果一个算法的是复杂度为 $O(n^5)$，那么这个算法是______。

A．P 问题　　B．NP 问题　　C．P 和 NP 问题　　D．以上都不是

22．排序问题是属于______。

P 问题　　B．NP 问题　　C．P 和 NP 问题　　D．以上都不是

23．最短路径问题是______。

A．P 问题　　B．NP 问题　　C．P 和 NP 问题　　D．以上都不是

24．翻译问题是一个______。

A．不可解问题　　B．可解问题

C．可计算函数　　D．不可计算函

附录A ASCII表

1. 控制字符

二进制数	十进制数	十六进制数	缩写	名称/意义
0000 0000	0	00	NUL	空字符（Null）
0000 0001	1	01	SOH	标题开始
0000 0010	2	02	STX	本文开始
0000 0011	3	03	ETX	本文结束
0000 0100	4	04	EOT	传输结束
0000 0101	5	05	ENQ	请求
0000 0110	6	06	ACK	确认回应
0000 0111	7	07	BEL	响铃
0000 1000	8	08	BS	退格
0000 1001	9	09	HT	水平定位符号
0000 1010	10	0A	LF	换行键
0000 1011	11	0B	VT	垂直定位符号
0000 1100	12	0C	FF	换页键
0000 1101	13	0D	CR	Enter 键
0000 1110	14	0E	SO	取消变换（Shift Out）
0000 1111	15	0F	SI	启用变换（Shift In）
0001 0000	16	10	DLE	跳出数据通信
0001 0001	17	11	DC1	设备控制一（XON 激活软件速度控制）
0001 0010	18	12	DC2	设备控制二
0001 0011	19	13	DC3	设备控制三（XOFF 停用软件速度控制）
0001 0100	20	14	DC4	设备控制四
0001 0101	21	15	NAK	确认失败回应
0001 0110	22	16	SYN	同步用暂停
0001 0111	23	17	ETB	区块传输结束
0001 1000	24	18	CAN	取消
0001 1001	25	19	EM	连接介质中断
0001 1010	26	1A	SUB	替换
0001 1011	27	1B	ESC	退出键
0001 1100	28	1C	FS	文件分区符
0001 1101	29	1D	GS	组群分隔符
0001 1110	30	1E	RS	记录分隔符
0001 1111	31	1F	US	单元分隔符
0111 1111	127	7F	DEL	删除

2. 可显示字符

二进制数	十进制数	十六进制数	显示	二进制数	十进制数	十六进制数	显示
0010 0000	32	20	（空格）	0100 1001	73	49	I
0010 0001	33	21	!	0100 1010	74	4A	J
0010 0010	34	22	"	0100 1011	75	4B	K
0010 0011	35	23	#	0100 1100	76	4C	L
0010 0100	36	24	$	0100 1101	77	4D	M
0010 0101	37	25	%	0100 1110	78	4E	N
0010 0110	38	26	&	0100 1111	79	4F	O
0010 0111	39	27	'	0101 0000	80	50	P
0010 1000	40	28	(	0101 0001	81	51	Q
0010 1001	41	29	)	0101 0010	82	52	R
0010 1010	42	2A	*	0101 0011	83	53	S
0010 1011	43	2B	+	0101 0100	84	54	T
0010 1100	44	2C	,	0101 0101	85	55	U
0010 1101	45	2D	−	0101 0110	86	56	V
0010 1110	46	2E	.	0101 0111	87	57	W
0010 1111	47	2F	/	0101 1000	88	58	X
0011 0000	48	30	0	0101 1001	89	59	Y
0011 0001	49	31	1	0101 1010	90	5A	Z
0011 0010	50	32	2	0101 1011	91	5B	[
0011 0011	51	33	3	0101 1100	92	5C	\
0011 0100	52	34	4	0101 1101	93	5D	]
0011 0101	53	35	5	0101 1110	94	5E	^
0011 0110	54	36	6	0101 1111	95	5F	—
0011 0111	55	37	7	0110 0000	96	60	`
0011 1000	56	38	8	0110 0001	97	61	a
0011 1001	57	39	9	0110 0010	98	62	b
0011 1010	58	3A	:	0110 0011	99	63	c
0011 1011	59	3B	;	0110 0100	100	64	d
0011 1100	60	3C	<	0110 0101	101	65	e
0011 1101	61	3D	=	0110 0110	102	66	f
0011 1110	62	3E	>	0110 0111	103	67	g
0011 1111	63	3F	?	0110 1000	104	68	h
0100 0000	64	40	@	0110 1001	105	69	i
0100 0001	65	41	A	0110 1010	106	6A	j
0100 0010	66	42	B	0110 1011	107	6B	k
0100 0011	67	43	C	0110 1100	108	6C	l
0100 0100	68	44	D	0110 1101	109	6D	m
0100 0101	69	45	E	0110 1110	110	6E	n
0100 0110	70	46	F	0110 1111	111	6F	o
0100 0111	71	47	G	0111 0000	112	70	p
0100 1000	72	48	H	0111 0001	113	71	q

（续表）

二进制数	十进制数	十六进制数	显示	二进制数	十进制数	十六进制数	显示
0111 0010	114	72	r	0111 1001	121	79	y
0111 0011	115	73	s	0111 1010	122	7A	z
0111 0100	116	74	t	0111 1011	123	7B	{
0111 0101	117	75	u	0111 1100	124	7C	|
0111 0110	118	76	v	0111 1101	125	7D	}
0111 0111	119	77	w	0111 1110	126	7E	~
0111 1000	120	78	x	—	—	—	—

反侵权盗版声明